U0097932

韓式裱花技法寶典

日常手做絕美花蛋糕

Korean Flower Piping in Beanpaste & Buttercream

傳遞幸福的信念

Today you can, and you will.

從事裱花蛋糕的教學工作並非我的兒時夢想，猶記高中因為自己對語言有著濃烈的興趣，便踏入了英文的世界，後來上了淡江英文系，實現了想在淡水河邊唸書的浪漫情懷（笑）。當時天真的以為下半輩子也許做語文相關的工作，殊不知老天開了一個玩笑，母親後來被確診罹患罕見疾病：小腦萎縮症，這是第一個打擊，第二打擊接踵而來，醫生說：這是遺傳性疾病，家族有 50% 的機率罹患此病。隨著母親漸漸惡化我的心情也跌落谷底，也曾逃避想著我先不要看自己的驗血報告，但這種心態伴隨著更深沈的憂鬱，終於……檢查結果揭曉了……我是那健康的 50% 機率！好似死過一回又獲得重生，當然，我母親就沒有如此幸運了。

接下來的人生起了轉折，我找尋著挽救母親的可能性，研讀神經科學資料，更瘋狂的是，研究所開始考慮念陽明大學的腦科所，這是一條艱難的路，也許要花個幾年的時間取得學位，但不知為什麼，我無所畏懼，也許了解到人生的短暫與無常，也許有種使命感，感謝天，終於考取了，也感謝當時奮力的我，過程中有多少血淚如過眼雲煙，在看到榜單的那一刻全化作了一抹微笑，母親也感到欣慰。

出社會工作後雖然薪水高，幫助了許多專案研發新藥、做人體試驗，可惜的是始終等不到小腦萎縮的藥物，而現實是，由於罕見疾病的人數較少、機轉複雜，大多藥廠較不會花錢選擇此方向。陪伴母親時總想為他做點什麼，也因緣際會開啟了裱花之路，為母親製作傳遞幸福的蛋糕。

如果說在有生之年想要留下什麼，我想答案就是傳遞幸福的信念吧，每每有同學擔心自己無基礎手不巧時，希望能鼓勵他們不要去侷限自己的終點，因為人生總有出其不意的驚喜在等待你，追尋的過程是辛苦而踏實的，生活會放棄你，但不會放過你，只有破繭而出的美麗，而沒有等待出來的成功，如同我們教室的名字「新月」，寓意為月球運行地球與太陽中間呈現無光之月相，最暗的角度後看見的第一道光芒，最閃亮，僅獻給每一個黑暗後等待閃耀的你。

感謝橘子文化出版社的美娜與小旻邀請，有你們的出版品質令人放心，最後感謝我的先生，也是此書的攝影師，沒有你的扶持也無法呈現美好的作品。

新月 La Lune Pastry Art 創辦人

Trinity Wu （阿吹老師）

喜愛將烘焙變成藝術品融入生活之中，堅持甜點不只好吃，還要絕美！以親切及細膩的教學風格，傳授讓蛋糕甜點更美麗的秘訣，堅持一步步帶領學生製作，教學不藏私，學生遍及美國、澳洲、韓國、中國、香港、馬來西亞、新加坡、以及全台各地。

另著有《花菓子の技法寶典》一書。

新月 La Lune Pastry Art Facebook

新月 La Lune Pastry Art 官方網站

新月 La Lune Pastry Art Instagram

推薦序

很高興看到阿吹老師的成名作品集一本接著一本如期完成，內容除了製作蛋糕的配方與詳細步驟之外，還會指導學員、讀者使用基本奶油霜與流行的韓式擠花所需技巧，使用豆沙霜等各種多元素材來裱花，並且提供色彩豐富的圖解與各種裝飾技巧解說來表現細緻的手法，呈現在讀者眼前，如等同身歷其境。

讀者有問題時，更在每一種花型都附有影片教學，所以學員在看圖片擠花還覺得抓不到重點時，可以直接掃描 QR Code 看影片，讓教學更加生動，富有耐心和親和性的教學，希望能夠更提升學員熟能生巧的學習品質與動力。

此書滿滿三百多頁的豐富內容，有阿吹老師和強大的工作團隊規劃（靜態和動態影片教學）特色，可隨時上課，強力推薦給大家。

財團法人中華穀類食品工業技術研究所 講師

黃逗逗

CONTENTS 目次

BEAN PASTE  *of* Korean Flower Piping

韓式豆沙裱花

Flower Piping & Cake COMBINATION

裱花×蛋糕組合配置運用

TOOLS & INGREDIENTS

工具與材料

工具 TOOLS

花釘

擠花時使用，有大小分別，最常用使用的尺寸為 7 號和 13 號。

花座

擺放花釘的底座，底座上有洞，插入花釘即可固定。

烘焙紙

在擠沒有底座的平面花型時，先墊一張烘培紙，花朵擠好後才能取下。

花剪

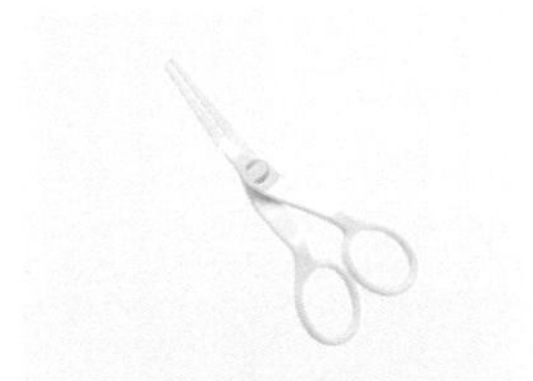

用來移動裱花的工具。

調色碗

調色使用的碗。

花嘴轉接頭

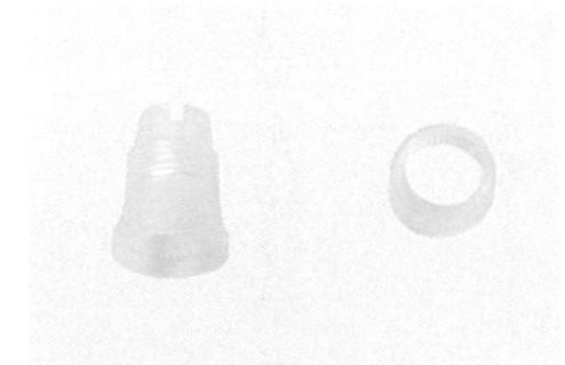

替換花嘴時使用。

攪拌棒

調色或是混色使用。

電動攪拌機

將各類材料攪拌均勻或是打發，例如：蛋白、奶油等。

攪拌器打蛋頭

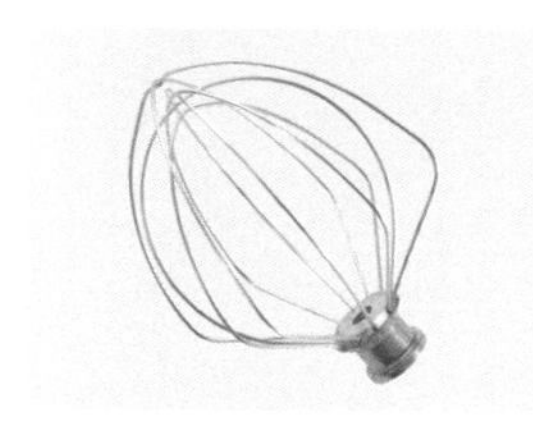

裝在電動攪拌機上，可以攪拌食物。

烤箱

烘烤蛋糕使用。

計時器

精確測量烘培的時間。

剪刀

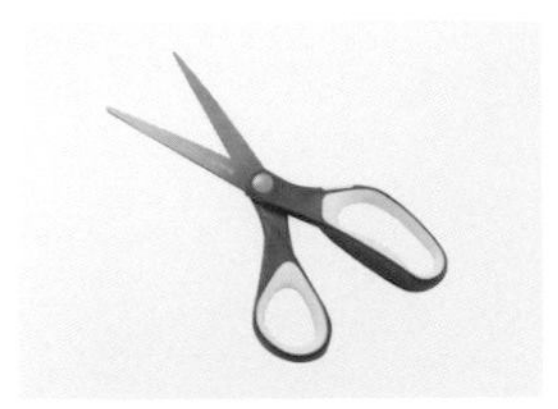

用來剪擠花袋（三明治袋）的袋口。

抹刀

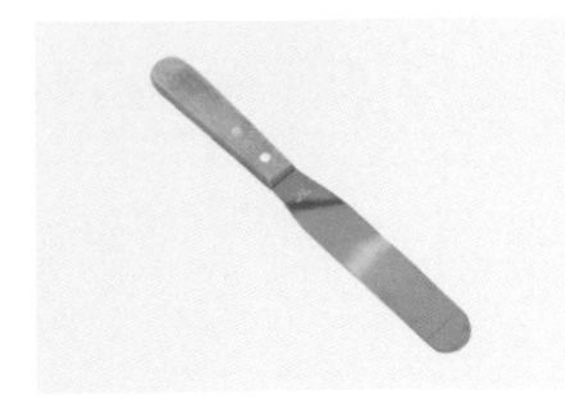

用於蛋糕脫模與抹平奶油。

刮刀

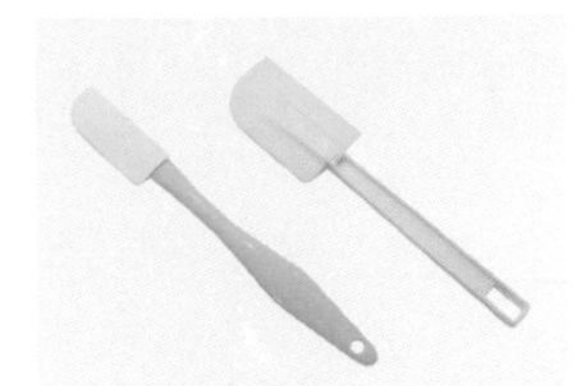

用於拌奶油霜／豆沙霜。

打蛋器

製作糕點時使用。

竹籤

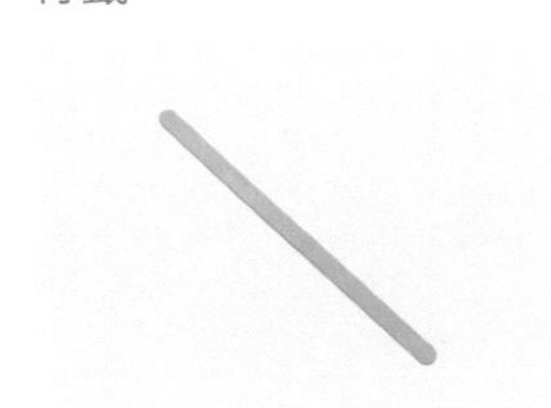

用於蛋糕頂端戳洞，測量是否烤熟。

牙籤

用於沾取顏料。

篩網

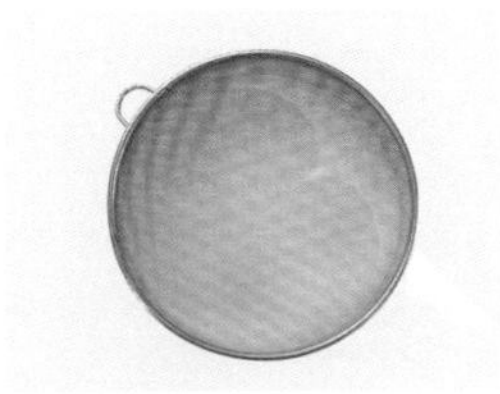

過篩粉類時使用，使粉類不結塊。

濾網

過篩粉類時使用，使粉類不結塊。

手套

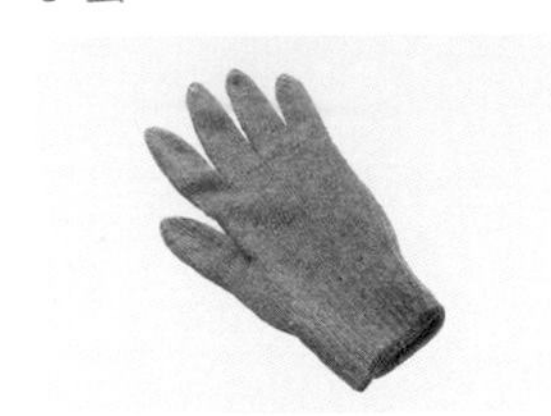

用以隔絕手溫擠奶油霜。

電子秤

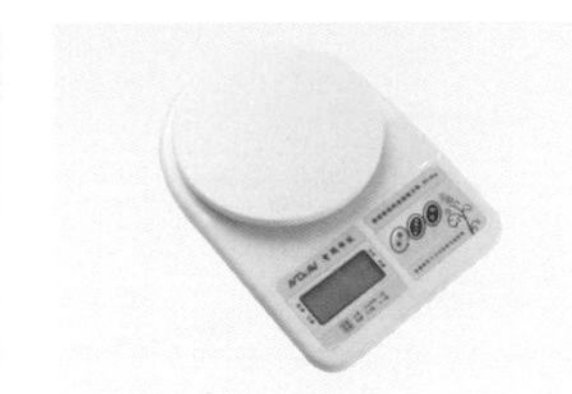

秤量材料重量。

擠花袋（三明治袋）

用來盛裝豆沙與奶油霜的袋子。

斜口鉗

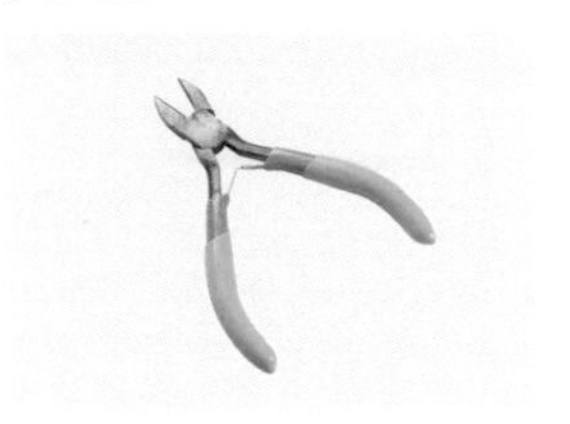

用來調整花嘴形狀。

6 寸蛋糕模

烘烤蛋糕的模具。

6 寸烘焙底紙

墊於蛋糕模底部。

鋼盆

盛裝各式粉類與材料。

單柄鍋

烹飪食物使用。

噴霧器

內裝飲用水，適時噴灑調整溼度。

保鮮盒

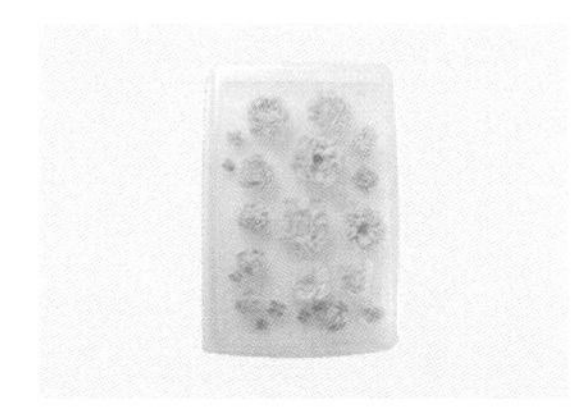

用來盛裝裱花的用具。

隔熱手套

取出烤箱蛋糕使用。

保鮮膜

保存食材，隔絕空氣。

紅外線溫度計

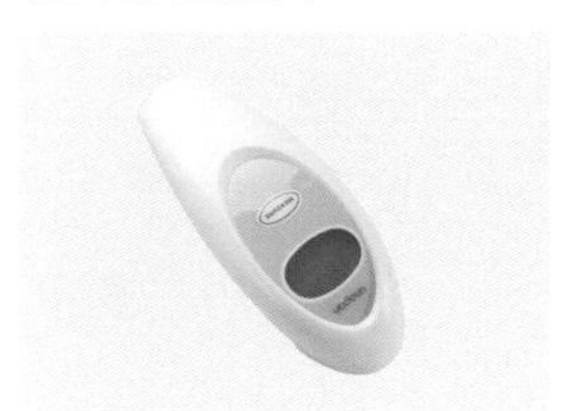

測量溫度使用。

保冷包

可加強食品保冷效果。

抹布

用來覆蓋保冷包。

蒸鍋、蒸籠

蒸豆沙糖皮使用。

尺

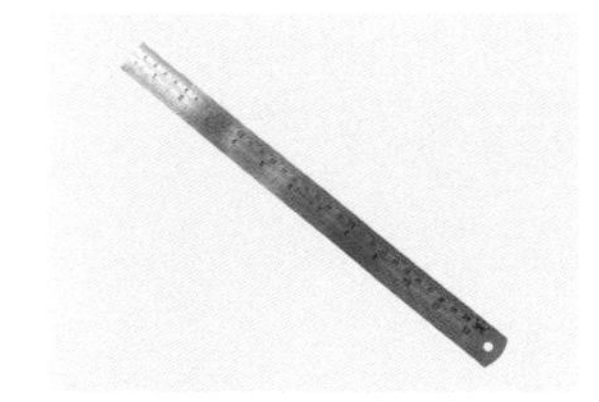

測量長度與大小。

雕塑工具組

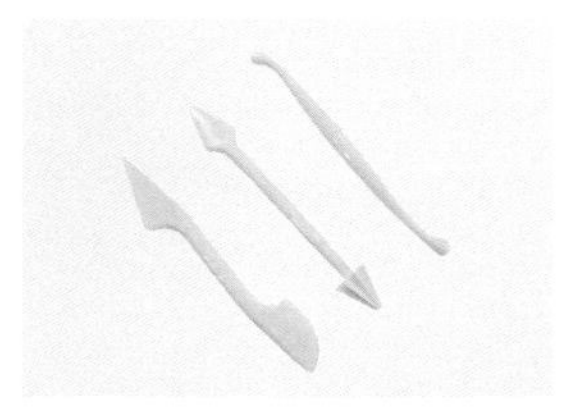

雕塑造型時使用的工具。

擀麵棍

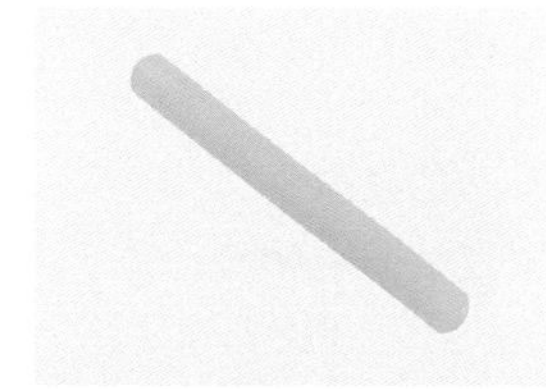

擀平材料使用。

水彩筆

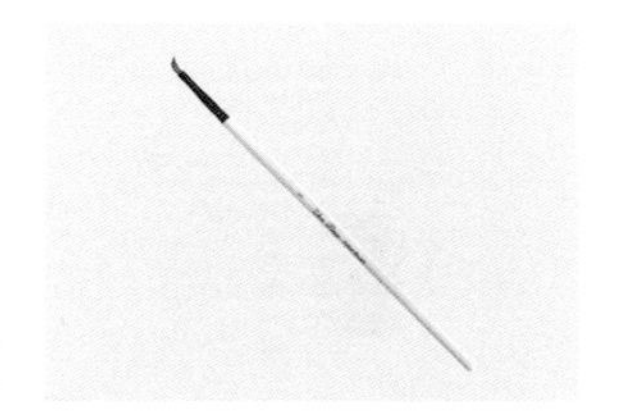

彩繪使用。

小花模具

製作造型使用。

剪刀

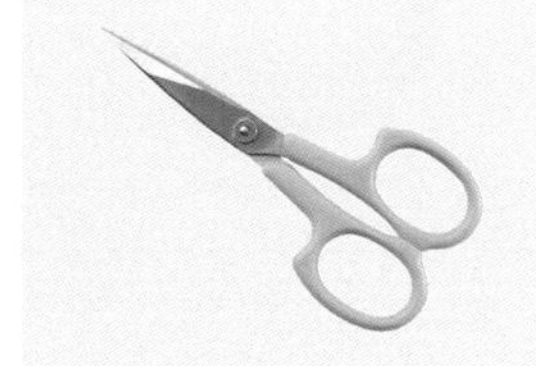

修整花型使用。

砧板

裝飾蛋糕時使用。

烘焙墊

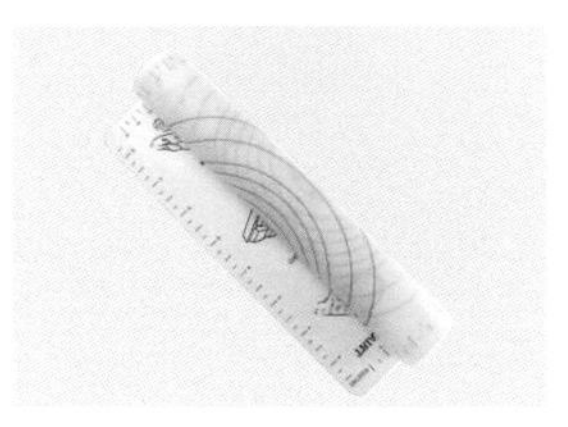

操作時不易沾黏，使工作檯保持一定清潔。

蛋糕轉盤

組裝裱花與抹面時使用。

擠泥器

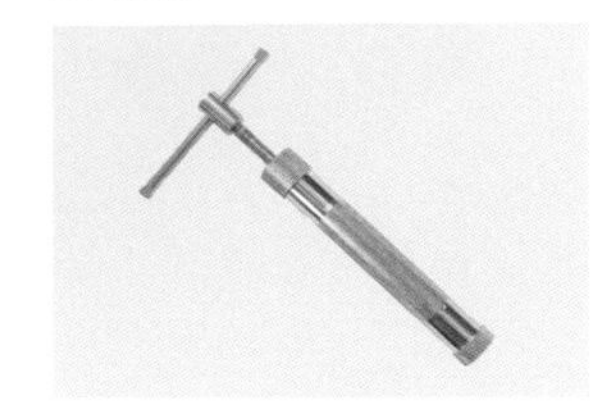

可壓出不同的細條造型。

海綿墊

用於蛋糕裝飾的花瓣塑型。

切面刀

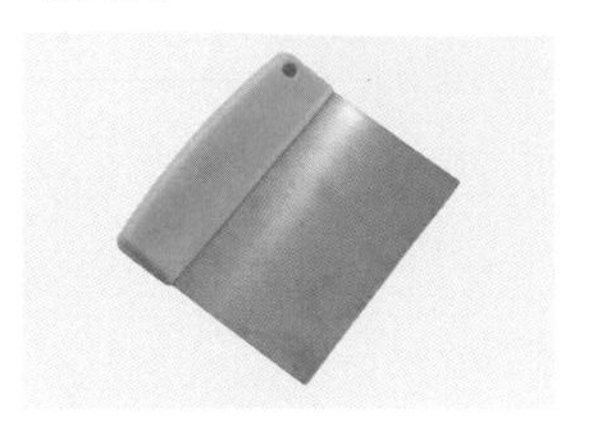

分割材料使用。

材料 INGREDIENTS

可可粉

從可可樹結出果實裡取出的可可豆，經發酵、粗碎、去皮等工序得到的可可豆碎片，由可可餅脫脂粉碎後的粉狀物，是巧克力蛋糕成份之一。

細砂糖

由蔗糖經溶解、去雜質、結晶而成，比一般砂糖更細，更易均勻溶於麵團中。

低筋麵粉

由小麥類磨成的粉末，蛋白質含量較低，容易結塊。

上新粉

梗米洗淨後乾燥，磨成的粉末。

伯爵茶粉

使用伯爵茶原葉低溫研磨的茶粉。

雞蛋

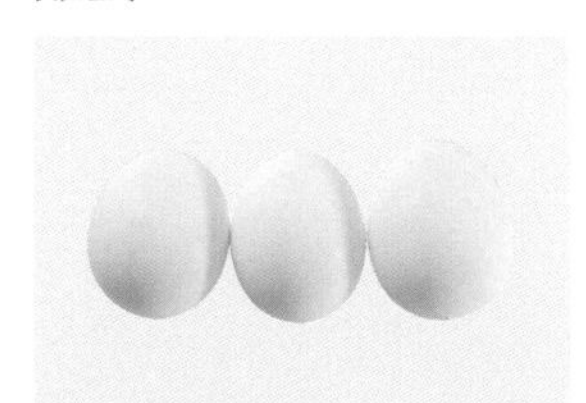

製作蛋糕使用。

奶油

從天然牛奶中提煉出的油脂。

葡萄糖漿

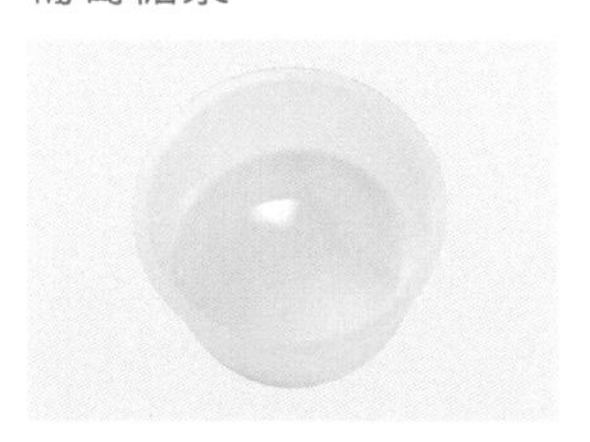

以澱粉為原料，在酶或酸的作用產生的一種澱粉糖漿。

色膏

調色使用。

白豆沙

白鳳豆加工後與麥芽糖等材料混合而成。

植物油

通常由植物種子中取得，主要成分三酸甘油脂，依來源不同有多種脂肪酸組合。常見有葵花油、葡萄籽油。

美乃滋

又稱蛋黃醬，主要由植物油、蛋、檸檬汁或醋，以及其他調味料製成的濃稠半固體調味醬。

花嘴型號一覽表 DECORATING TIP

#352

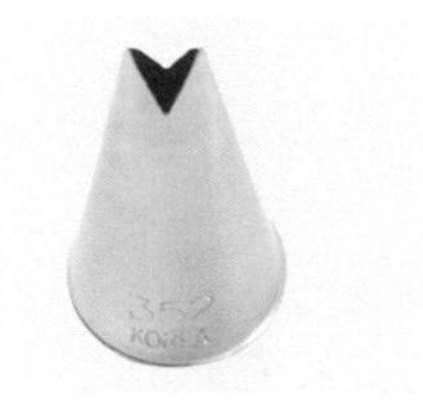

#60

#124K

#125

#123

#81

#102

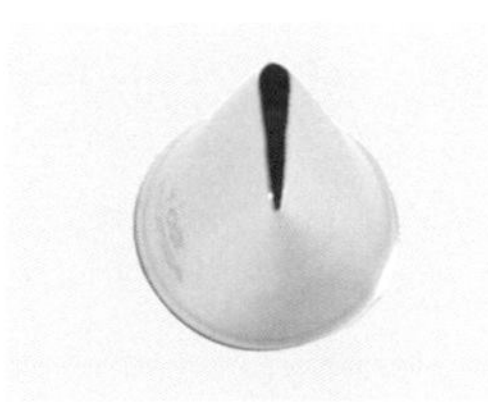

#120

#13

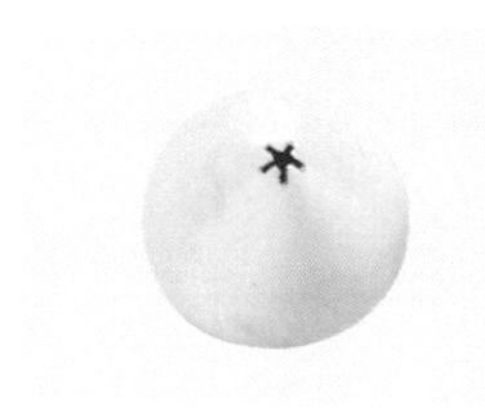

#104

#59S

#48

COLOR CHART

色號表

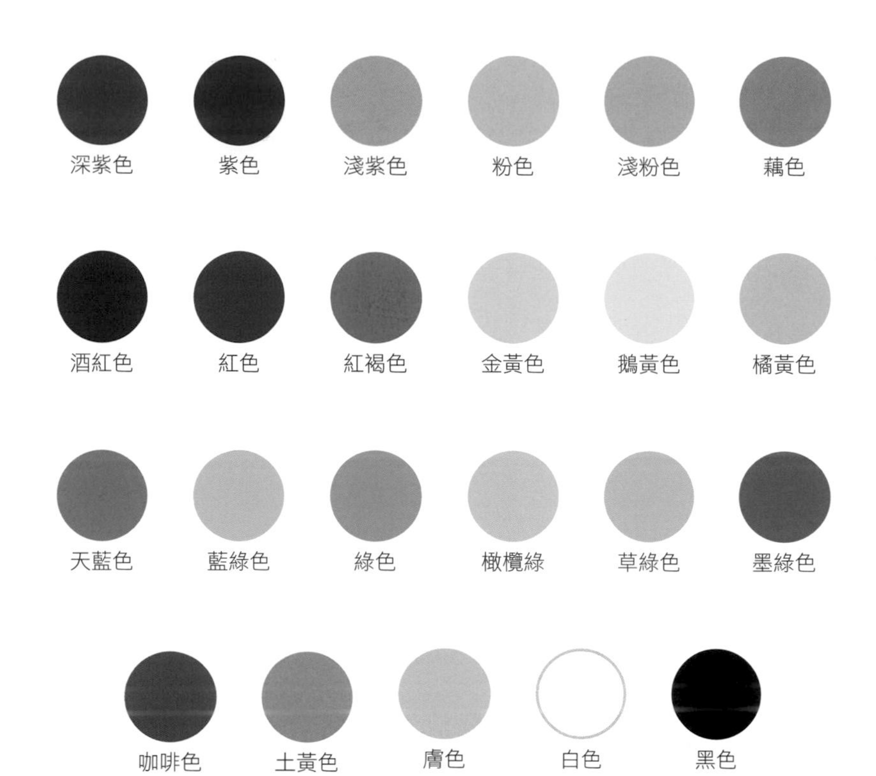

COLOR THEORY

色彩的基礎理論

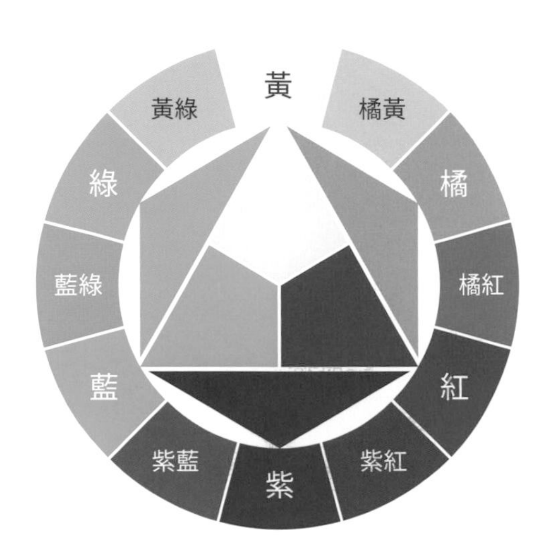

從調色基本功開始

對於初學者來說，調色首先就是一道難題，有時不知道如何才能調出想要的顏色，我建議可以購買基礎色開始練習起，例如：紅、黃、藍色。

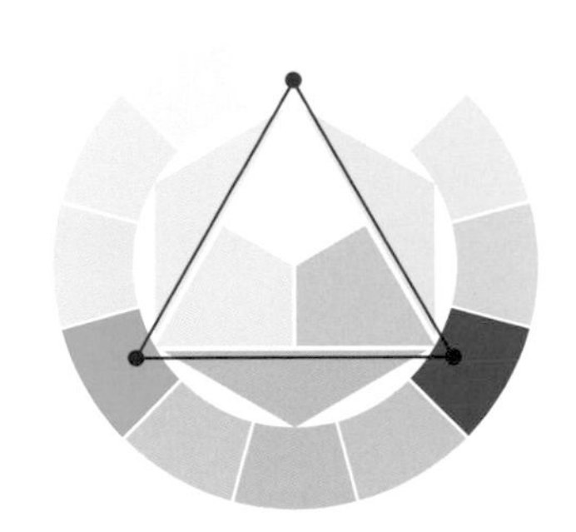

❶ 紅＋黃＝橘色

橘色中紅色的比例加的多，就會變成橘紅色；橘色中黃色的比例加的多，就會變成橘黃色。

❷ 紅＋藍＝紫色

紫色中紅色的比例加的多，就會變成紫紅色；紫色中藍色的比例加的多，就會變成紫藍色。

❸ 黃＋藍＝綠色

綠色中黃色的比例加的多，就會變成黃綠色；綠色中藍色的比例加的多，就會變成藍綠色。

依照上面的變化練習，即可變化出 12 道色相環色彩。

由於調色技巧無法量化為 g 數，因此色彩如同裱花一樣，也是一道需要練習的功課，不要小看色彩，色彩的調配和裱好一朵花一樣重要！

從色彩的搭配著手

不同色彩的搭配，可以讓同一顆蛋糕營造出不同的視覺效果。

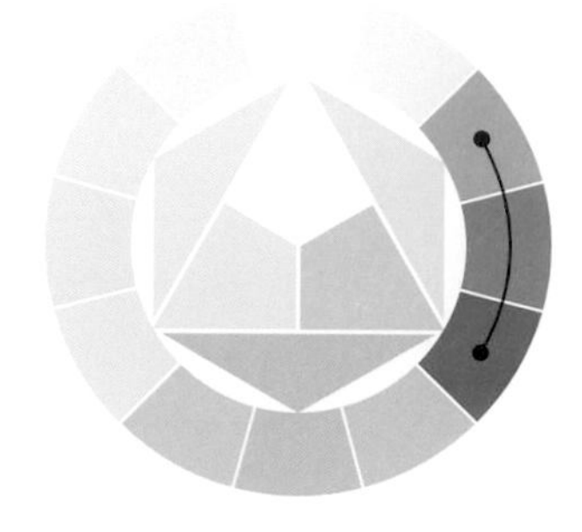

❶ 相似色

例如：紅、橘、黃色等暖色系的花朵擺在一起，會有和諧與溫暖的感覺。

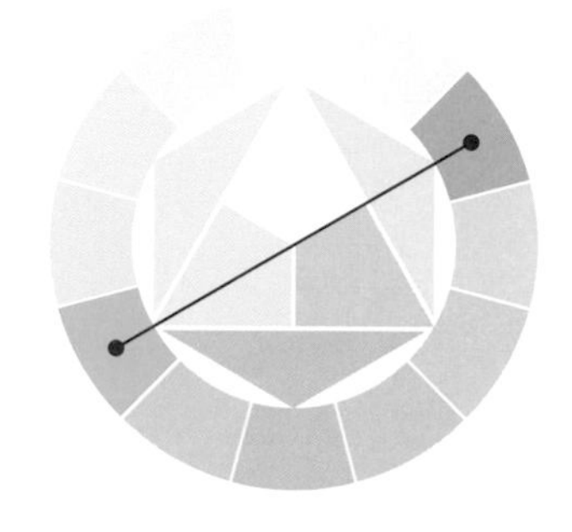

❷ 對比色

例如：在暖色系中擺上一些點綴的冷色系花朵，會有讓人眼睛一亮的效果，可以增加畫面的活潑感並顯現主體，惟須注意比例上的搭配，如果兩個互補色呈現 1:1 的分布在蛋糕上，容易有著不協調的感覺，反而導致主體失衡而沒有一個重點。

加入黑與白的變化

在色彩的世界，黑與白色屬於中性色彩，不屬於暖色系也不屬於冷色系色調，卻是不可或缺的存在。

❶ 關於白

在搭配的色系中適當地加入白色調和，可以讓整體色調帶著明亮而輕盈的效果。

❷ 關於黑

在搭配的色系中適當地加入黑色調和，可以讓原本的純色調增添復古的風格，若想增加蛋糕的色彩質感，建議可以融入白與黑去變化明度與彩度，畢竟真花的顏色不可能是永遠的純色調，而白與黑能夠幫助色彩呈現更加和諧與擬真的效果、突出其他色彩的表現。

明度與彩度

高明度

低明度

高彩度

低彩度

進入裱花之前

Before the
FLOWER PIPING

CHAPTER
01

HOW TO USE THE TOOL

工具使用方法

1

SECTION 01 改造花嘴的方法

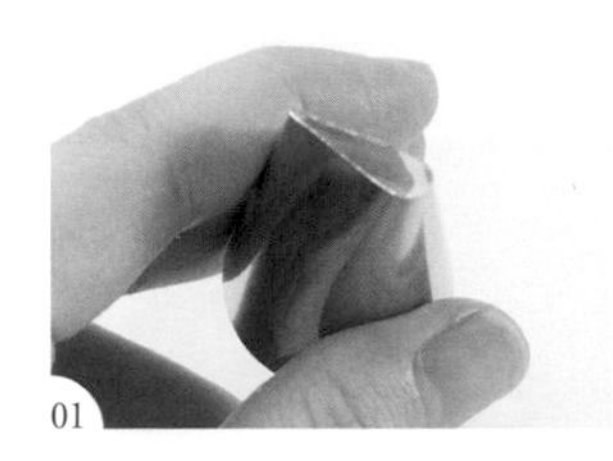
01

02

03

04

01 任取一個花嘴。

02 以斜口鉗對準欲改造的位置。

03 承步驟 2，將斜口鉗用力往內壓緊。

04 如圖，花嘴改造完成。

SECTION 02 花嘴裝法

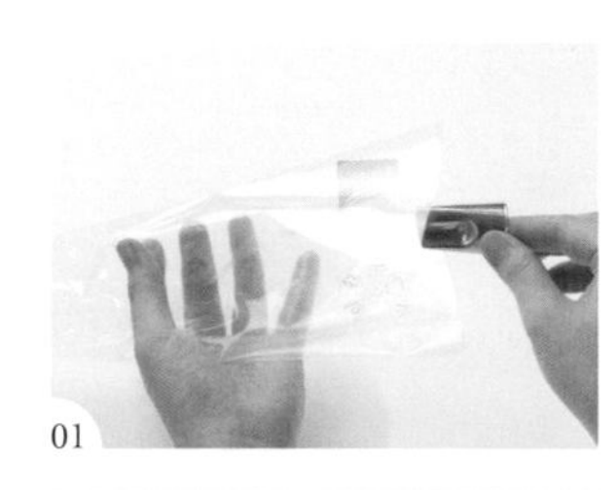
01

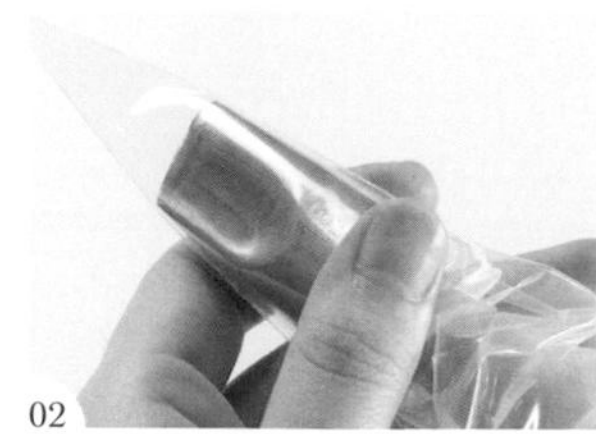
02

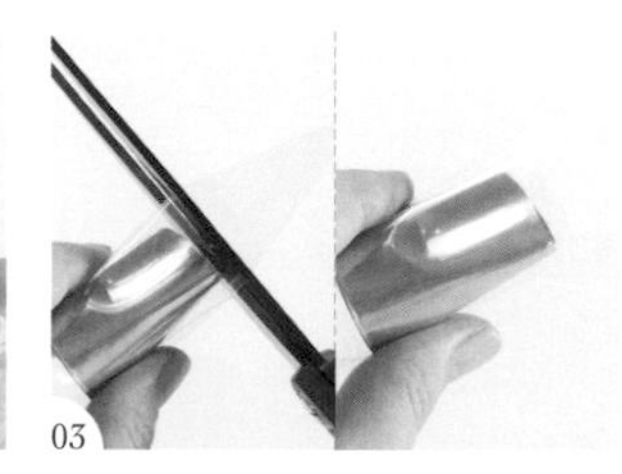
03

04

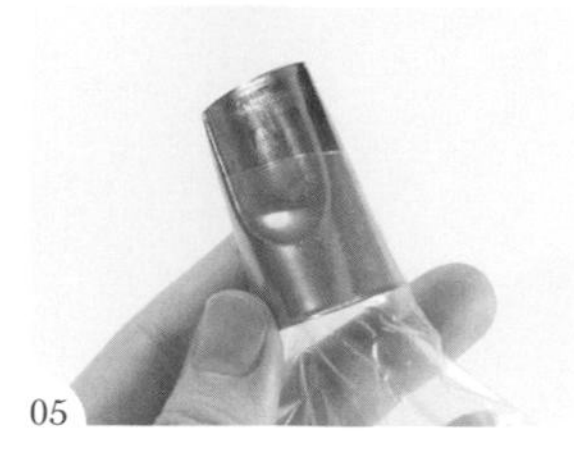
05

01 取擠花袋及花嘴。

02 將花嘴放入擠花袋中並往內推。

03 以剪刀將擠花袋尖端剪下。

04 將花嘴推出擠花袋。

05 如圖，花嘴裝法完成。

SECTION 03 轉接頭與花嘴的裝法

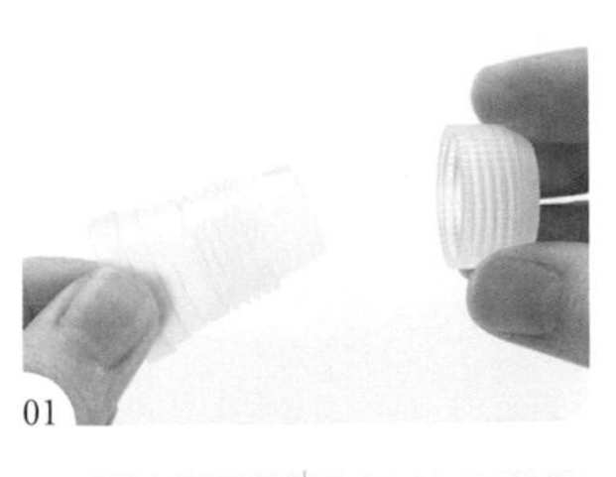

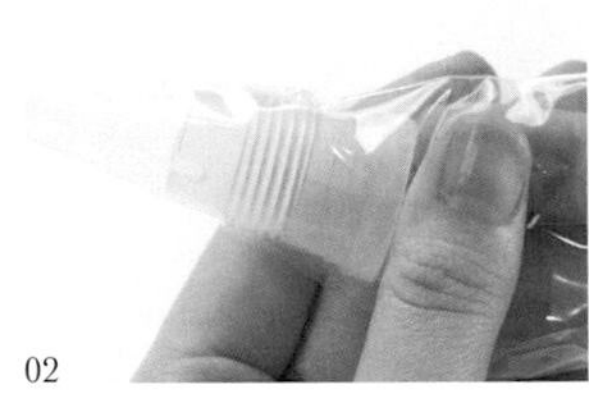

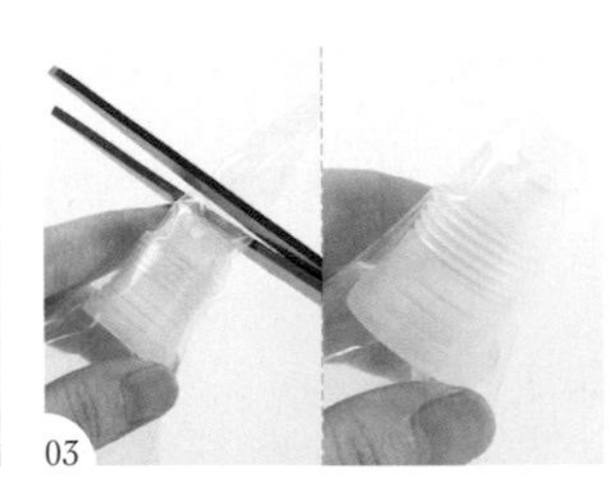

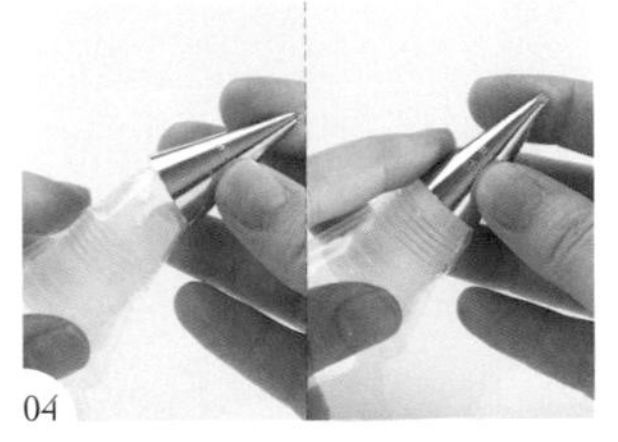

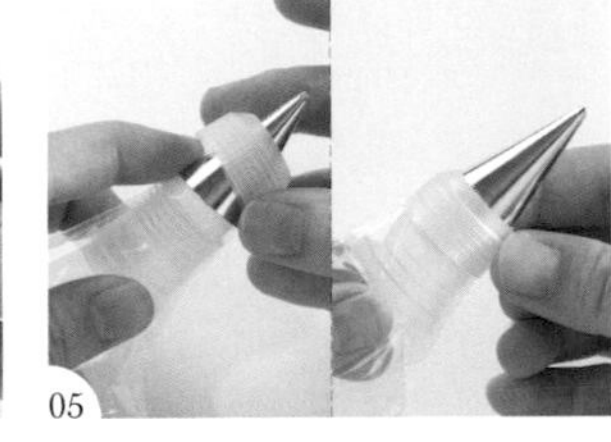

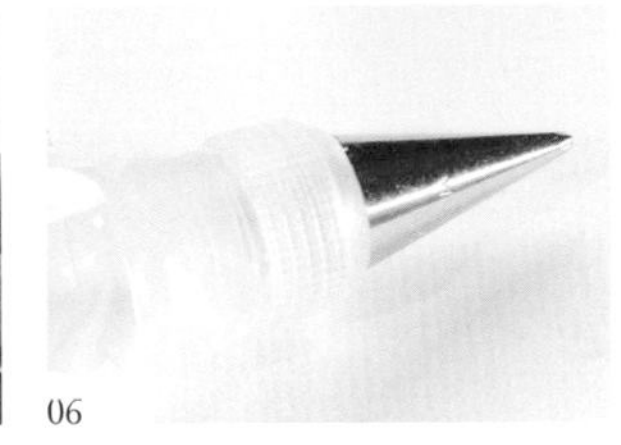

01 取下轉接頭的固定環。

02 將轉接頭放入擠花袋中並往內推。

03 以剪刀將擠花袋尖端剪下。

04 將花嘴放進轉接頭的凹槽中。

05 將固定環放回轉接頭上，並旋緊。

06 如圖，轉接頭與花嘴的裝法完成。

SECTION 04 花剪的組裝方法

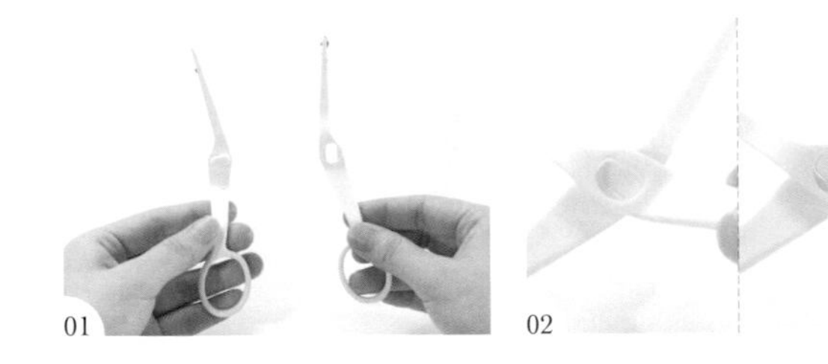

01 取花剪左右兩部份。

02 將花剪右側與左側中間的卡榫接合。

03 如圖，花剪組裝完成。

SECTION 05 清洗花嘴的方法

01 以花剪挖出花嘴內殘留的奶油霜。

02 以清水沖洗花嘴。

03 將花嘴放入碗中，並加入熱水。（註：以熱水浸泡，較易清洗掉油脂。）

04 承步驟 3，加入洗碗精。

05 將花嘴在碗中浸泡一段時間。

06 取出花嘴。

07 以清水沖洗花嘴。

08 如圖，花嘴清洗完成，放乾即可。

BASIC CONCEPTS

裱花基本概念

2

SECTION 01 裱花釘拿法

正確拿法

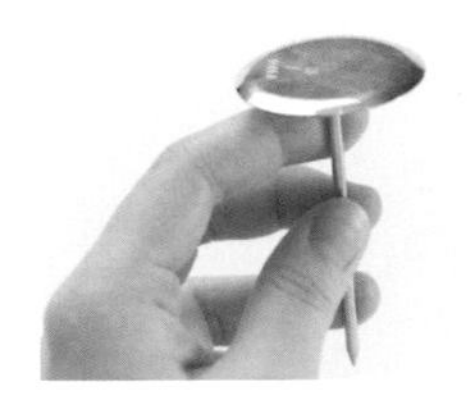

主要使用大拇指、食指、中指與無名指，輕輕捏著花釘中間的位置，可以適時的將小拇指支撐在下方，以穩固花釘。

NG拿法

握的位置太高，花釘不好旋轉。

握的位置太高或太低，在使用時會不穩。

SECTION 02 調色方法

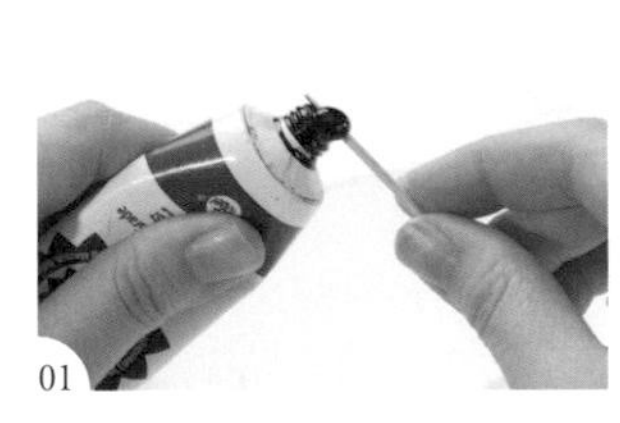

01

02

03

04

01 以牙籤沾取適量色膏。（註：使用過的牙籤勿重複使用，以免污染色膏而變質。）

02 將色膏放入豆沙霜（或奶油霜）中。

03 以刮刀將豆沙霜（或奶油霜）與色膏以壓拌方式攪拌均勻。

04 重複步驟 2，將豆沙霜（或奶油霜）與色膏拌勻即可。（註：顏色濃度可依照個人喜好調整。）

SECTION 03 混色基底裝入擠花袋方法

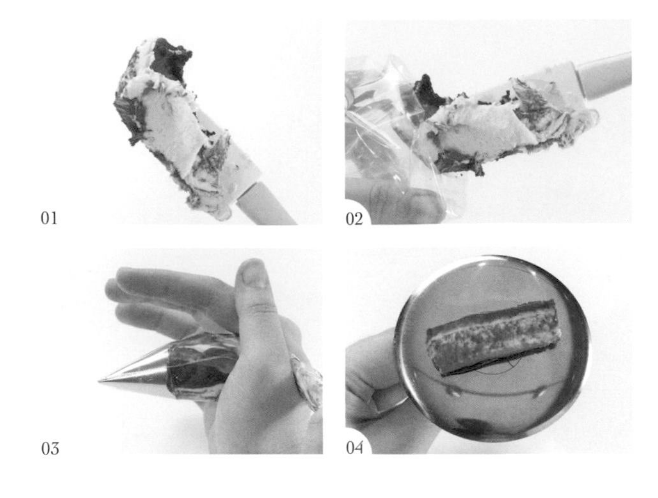

01 先以刮刀取一點白色豆沙霜（或奶油霜）後，再取紅色豆沙霜（或奶油霜）。（註：勿攪拌均勻。）

02 將豆沙霜（或奶油霜）放入擠花袋中。

03 將豆沙霜（或奶油霜）往擠花袋尖端（花嘴位置）推擠並集中。

04 如圖，混色基底完成，在擠裱花時顏色會較自然。

SECTION 04 雙色基底裝入擠花袋方法

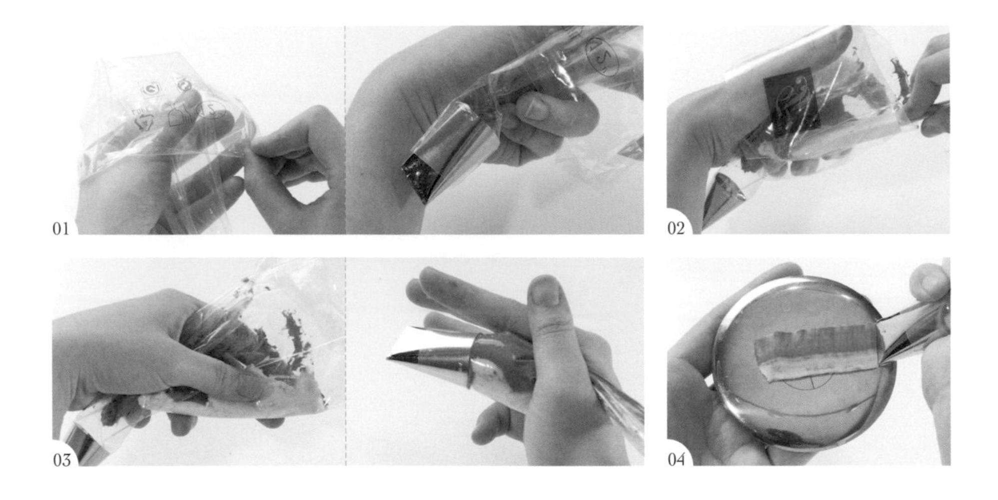

01 將擠花袋袋口打開，在花嘴一側放入深色豆沙霜（或奶油霜）。

02 重複步驟 1，在花嘴另一側放入白色豆沙霜（或奶油霜）。

03 將豆沙霜（或奶油霜）往擠花袋尖端（花嘴位置）推擠並集中。

04 如圖，雙色基底完成。

SECTION 05 擠花袋握法

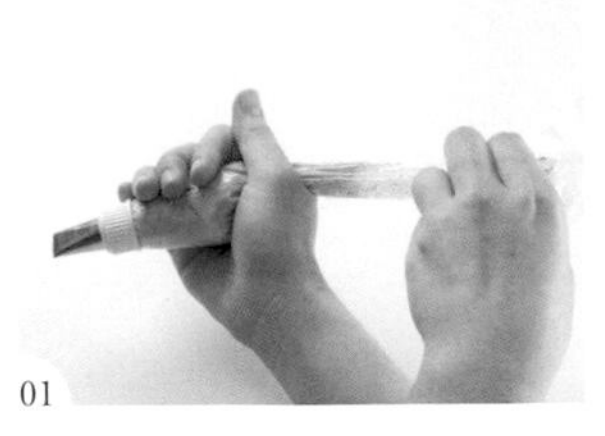
01

02

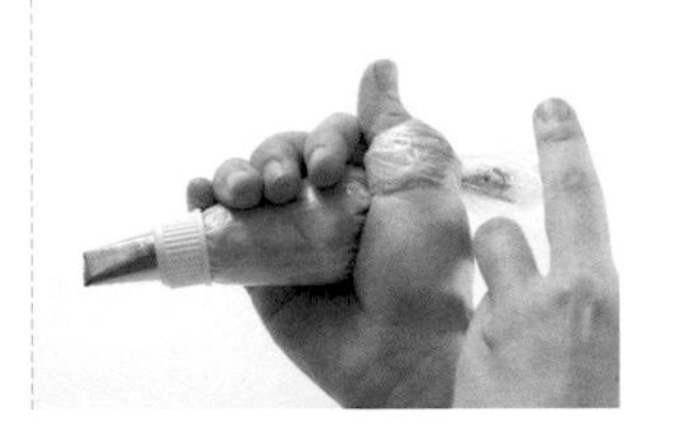

03

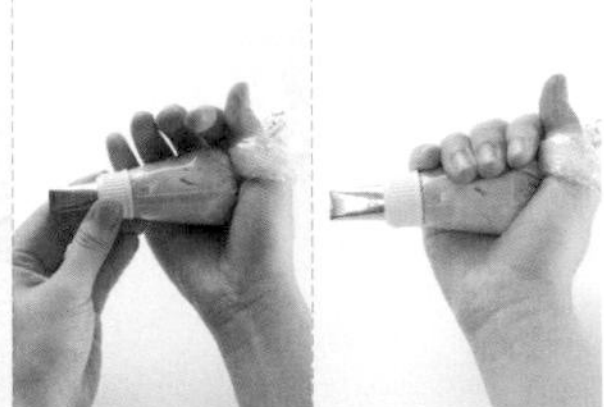

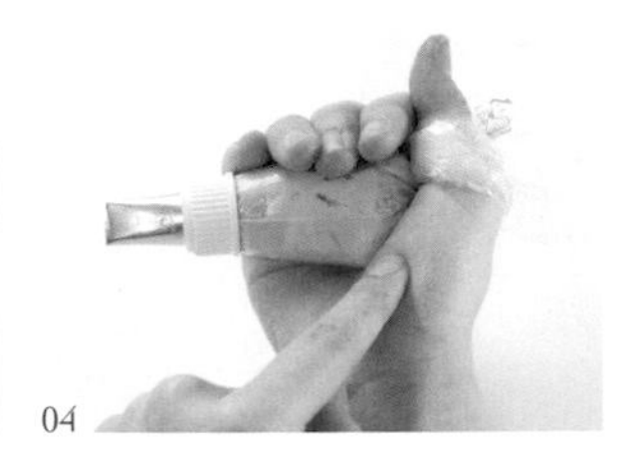
04

01 將豆沙霜（或奶油霜）放入擠花袋後，用左手抓著袋子上緣，右手的虎口捏住袋子，將豆沙霜（或奶油霜）推至花嘴。

02 將袋子上緣的部分，繞大拇指一圈。

03 於虎口處將裝有豆沙霜（或奶油霜）的地方轉緊，並將花嘴與虎口調至平行狀。

04 如圖，為擠花袋握法。（註：擠花時，將手指全部都放在擠花袋上，同時使用中指與姆指下方的肌肉出力，才不至於手指疲勞。）

TIP

大部分花嘴握法為，花嘴較窄的面朝上，較寬的面朝下，以製作花瓣薄的效果，或拿反則會有多肉植物的感覺擠出。為避免混淆，其後每朵花型的花嘴處會標示上窄下寬或上寬下窄等拿法。

SECTION 06 底座概念

在擠花前，為避免夾取時破壞花型，都須先擠底座，而底座的型態及大小不定，可依花型決定。

底座類型

長條形

適用花瓣會層疊的花型，如：玫瑰。

山丘形

適用有於圓弧的花型，如：千日紅。

圓形

適用平面的花型，如：木蓮花。

補底座概念

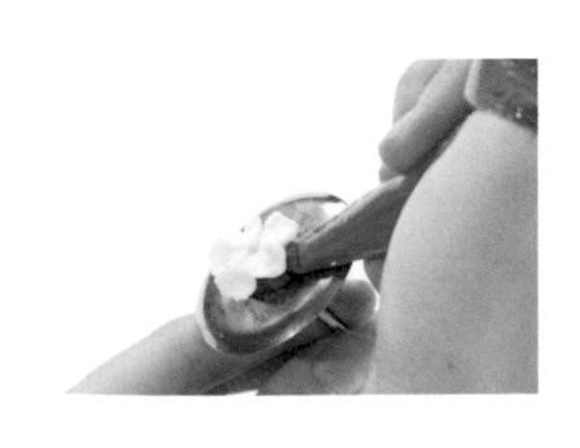

在擠花時，若花型較大，並開始不穩時，可適時補底座，除了能讓花型穩定外，在從花釘中取下時，較不易破壞花型。

SECTION 07 花嘴與花瓣的角度

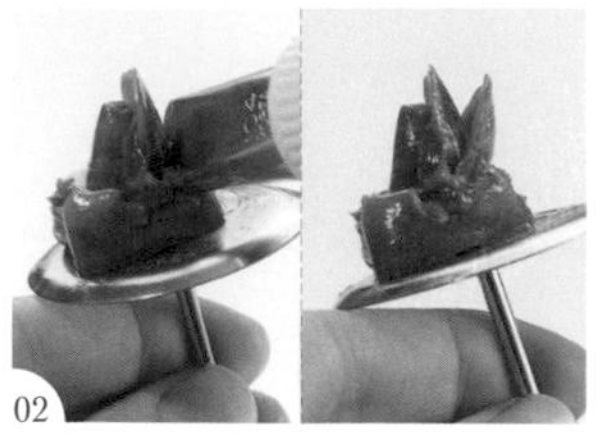

01　12 點鐘方向。

02　1 點鐘方向。

03　3點鐘方向。（註：依花嘴的方向而塑造出花朵的開合。）

SECTION 08 花剪拿取裱花的方法

從花釘取下裱花

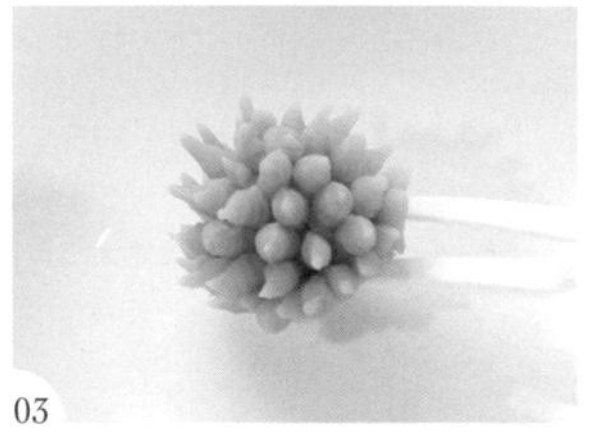

01　將花剪放在底座底部。

02　一邊轉動花釘，一邊使用花剪夾取平移離開花釘。

03　將裱花放在盤子上。

04　最後，將花剪平行往下輕壓後抽出。

TIP　花剪輕輕下壓示意圖

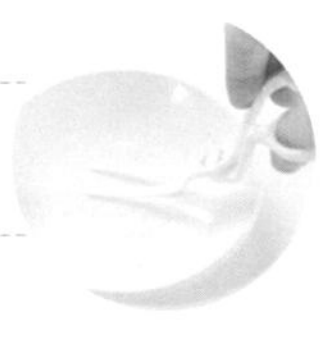

修剪底座方式

01　將花剪放在底座上。

02　將花剪垂直向下切除側邊底座。（註：若裱花都製作完成，要開始放在蛋糕上，就須將側邊多餘的底座切除。）

03　夾取花朵，即可開始組裝。

CAKE BODY MAKING

蛋糕體製作

3

SECTION 01 6寸法式海綿蛋糕做法

材料工具

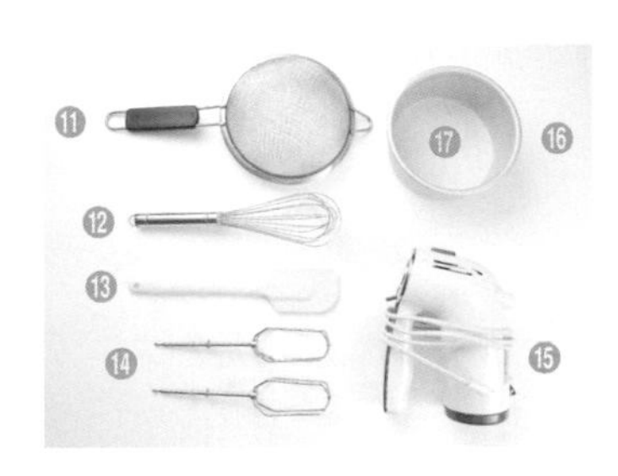

❶ 細砂糖 a 10g
❷ 蛋黃 50g
❸ 蛋白 100g
❹ 細砂糖 b 55g
❺ 鹽巴 1.5g
❻ 低筋麵粉 50g
❼ 沙拉油 18g
❽ 鮮奶 18g
❾ 大鋼盆
❿ 小鋼盆
⓫ 篩網
⓬ 打蛋器
⓭ 刮刀
⓮ 攪拌機打蛋頭
⓯ 手持電動攪拌機
⓰ 6 寸蛋糕模
⓱ 6 寸烘焙底紙

步驟說明

01

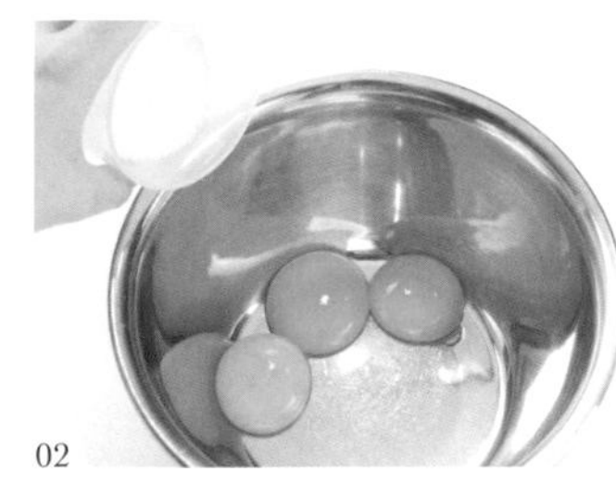
02

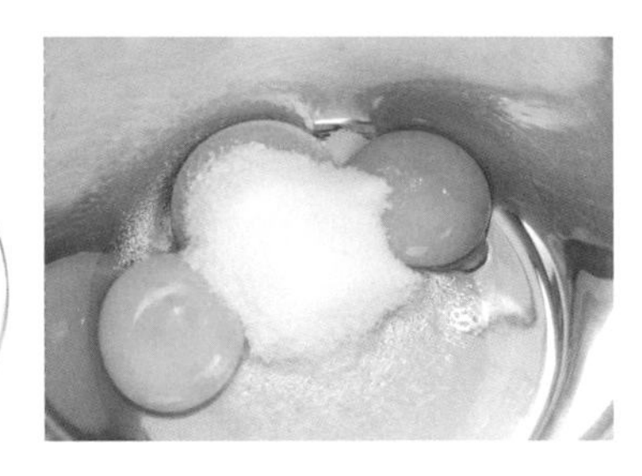

01 將低筋麵粉過篩後備用。

02 將細砂糖 a 加入蛋黃中。

03 以打蛋器將砂糖和蛋黃攪拌至糖稍微溶解泛白後備用。

04 將鹽巴加入細砂糖 b 中，備用。

05 以電動攪拌機將蛋白以高速打發，直到呈現大泡球狀。

06 先加入 1/3 步驟 4 材料，並持續打發。

07 重複步驟 6，步驟 4 材料約分 3 次倒入，並持續打發。

08 如圖，打至蛋白呈現尖角狀。

09 以刮刀挖起 1/3 的蛋白糊，加入步驟 3 的蛋黃糊中。

10 承步驟 9，以刮刀輕柔地使用撈拌手法拌勻。

11 待拌勻後，加入剩餘 2/3 蛋白糊中，拌勻。

12 加入 1/2 的低筋麵粉，持續拌勻。（註：須由底部往上撈拌，才會均勻。）

13 重複步驟 12，將剩下 1/2 的低筋麵粉全部倒入，持續拌勻。（註：低筋麵粉分兩次下完。）

14 加入沙拉油，持續拌勻。

15 加入鮮奶，持續拌勻。

16 將攪拌好的麵糊倒入已放 6 寸烘焙底紙的蛋糕模中。（註：此為固定模，放底紙可以幫助脫模順利，若為活動模，則可省去底紙，直接倒入麵糊。）

17 承步驟 16，以刮刀將麵糊表面刮平。（註：盛裝 7 分滿麵糊即可。）

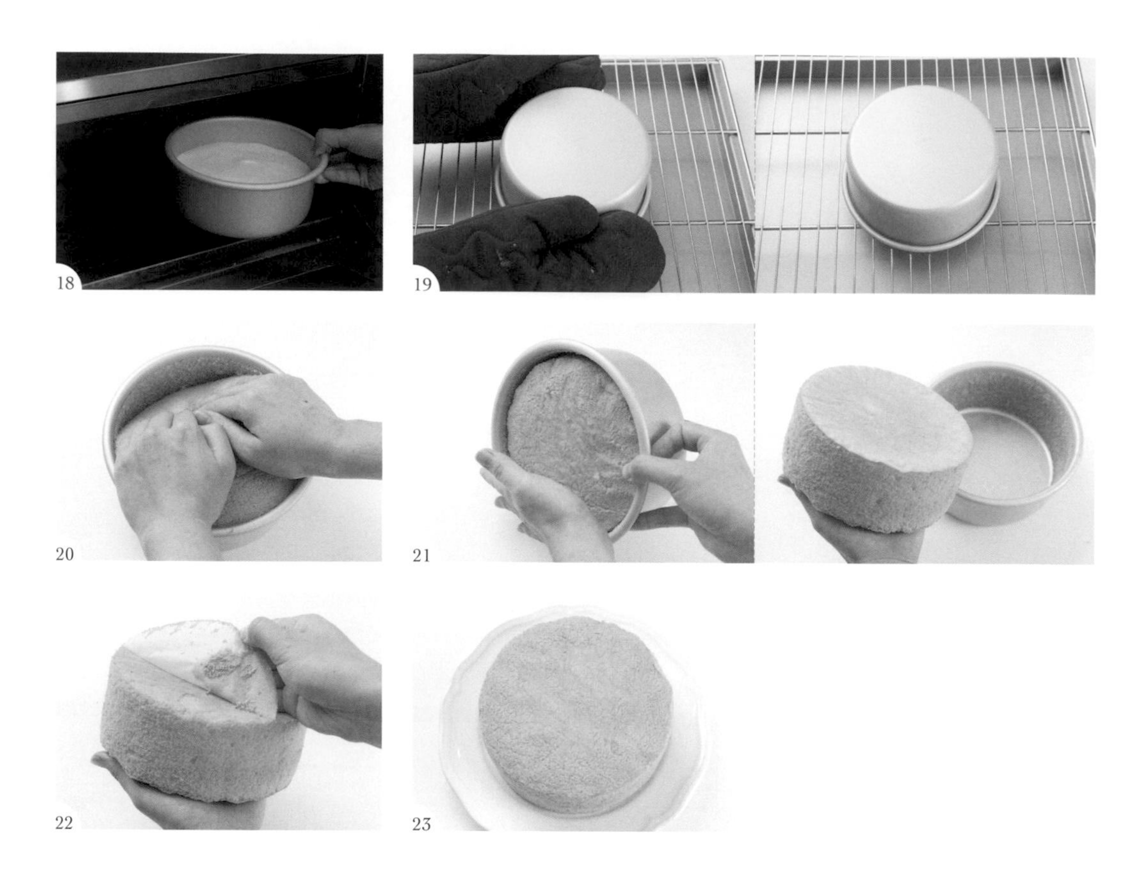

18 將麵糊放進預熱的烤箱中烘烤。（註：烤箱上下火 180 度，烤約 28 ～ 30 分鐘。）

19 烘烤完成後，將蛋糕模取出，並倒扣放涼。

20 待蛋糕涼後，用手順著蛋糕模，下壓使蛋糕體邊緣脫模。

21 將蛋糕體倒扣取出。

22 將蛋糕體底部烘焙紙剝除。

23 如圖，法式海綿蛋糕完成。（註：冷藏可保存 5 天；冷凍可保存 14 天。）

Section 02 老奶奶布朗尼

材料工具

❶ 低筋麵粉 180g
❷ 細砂糖 150g
❸ 可可粉 12g
❹ 小蘇打粉 4g
❺ 泡打粉 4g
❻ 美乃滋 180g
❼ 水 180g
❽ 篩網
❾ 打蛋器
❿ 鋼盆
⓫ 抹刀
⓬ 竹籤
⓭ 6 寸蛋糕模
⓮ 6 寸烘焙底紙

步驟說明

01 將低筋麵粉倒入篩網後過篩。

02 將可可粉倒入篩網後過篩。

03 將小蘇打粉倒入篩網後過篩。

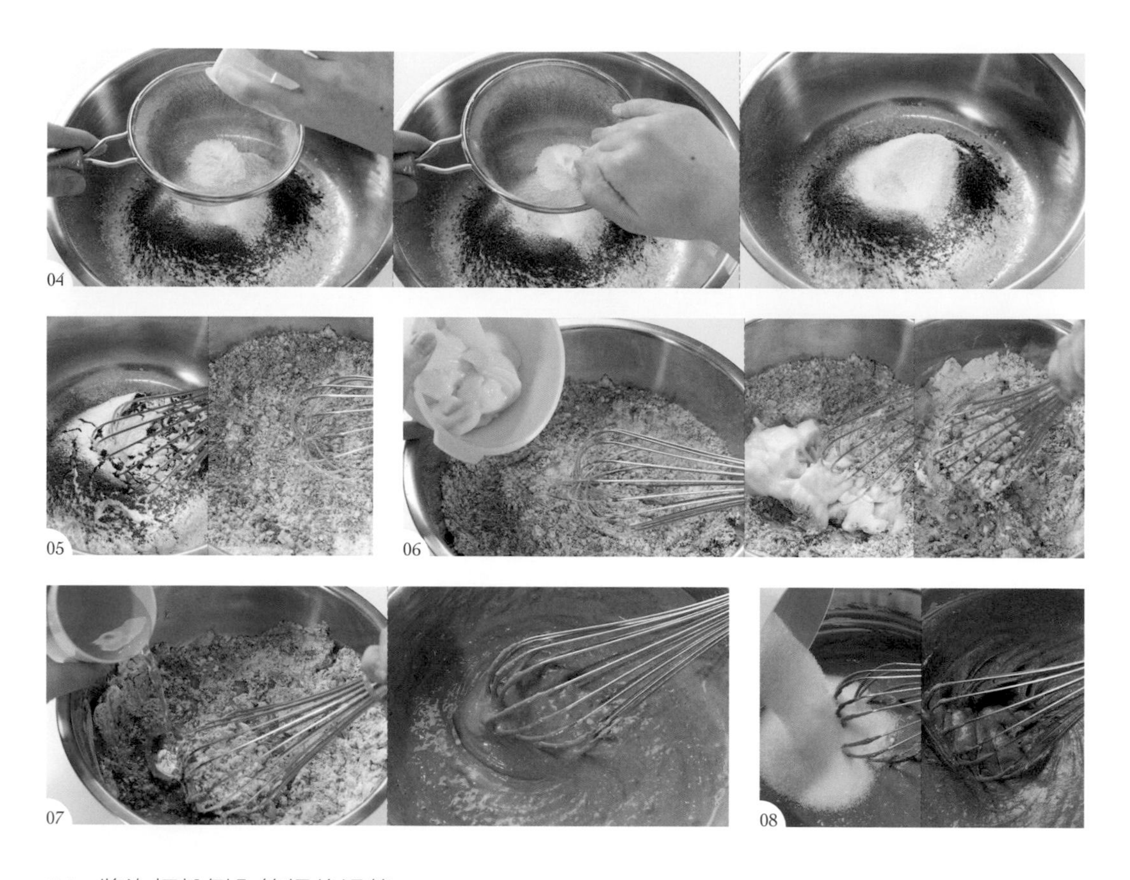
04
05
06
07
08

04 將泡打粉倒入篩網後過篩。

05 以打蛋器攪拌粉料，直到拌勻。

06 加入美乃滋，以打蛋器稍微攪拌。

07 加入水，以打蛋器攪拌均勻。（註：若想更濃郁，可將一半或全部的水換成咖啡。）

08 加入細砂糖，以打蛋器攪拌均勻。

09 將攪拌好的麵糊倒入已放 6 寸烘焙底紙的蛋糕模中。（註：倒入約 7 分滿麵糊即可。）

10 將麵糊放進預熱的烤箱中烘烤。（註：烤箱上下火 180 度，烤約 60 分鐘。）

11 取出蛋糕模，並以竹籤插入蛋糕體中後拔出，若竹籤上未沾附蛋糕糊，即完成蛋糕體製作。

TIP 若竹籤上沾附蛋糕糊，則須繼續烘烤約 5 分鐘。

12　烘烤完成後，將蛋糕模取出放涼，並以抹刀順著蛋糕模周圍切開蛋糕體。

13　將蛋糕體倒扣取出。

14　將蛋糕體底部烘焙紙剝除。

15　如圖，老奶奶布朗尼蛋糕完成。（註：冷藏可保存 5 天；冷凍可保存 14 天。）

TIP

若還未要使用蛋糕，須以保鮮膜覆蓋老奶奶布朗尼蛋糕，以免蛋糕體長時間接觸空氣而使蛋糕體不濕潤。

此配方靈感為二次世界大戰時，因蛋與奶油等物資缺乏，美國的媽媽們想出了使用美乃滋取代蛋與奶油而製作的家鄉蛋糕，很有意思！

SECTION 03 伯爵茶米蛋糕

材料工具

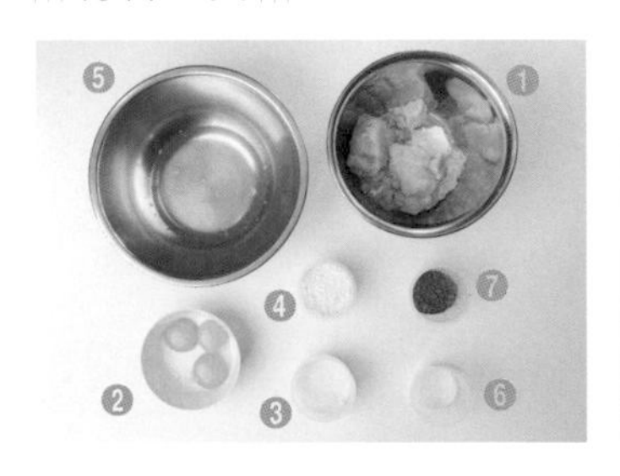
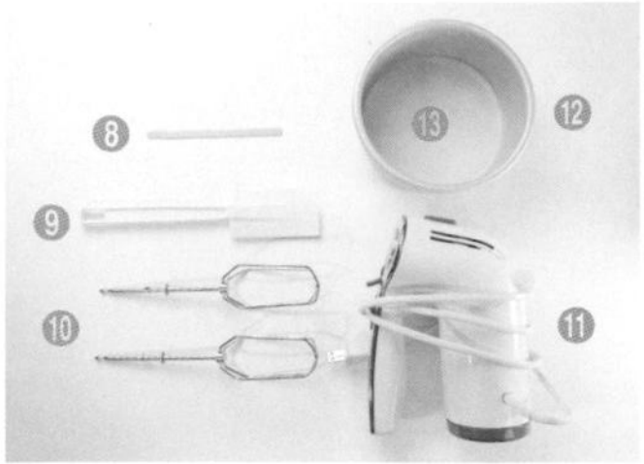

❶ 白豆沙 270g
❷ 蛋黃 60g
❸ 細砂糖 a 45g
❹ 上新粉 35g
❺ 蛋白 105g
❻ 細砂糖 b 20g
❼ 伯爵茶粉 4g
❽ 竹籤
❾ 刮刀
❿ 攪拌器打蛋頭
⓫ 電動攪拌器
⓬ 蛋糕模
⓭ 6 寸烘焙底紙

步驟說明

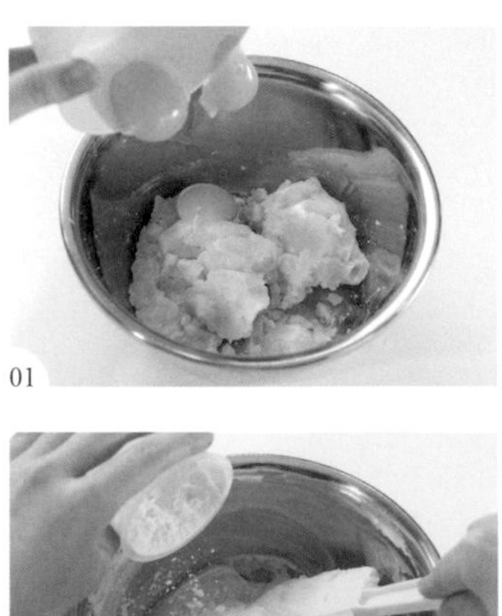
01

02

03

04

05

06

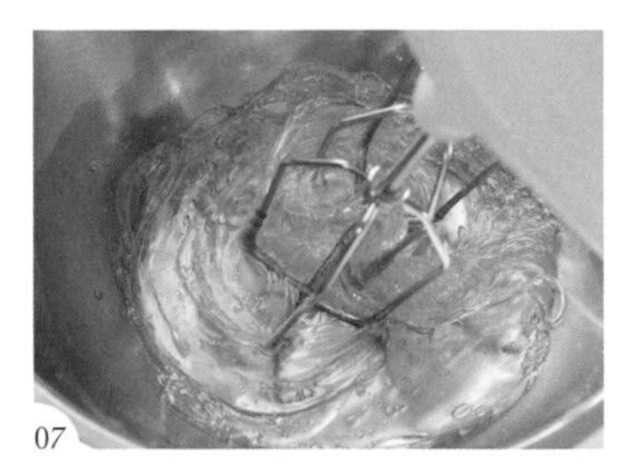
07

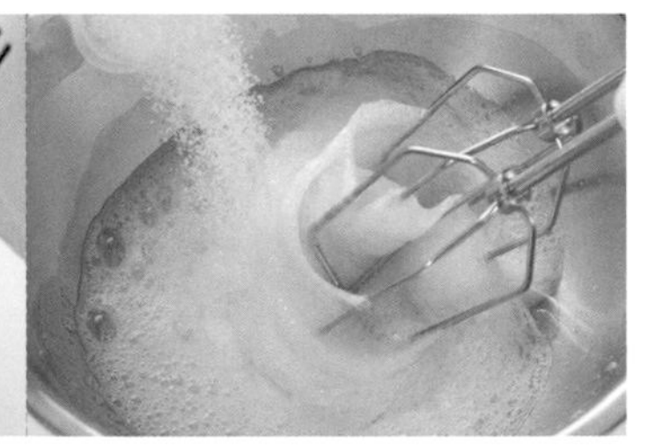
08

01 將蛋黃加入白豆沙中。

02 加入細砂糖 a。

03 以刮刀攪拌拌勻。

04 加入上新粉。

05 加入伯爵茶粉。

06 以刮刀攪拌拌勻後，備用。

07 以電動攪拌機將蛋白打發。

08 承步驟 7，打至呈白色起泡狀後，加入 1/2 細砂糖 b，持續打發。（註：細砂糖分兩到三次下完。）

09 重複步驟 8，加入剩餘 1/2 細砂糖 b，打發至接近硬性發泡。

10 加入步驟 6 的材料。

11 以電動攪拌機攪拌均勻。

12 將攪拌好的麵糊倒入已放烘焙紙的蛋糕模中。

13　承步驟 12，以刮刀將麵糊刮平。

14　將麵糊放進預熱的烤箱中烘烤。（註：烤箱上下火 180 度，烤約 35 ～ 40 分鐘。）

15　取出蛋糕模，並以竹籤插入蛋糕體中後拔出，若竹籤上未沾附蛋糕糊，即完成蛋糕體製作。

TIP　若竹籤上沾附蛋糕糊，則須繼續烘烤約 5 分鐘。

16　烘烤完成後，將蛋糕模取出，並倒扣放涼。

17　以抹刀順著蛋糕模周圍切開蛋糕體。

18　將蛋糕體倒扣取出。

19　將蛋糕體底部烘焙紙剝除。

20　如圖，伯爵茶米蛋糕完成。

TIP

- 茶口味類的口味，若放置一天，香氣會更濃郁。
- 冷藏可保存五天，冷凍可保存十四天。
- 若無馬上裝飾，以保鮮膜包覆保存。

CAKE DECORATION

蛋糕表面裝飾

4

SECTION 01 杯子蛋糕抹面技巧

01

02

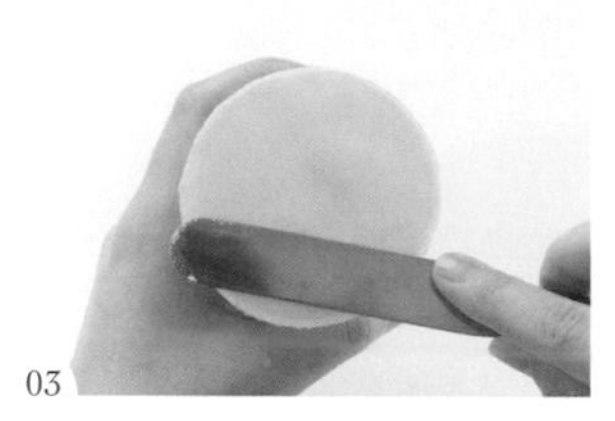
03

04

01 以抹刀前端沾取奶油霜或豆沙霜。

02 承步驟 1，塗抹在蛋糕表面上。

03 重複步驟 1-2，將奶油均勻抹在蛋糕表面上。

04 如圖，杯子蛋糕抹面完成。

SECTION 02 蛋糕抹面技巧

01

02

03

01 將擠花袋放在蛋糕體底部，並用手邊轉蛋糕轉台邊擠出奶油霜或豆沙霜。

02 如圖，第一圈完成。

03 重複步驟 1-2，將蛋糕體側邊繞圈擠滿。

04 以抹刀將側邊抹平。（註：抹刀垂直於轉盤，保持角度，右手不動，左手旋轉轉盤。）

05 將抹刀上的奶油霜或豆沙霜刮到任一容器上，清理抹刀。

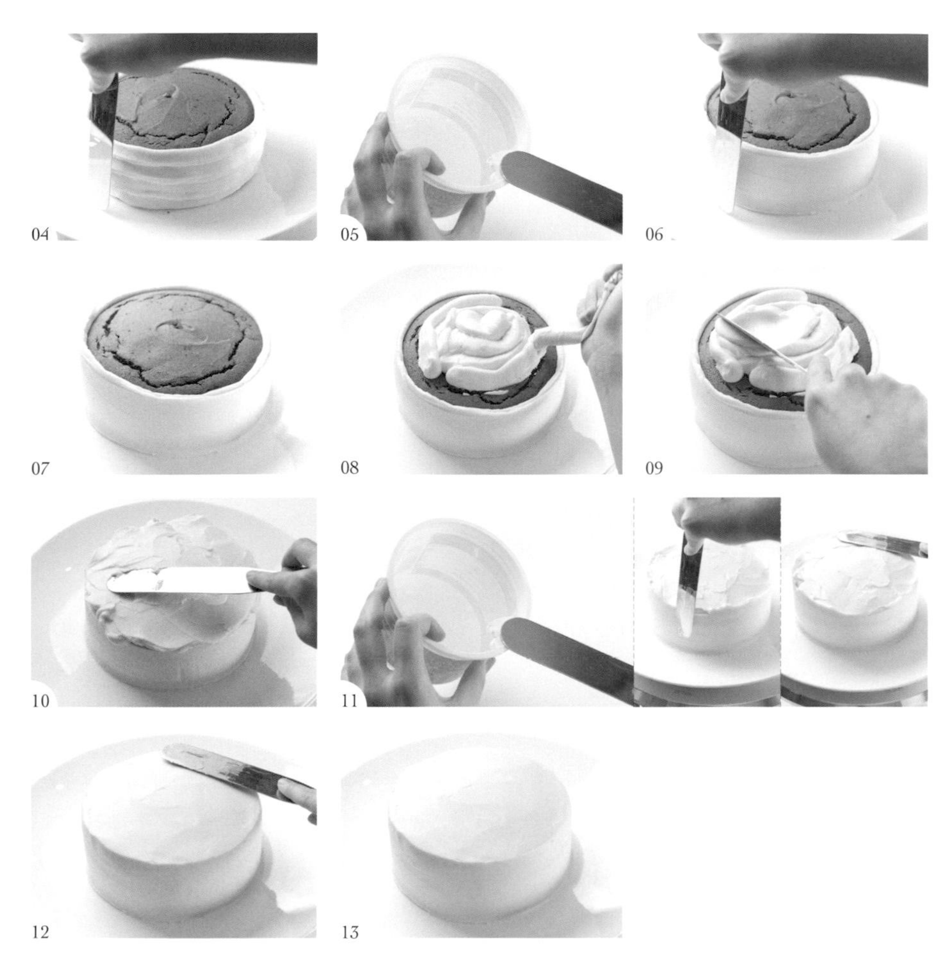

06 重複步驟 4-5，持續抹平側邊。（註：若抹面時側邊不平整有孔洞，可使用擠花袋在側邊填補後再抹平。）

07 如圖，側邊奶油抹平完成。

08 將擠花袋在蛋糕體頂部，擠上較厚的奶油霜或豆沙霜。

09 承步驟 8，以抹刀將頂部推至邊緣。

10 重複步驟 9，須推超過頂部邊緣。

11 將抹刀刮乾淨，以抹刀將側邊抹平後，使用抹刀將上方平面，由外至內平移的方式抹平。

12 重複步驟 11，持續抹平奶油即可。

13 如圖，蛋糕抹面完成。

SECTION 03 竹籃編織擠法

01 擠出長條奶油霜。

02 承步驟 1，擠出與直線垂直的橫向奶油霜。

03 如圖，線條擠出完成。

04 重複步驟 2，擠出另外兩條橫線奶油霜。

05 在第一條直線的右側，擠出與第一條相同長度的直線奶油霜。

06 在第一個正方形內擠出橫線奶油霜。（註：須覆蓋並超過第二條橫線。）

07 如圖，線條擠出完成。

08 重複步驟 6，擠出另外兩條橫向奶油霜。

09 重複步驟 5-8，擠出一條直線與三條橫線奶油霜。

10 如圖，竹籃編織擠法完成。

韓式奶油霜裱花

BUTTERCREAM
of
Korean Flower
Piping

CHAPTER

02

韓式奶油霜裱花

韓式奶油霜做法

MAKING BUTTERCREAM

TOOL & INGREDIENTS 工具材料

蛋白霜
- ❶ 奶油 454g
- ❷ 砂糖 a 110g
- ❸ 蛋白 160g

糖漿
- ❹ 砂糖 b 60g
- ❺ 水 50g

- ❻ 隔熱手套
- ❼ 溫度計
- ❽ 切麵刀
- ❾ 刮刀
- ❿ 保鮮膜
- ⓫ 單柄鍋
- ⓬ 球狀拌打器
- ⓭ 槳狀拌打器

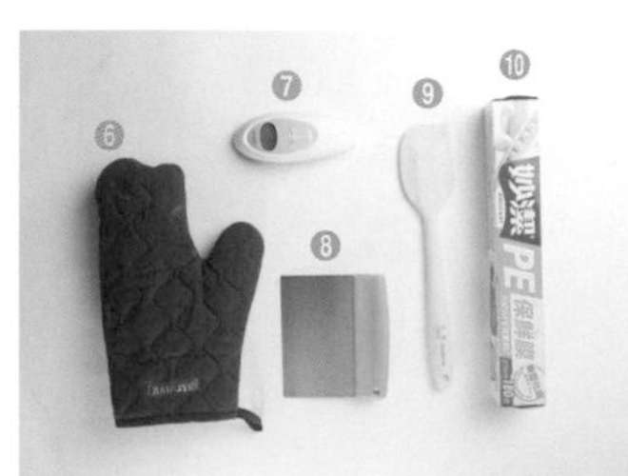

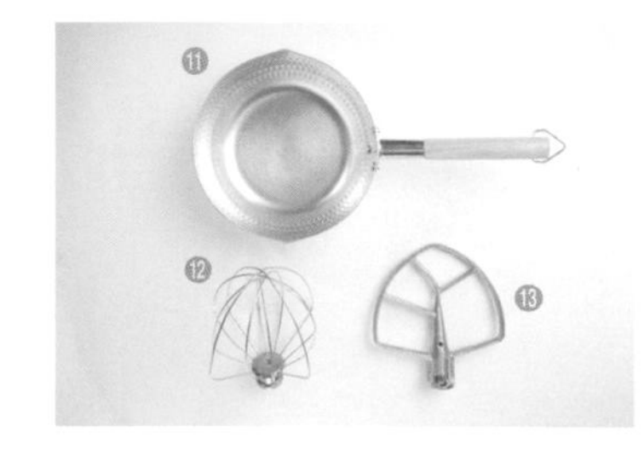

STEP BY STEP 步驟說明

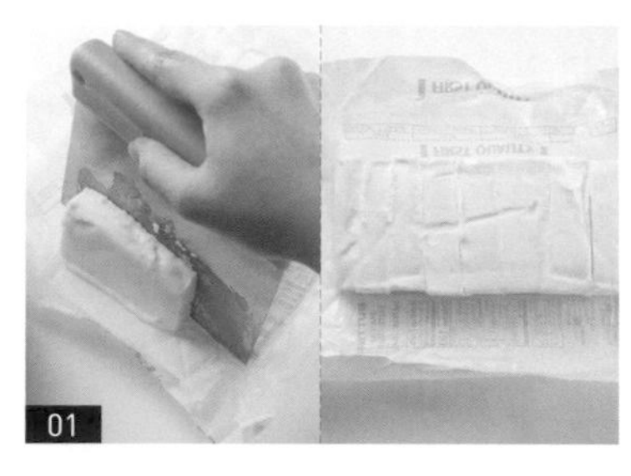
01

02

03

01 以切面刀將奶油切成小塊後，放入冷藏備用。
TIP 將奶油切成小塊，可在後續拌打時，不易傷到攪拌頭。

02 取單柄鍋，將水倒入鍋中。

03 加入砂糖 b 後，開中大火加熱至 100 度。

04 將鋼盆中的蛋白倒入電動攪拌機中。

05 裝上球狀拌打器。

06 開啟電動攪拌機以中高速開始打發蛋白。

07 分次加入砂糖 a，下完後持續打發。
TIP 約分 2～3 次加入並打發。

08 此時用溫度計測量糖水溫度，溫度須至 120 度的糖漿。

09 將攪拌機調製最低速後，將糖水倒入攪拌盆中拌勻，接著轉中高速打發蛋白至固態棉花糖狀。

TIP 注意！一定要轉至最低速後才倒入糖漿，否則易噴濺燙傷。

10 放入冰箱冷卻 15 分鐘。

TIP 若此時鋼盆溫度沒有過高到會融化奶油，則可以省略此動作。

11 將球狀拌打器取下，替換槳狀拌打器。

12 將奶油分次加入攪拌盆中，以低速持續攪打。

TIP 此時材料易噴濺，先以低速攪打，再轉高速打發奶油霜。並注意！奶油在此之前須冰冷藏，維持冰冷狀態。

13 重複步驟 12，將奶油全部加入攪拌盆中，並攪打均勻。

14　將保鮮膜包覆攪拌機側邊，可避免材料在攪打時到處噴濺。

15　以中高速持續攪打奶油霜至底部不含水分的奶油霜（奶油霜開始呈現貼缸壁的絨毛狀）即可。

TIP 若一開始奶油霜會呈現水水豆渣狀屬於正常現象，可持續攪打。

16　取下保鮮膜後，以攪拌棒將攪拌盆兩側的奶油霜集中。

17　如圖，韓式奶油霜完成。

KEY POINT

奶油霜的保冷方法

01 將保冷劑放入鋼盆中。

02 承步驟 1，將抹布對折，覆蓋在保冷劑上方。

03 將盛裝奶油霜的攪拌盆放在鋼盆上方。

TIP 因奶油霜須維持不能太熱，但也不能過冰的狀態，過冰易出水，過熱易溶化。

小玫瑰
MINI ROSE

小玫瑰

MINI ROSE

DECORATING TIP 花嘴

底座｜#102

花瓣｜#102（花嘴上窄下寬）

花心｜#102

COLOR 顏色

花瓣色｜●粉色、●紅色、●黑色、●酒紅色

步驟説明 STEP BY STEP

- 底座製作

01 以 #102 花嘴在花釘上擠出長約 2 公分長條形的奶油霜後，將花嘴輕靠花釘，以切斷奶油霜。

02 承步驟 1，將奶油霜在同一位置繼續向上疊加，在花釘上擠出長約 2 公分 × 高 1 公分的奶油霜，作為底座。

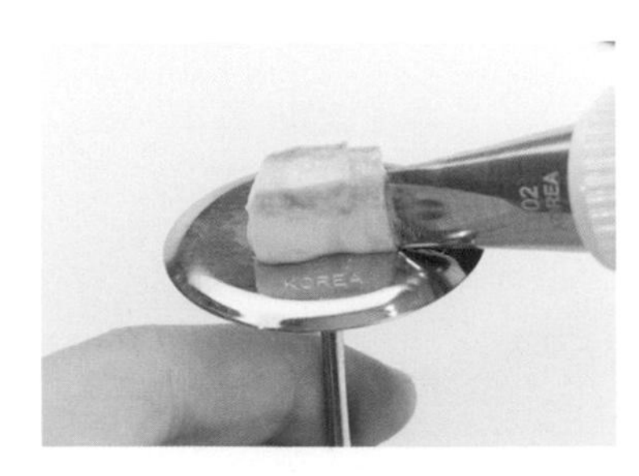

03 先在底座側邊擠上奶油霜，穩固底座後，再將花嘴輕靠花釘，以切斷奶油霜。

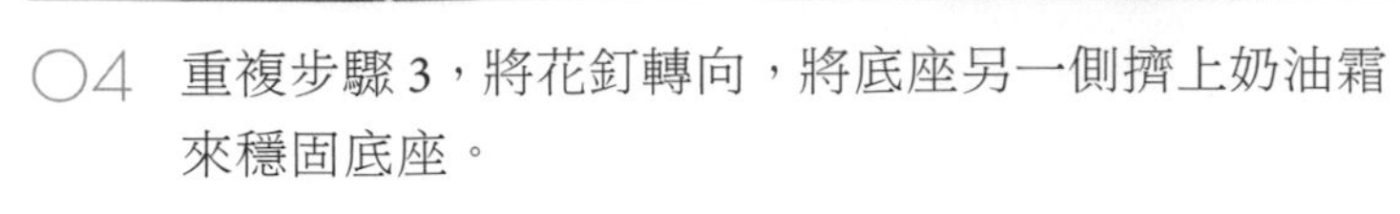

04 重複步驟 3，將花釘轉向，將底座另一側擠上奶油霜，來穩固底座。

◆ 花瓣製作

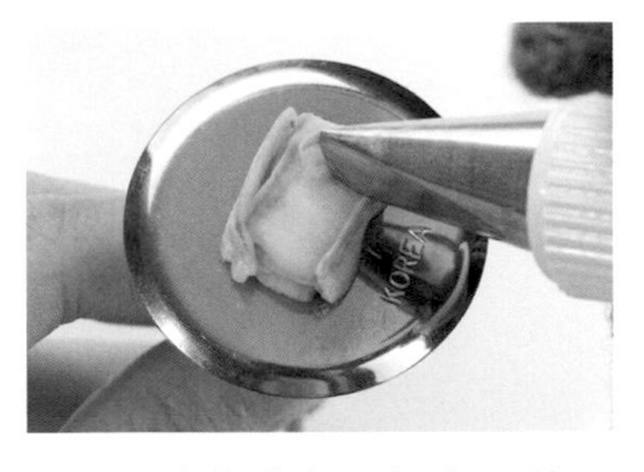

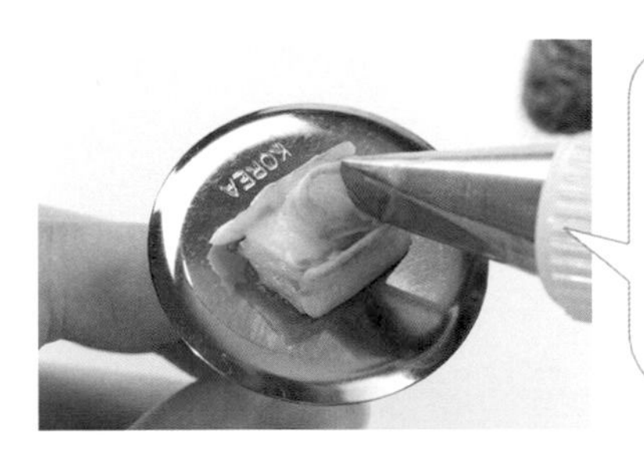

在擠的同時，須將花嘴微抬起，才不致碰傷花心，且在製作花心時擠出的奶油霜量要少，以及轉花釘動作要快，花心的孔洞才不會過大。

05 將花嘴窄口朝上，並以 12 點鐘方向，插入底座內 1/3 處。

06 承步驟 5，將花釘逆時針轉、花嘴順時針擠出奶油霜，以製作玫瑰花心。

07 承步驟 6，擠至奶油霜完全捲起呈現圓柱狀後，將花嘴順勢輕靠上花心後離開，即完成花心。

08 如圖，花心完成。

◆ 花瓣製作

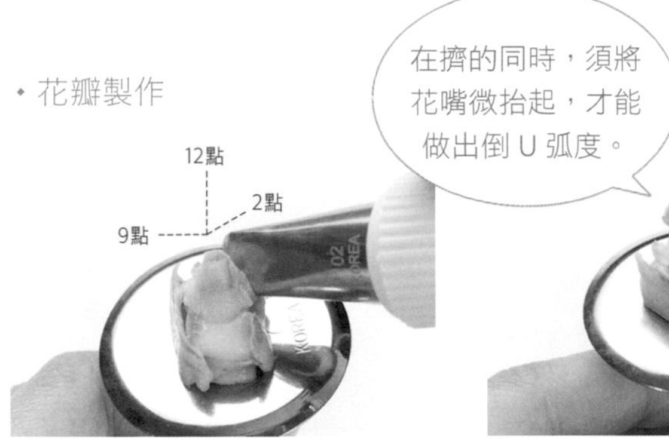

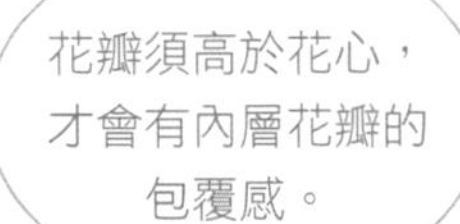

09 將花嘴以 2 點鐘方向放在花心側邊後，插入底座。

10 承步驟 9，將花釘逆時針轉、花嘴順時針擠出一個倒 U 拱形。

11 如圖，第一片花瓣完成。

12 將花嘴放在任一片花瓣側邊後，插入底座。

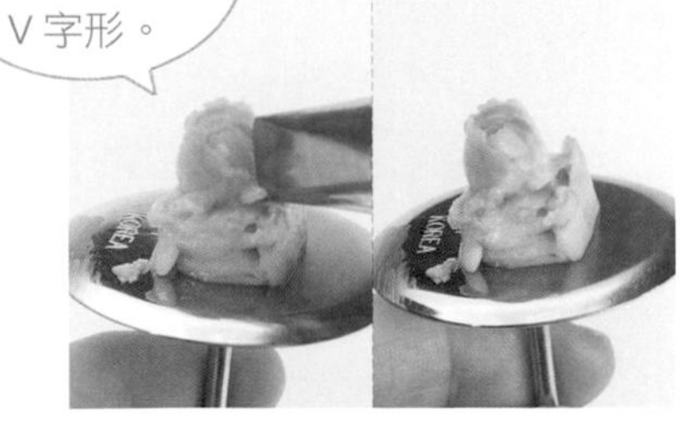

13 承步驟 12，將花釘逆時針轉、花嘴順時針擠出一個倒 U 拱形。

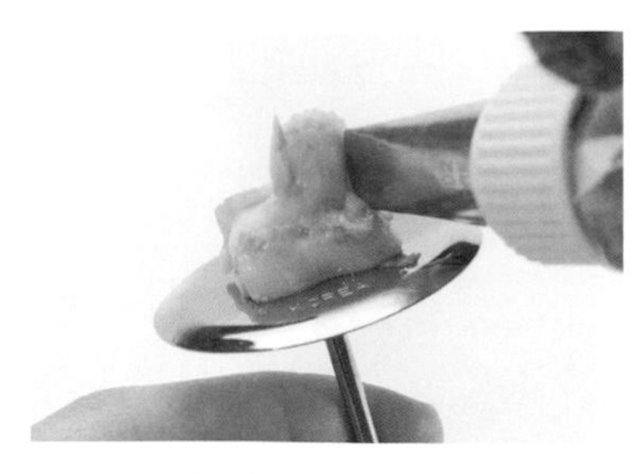

14 重複步驟 12-13，擠出第三片花瓣，形成三角形結構。

15 如圖，完成第一層花瓣。

16 將花嘴放在前層花瓣交界處前方後，插入底座。

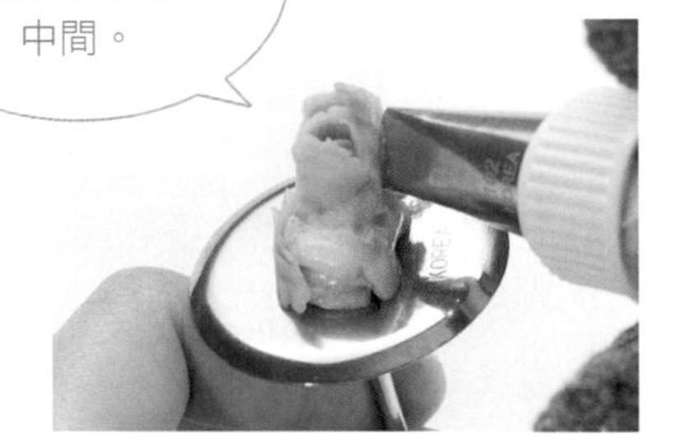

17 將花釘逆時針轉、花嘴順時針擠出擠出一個倒 U 拱形。

18 如圖，第二層的第一片花瓣完成。

19 重複步驟 17-18，完成第二層剩下的兩片花瓣，三片花瓣連接為一個三角形。

20　如圖，完成第二層花瓣。

21　製作第三層花瓣，將花嘴放在前一層花瓣交界處之前，插入底座。

22　承步驟 21，將花釘逆時針轉、花嘴順時針擠出擠出一個倒 U 拱形，此花瓣的位置在上一層花瓣交界處的中間。

23　重複步驟 21-22，完成第三層五片花瓣。

24　如圖，小玫瑰完成。

花瓣開合角度

小玫瑰製作
影片 QRcode

小玫瑰

MINI ROSE

小玫瑰　滿天星

製作說明

無庸置疑，將小玫瑰放在杯子蛋糕上擺放，馬上會呈現出浪漫又可愛的氛圍，成為派對上的主角。在蛋糕視覺上，使用了捧花造型的技法，中心點放置一朵主花，四周呈現放射狀的方式，須注意擺放的次序為由外往內堆疊，最後才在中心放下最後一朵小玫瑰，過程中須依照不同花朵的大小去擠上底座，讓整個杯子蛋糕呈現半圓形的捧花造型。

最後加上葉子時記得也呈現放射狀的方向生長，使用星星花嘴點綴一些滿天星上去，更加畫龍點睛喔！

配色

小蒼蘭
FREESIA

小蒼蘭

FREESIA

DECORATING TIP 花嘴

底座｜ #120
花瓣｜ #120（花嘴上窄下寬）
花蕊｜平口花嘴

COLOR 顏色

花瓣色｜●橘黃色、●金黃色
花蕊色｜●橄欖綠

步驟說明 STEP BY STEP

• 底座製作

01 以 #120 花嘴在花釘上擠出長約 2 公分長條形的奶油霜後，將花嘴輕靠花釘，以切斷奶油霜。

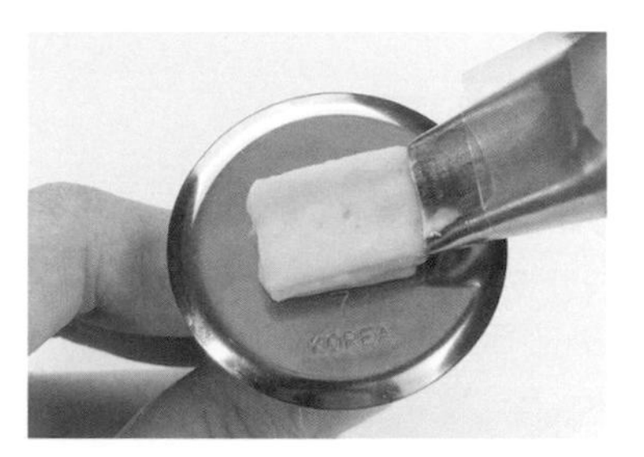

02 承步驟 1，將奶油霜在同一位置繼續向上疊加，在花釘上擠出寬約 1.5 公分 × 高 0.5 公分的奶油霜，作為底座。

03 先在底座側邊擠上奶油霜，穩固底座後，再將花嘴輕靠花釘，以切斷奶油霜。

04 重複步驟 3，將花釘轉向，將底座另一側擠上奶油霜，來穩固底座。

・花瓣製作

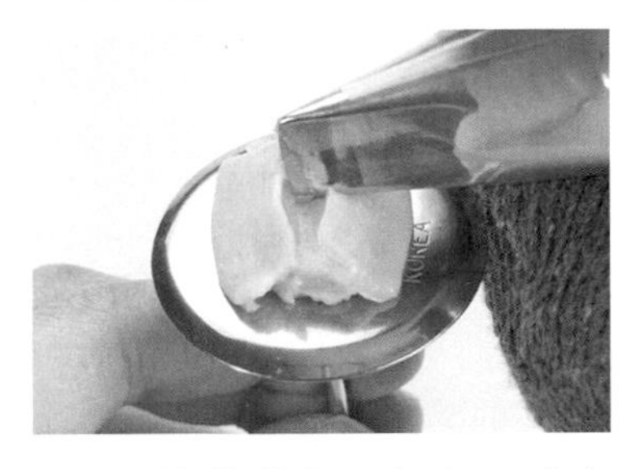

05 將花嘴窄口朝上，垂直插入底座中心。

在擠的同時，花嘴根部要靠在底座上移動，花瓣才會立起。

06 承步驟 5，將花嘴擠出一片奶油霜，並將花嘴稍微向底座下壓後提起離開，即完成第一片花瓣。

07 將花釘轉向（與第一片花瓣呈現 V 字形的角度），將花嘴垂直插入底座。

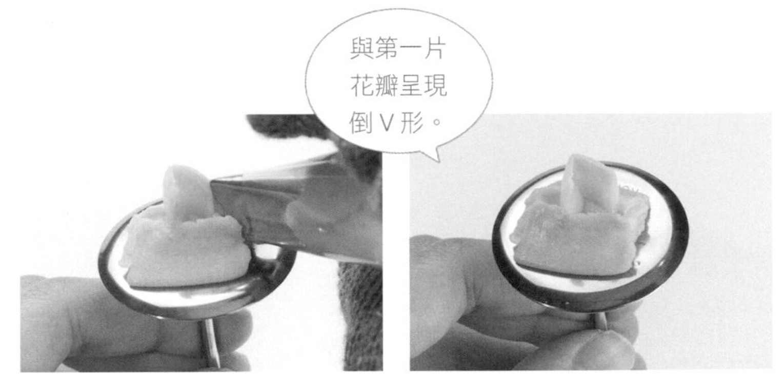

08 承步驟 7，將花嘴平移擠出奶油霜，並將花嘴稍微向底座下壓後提起離開，即完成第二片花瓣。

09 將花釘轉向（兩片花瓣的空隙處），將花嘴垂直插入兩片花瓣側邊。

10 承步驟 9，將花嘴平行擠出奶油霜，並將花嘴稍微向底座下壓後提起離開，即完成第三片花瓣。

11 如圖，第一層花瓣完成，呈現三角形結構。

12 將花嘴放在任一花瓣側邊後，插入底座。

13 承步驟 12，將花釘逆時針轉、花嘴順時針擠出奶油霜。

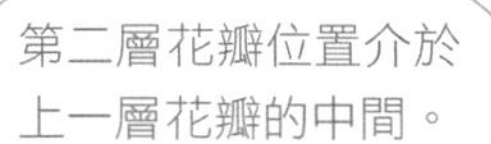

14 承步驟 13，將花嘴稍微垂直向下切斷奶油霜後，即完成花瓣。

15 重複步驟 12-14，依序擠出三片花瓣，花瓣彼此間保留空隙。

16 如圖，第二層花瓣完成。

17 將花嘴放在上一層花瓣的交界處之前。

18 承步驟 17，將花釘逆時針轉、花嘴順時針擠出奶油霜，覆蓋上一層空隙。

19 承步驟 18，將花嘴輕靠底座後下壓提起離開，即完成第三層的第一片花瓣。

・花蕊製作

20 重複步驟 17-19，依序擠出三片花瓣，即完成第三層花瓣。

21 以平口花嘴在花朵中心擠出長條花蕊。

22 重複步驟 21，在中心擠出條狀花蕊。

23 如圖，小蒼蘭完成。

KEY POINT

花瓣由上往下看角度

因其為平面花型，側邊無弧狀，
是為三角形式的花瓣製作。

小蒼蘭製作
影片 QRcode

小蒼蘭

FREESIA

陸蓮	小菊花	小蒼蘭
小菊花	山茶花	水仙花

製作說明

六角形的蛋糕大約介於六寸與八寸圓蛋糕之間的大小，擺放的花量比一般常見的六寸蛋糕增加許多，可以大膽的嘗試多種花型，其中，擺放的花朵尺寸是重要的關鍵，同樣類型的花朵必須製作不同的大小，例如：花苞、半開、全開等等穿插擺放，才能讓蛋糕的層次感豐富而不死板。

顏色上選用暖色系的搭配，呈現早秋的氣息，蛋糕中間隨意飄落的花瓣點綴畫面，使得蛋糕更有靈動感。

配色

洋甘菊
CHAMOMILE

洋甘菊

CHAMOMILE

DECORATING TIP 花嘴

底座｜平口花嘴
花蕊｜ #13
花瓣｜ #59S（花嘴凹面朝內）

COLOR 顏色

花蕊色｜● 橘黃色
花瓣色｜○ 白色

步驟說明 STEP BY STEP

・底座製作

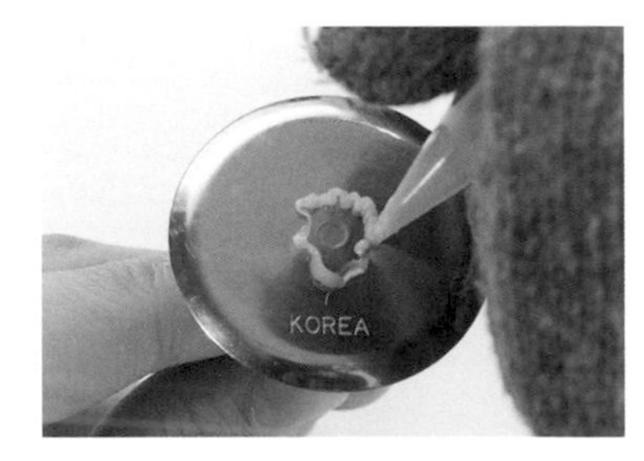

01 以平口花嘴在花釘上以繞圈方式擠出半圓隆起的底座。

・花蕊製作

02 以 #13 花嘴在底座上擠出花蕊。

・花瓣製作

03 重複步驟 2，依序擠上小球，填滿成立體圓形，即完成花蕊。

04 以 #59S 花嘴插入花蕊側邊。

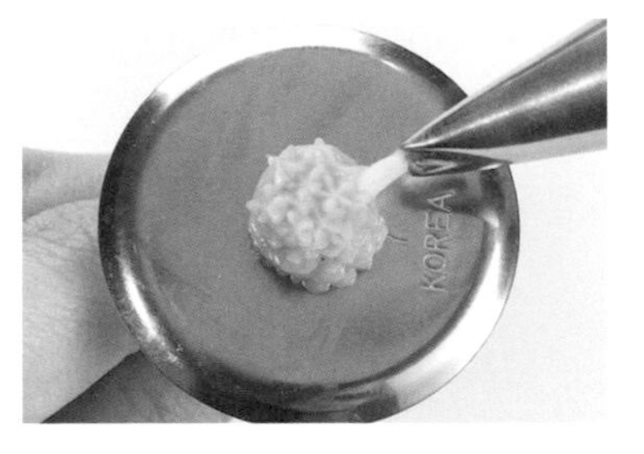

05 承步驟 4，邊擠奶油霜邊往外拉至花瓣的長度後，停止擠奶油霜，並順勢將奶油霜脫離花嘴。

06 如圖，花瓣完成。

07 重複步驟 6，沿著花蕊依序擠出花瓣。

08 重複步驟 7，沿著花蕊依序擠出花瓣。

09 如圖，洋甘菊完成。

洋甘菊製作
影片 QRcode

洋甘菊

CHAMOMILE

山茶花 小蒼蘭

洋甘菊 水仙花

製作說明

在蛋糕裝飾中，可愛的洋甘菊是最方便且用途很廣的小花，為了襯托山茶花作為主花的清新感，洋甘菊可以進行多朵數的推疊小花叢擺放，或是分散式的環繞著蛋糕擺放，讓整顆蛋糕的空間感延伸出去，蛋糕的層次感會更活潑一些。

花朵顏色上選用淡粉嫩的蜜桃色系搭配，呈現早春的氣息，底部使用淡黃色能夠將整顆蛋糕呈現出明亮的感覺，襯托洋甘菊輕飄飄的靈動感，有沐浴在春天陽光之中的感覺。

配色

小菊花
MINI CHRYSANTHEMUM

小菊花

MINI CHRYSANTHEMUM

DECORATING TIP 花嘴

底座｜ #81
花瓣｜ #81（花嘴凹面朝內）

COLOR 顏色

花瓣色｜●深紫色、●藕色、●紅色

步驟說明 STEP BY STEP

• 底座製作

01 以 #81 花嘴在花釘上以繞圈方式堆疊奶油霜底座。

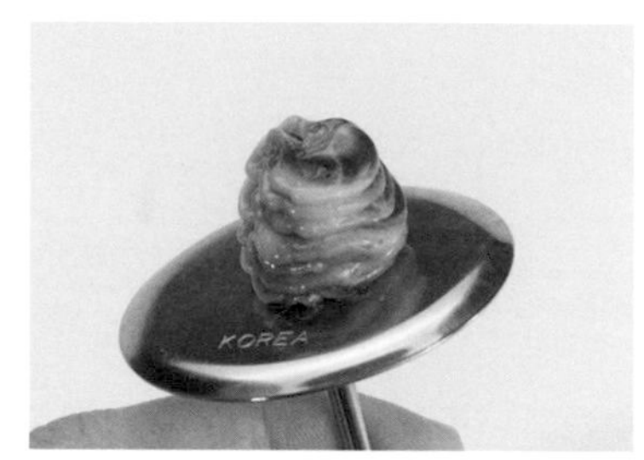

02 重複步驟 1，將奶油霜在同一位置繼續向上疊加，呈現高約 1.5 ～ 2 公分蛋頭形後，將花嘴提起順勢離開，即完成底座。

• 花瓣製作

03 以 #81 花嘴垂直插入底座頂端的上方。

04 承步驟 3，邊擠奶油霜邊將花嘴垂直往上拉至花瓣的長度後，停止擠奶油霜，並順勢將奶油霜脫離花嘴。

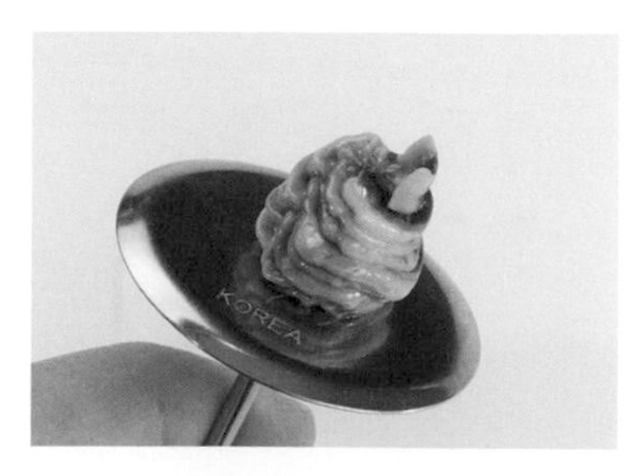

05 如圖，第一片花瓣完成。

06 重複步驟 3-4，在同一高度擠出第二、三片花瓣，第一層花瓣彼此聚攏成圓。

07 如圖，第一層花瓣完成。

08 重複步驟 3-4，在距離第一片花瓣後方擠出第二層的第一片花瓣。

09 如圖，第二層的第一片花瓣完成。

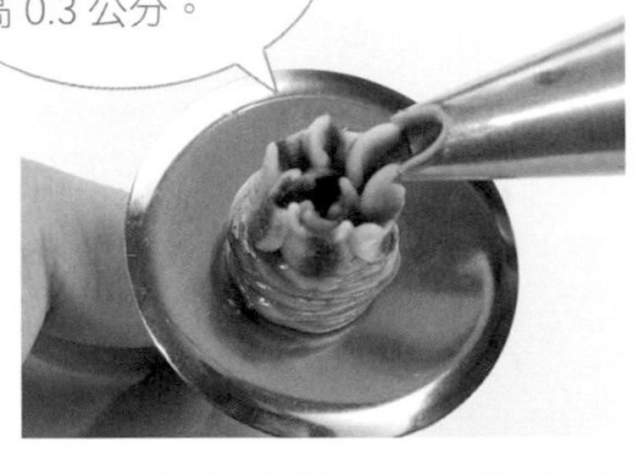

10 重複步驟 3-4，依序在第二層花瓣側邊擠出花瓣。

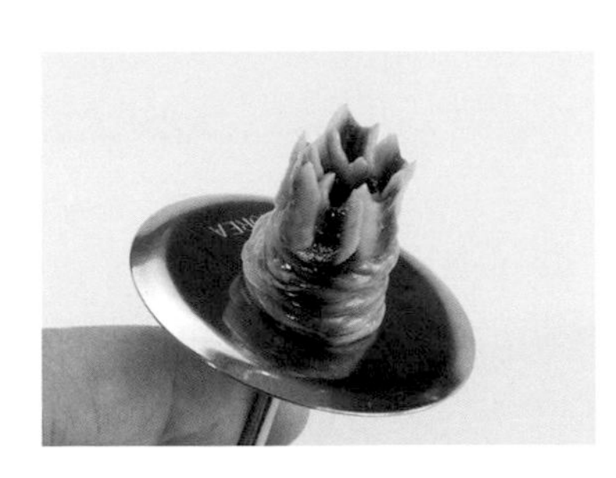

11 如圖，第二層花瓣完成。

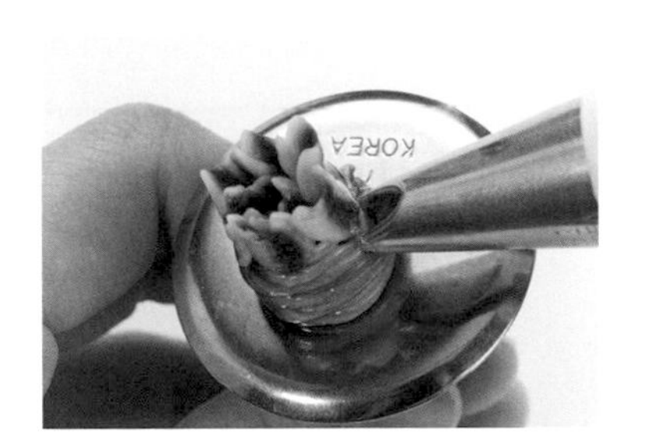

12 在 3 點鐘方向，插入第二層花瓣後方的底座處。

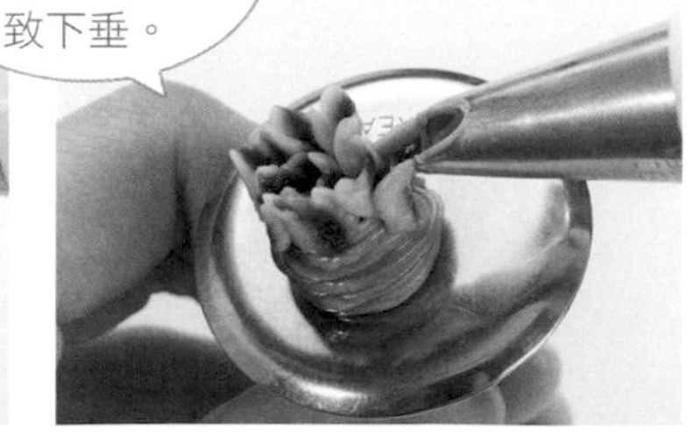

13 承步驟 12，將花嘴貼著底座，由下往上製作第三層花瓣，並在收尾處向外延伸開展花瓣。

14 如圖，第三層第一片花瓣完成。

15 重複步驟 12-14，依序在第三層花瓣側邊擠出向外開展的花瓣。

16 如圖，第三層花瓣完成。

17 重複步驟 12-14，依序在第三層花瓣側邊擠出向外開展的花瓣，即完成第四層花瓣。

18 如圖，小菊花完成。

小菊花製作
影片 QRcode

小菊花

MINI CHRYSANTHEMUM

牡丹花　牡丹花苞

小菊花　千日紅

製作說明

小菊花的花瓣本身層次豐富，不管是做成小花放置蛋糕空隙的填補，還是單朵主花的呈現，都是非常好的蛋糕組裝素材，惟須注意在調色時須有不同顏色的搭配混色，才不會讓整體視覺顯得厚重。

在此嘗試了復古的深色配置，空隙間點綴一些亮色的小菊花混搭，能夠讓小菊花的綻放感更美麗，也讓大菊花的華麗感提昇。在葉子的選色上配上飽和度比較高的綠才能夠襯托著花，最後底色抹面配上淺色系的拿鐵色襯托，非常適合深秋這種低調沈穩的風格。

配色

秋菊
CHRYSANTHEMUM

DECORATING TIP 花嘴

花蕊｜#13
花瓣｜#81（花嘴凹面朝內）

COLOR 顏色

花蕊色｜●咖啡色、●金黃色
花瓣色｜●紅色、●紅褐色、●咖啡色

步驟說明 STEP BY STEP

・花蕊製作

01 在花釘中心擠一點奶油霜。

02 將方型烘焙紙放置在花釘上，並用手按壓固定。

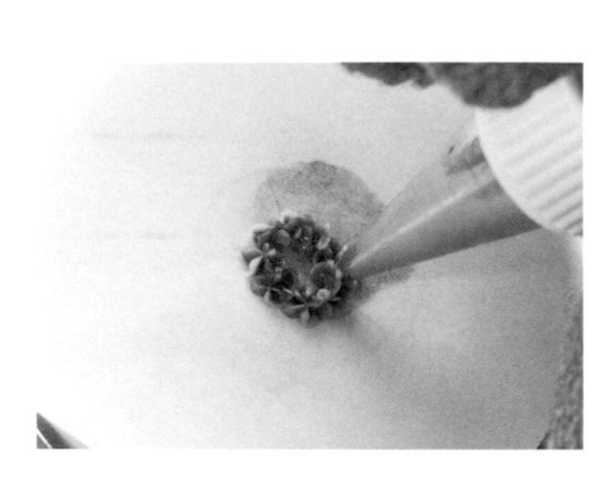

03 以 #13 花嘴在花釘上以繞圈方式擠出奶油霜。

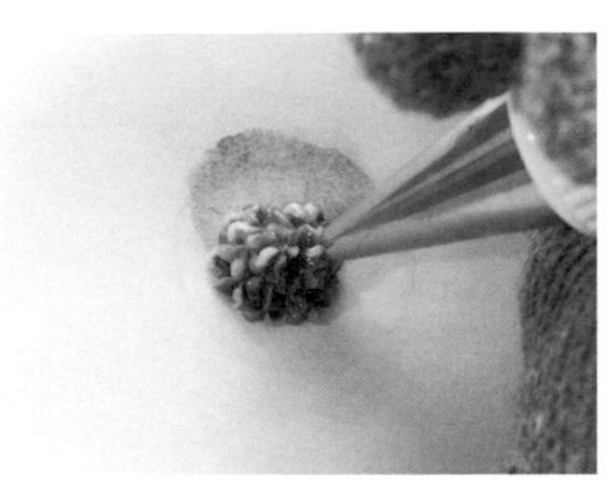

半圓形突起須稍高，堆疊花瓣時才會露出。

04 重複步驟 3，持續擠出奶油霜，呈現高約 1 公分的半圓形突起後，為花蕊。

・花瓣製作

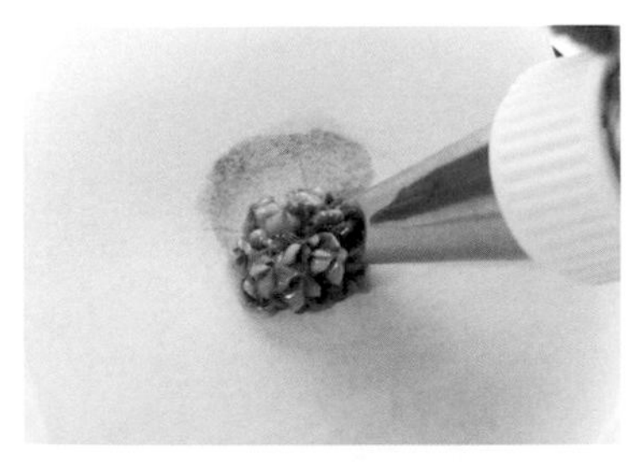

05 以 #81 花嘴垂直插入底座側邊。

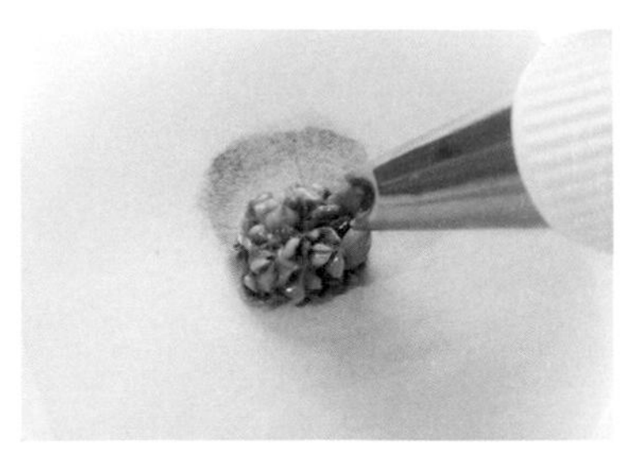

06 承步驟 5，邊擠奶油霜邊將花嘴垂直往上拉至花瓣的長度後，停止擠奶油霜，順勢將奶油霜脫離花嘴。

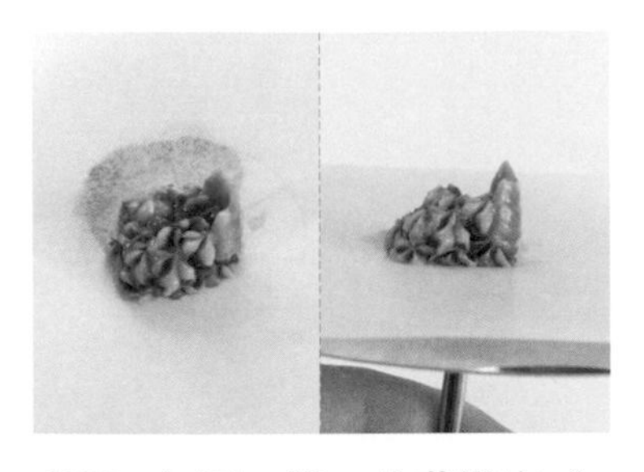

07 如圖，第一片花瓣完成。

花瓣間須留一些空隙。

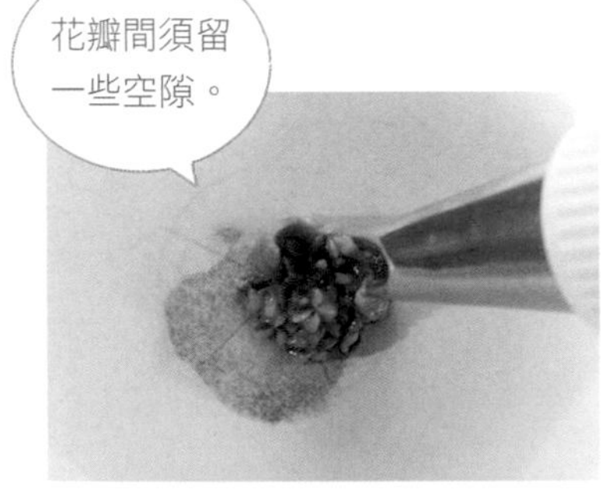

08 重複步驟 5-6，在距離第一片花瓣 0.2 公分處擠出第二片花瓣。

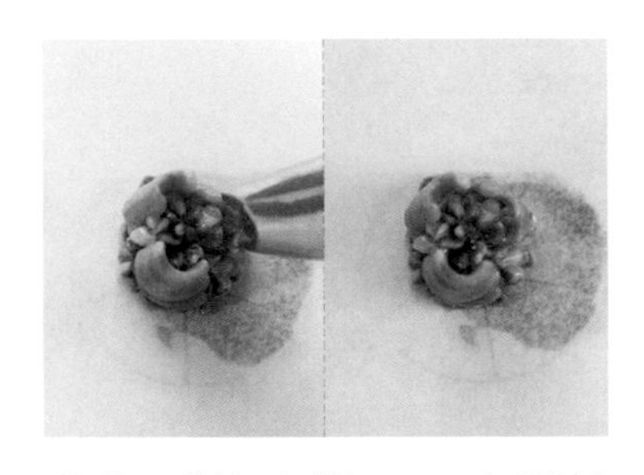

09 重複步驟 5-6，在距離第一片花瓣 0.2 公分處擠出第三片花瓣，形成三角形結構，為第一層花瓣。

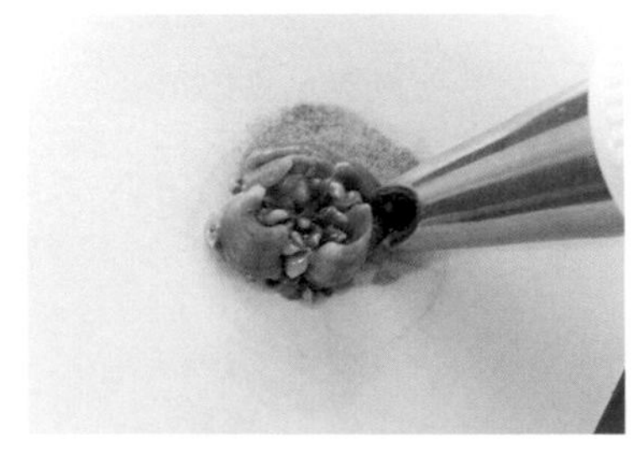

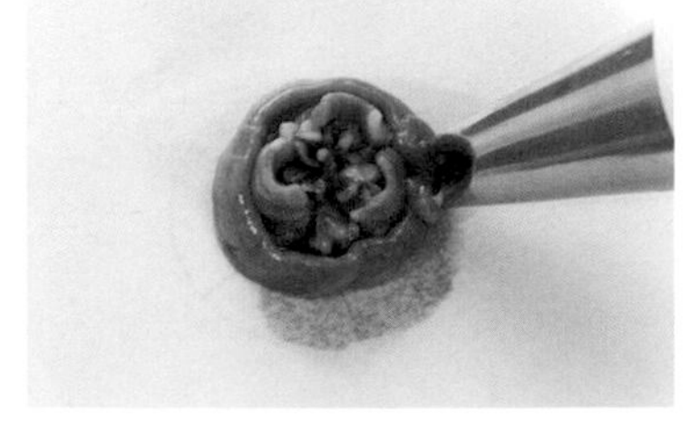

10 以 #81 花嘴繞著花瓣尾端擠出條狀奶油霜，作為底座。

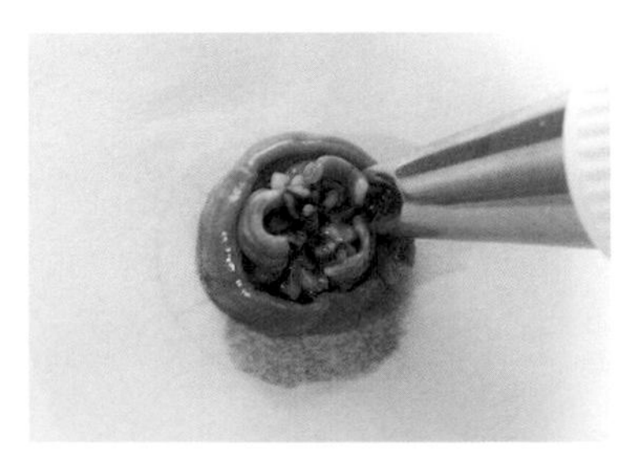

11 將花嘴凹面朝上（內），並以 1 點鐘方向，插入兩片花瓣的間隙處。

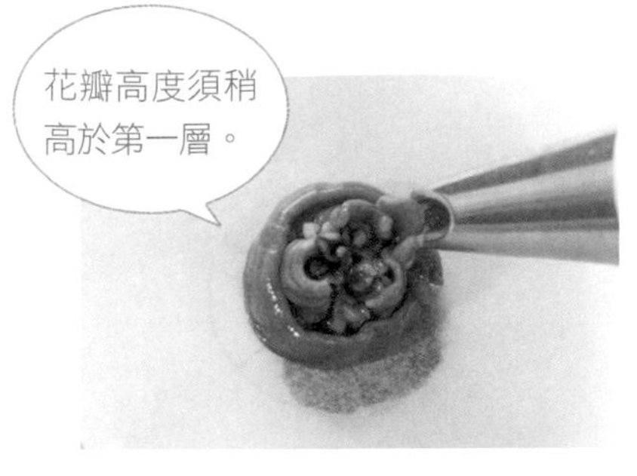

12 承步驟 11，邊擠奶油霜邊將花嘴往上斜拉至花瓣的長度後，停止擠奶油霜，順勢將奶油霜脫離花嘴。

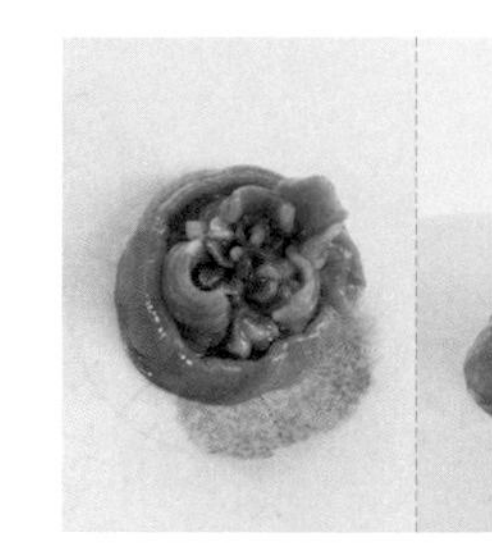

13 如圖，第二層第一片花瓣完成。

14 重複步驟 11-12，依序擠出不同方向的花瓣。

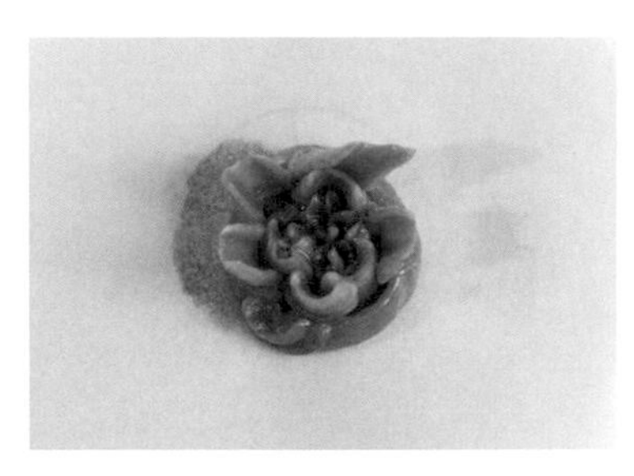

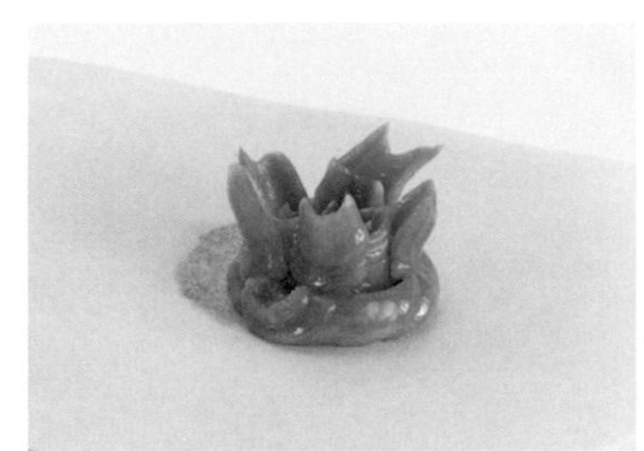

15 如圖，第二層花瓣完成。

每擠一層花瓣，
都須補底座來
支撐花瓣。

16 以 #81 花嘴繞著花瓣尾端擠出條狀奶油霜，作為底座。

17 將花嘴凹面朝上（內），插入上一層花瓣的後方。

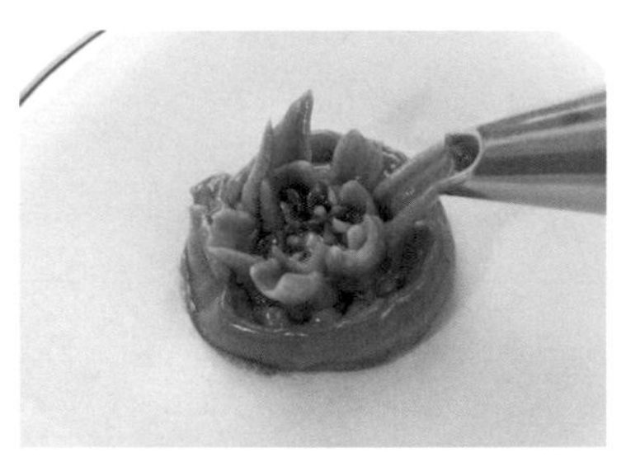

18 承步驟 17，邊擠奶油霜邊將花嘴稍微花瓣順著往右上拉後，順勢將奶油霜脫離花嘴，以製造出盛開感。

19 重複步驟 16-18，依序擠出不同方向的花瓣。

20 如圖，第三層花瓣完成。

21 重複步驟 16-18，依序擠出共五層花瓣。

22 以牙籤輕翻花瓣，以製造出被風吹亂的凌亂感。

23 如圖，秋菊完成。

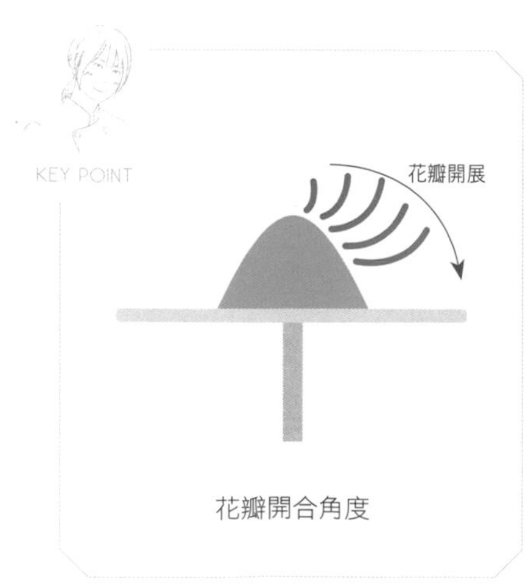

秋菊製作
影片 QRcode

秋菊

CHRYSANTHEMUM

秋菊

製作說明

秋菊的裱花技巧不管在杯子蛋糕上或是單顆6寸蛋糕上都是一大亮點，原因除了花瓣層次豐富之外，還可以在擠花袋中填入由深色到淺色，或是由淺色到深色的奶油霜做變化，亦或是直接將不同顏色隨機混裝入袋，以上三種奶油霜裝袋方式可以讓整朵秋菊有更加多變的表現。

由於秋菊偏向扁平又大的花朵，若是直接以花剪取下容易破壞整體花型，建議須在花釘上鋪一塊烘焙紙，並於烘焙紙上裱花，裱完花之後送入冷凍冰硬之後取下裝飾，才不會剪壞花朵。

配色

水仙花
DAFFODIL

DECORATING TIP 花嘴

底座｜平口花嘴
白色花瓣（外）｜#102（花嘴上窄下寬）或 #104（大朵）
黃色花瓣（內）｜#102（花嘴上窄下寬）
花蕊｜平口花嘴

COLOR 顏色

花瓣色（外）｜白色
花瓣色（內）｜金黃色
花蕊色｜橄欖綠

步驟説明 STEP BY STEP

• 底座製作

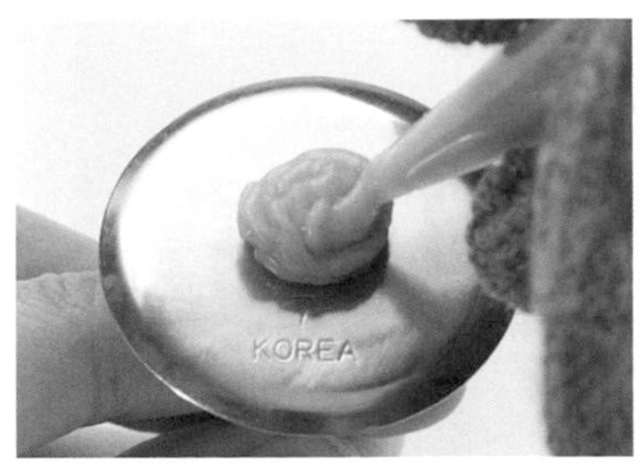

01 以平口花嘴在花釘上以繞圈方式擠出奶油霜。

02 承步驟 1，將奶油霜在同一位置繼續向上疊加，在花釘上擠出直徑約 1 公分 × 高 0.5 公分的奶油霜，作為底座。

• 白色花瓣製作

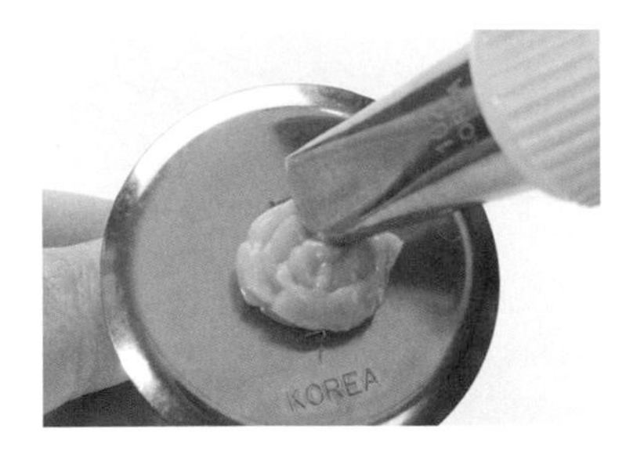

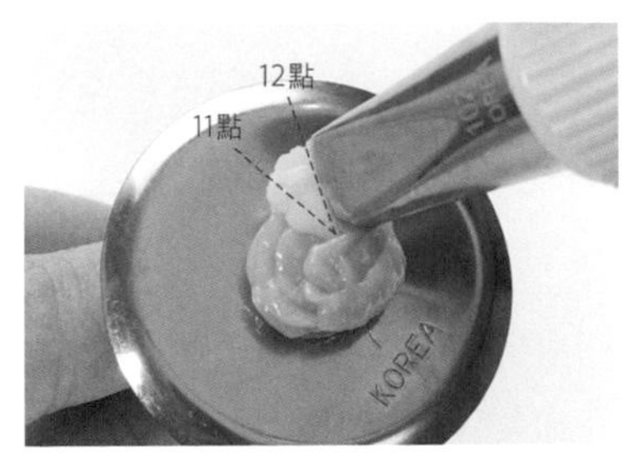

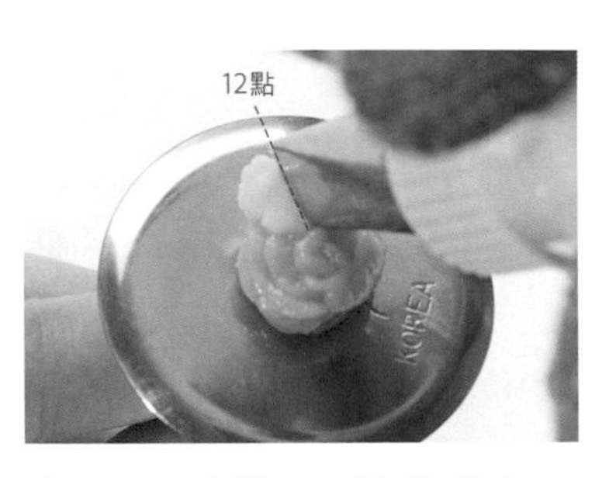

03 將 #102 花嘴以 11 點鐘方向放在底座外圍 1/3 處。

04 承步驟 3，將花釘逆時針轉、花嘴順時針擠出一點點三角形片狀花瓣至 12 點鐘方向。

05 承步驟 4，將花嘴在 12 點鐘方向稍微停頓，此時不擠奶油霜。

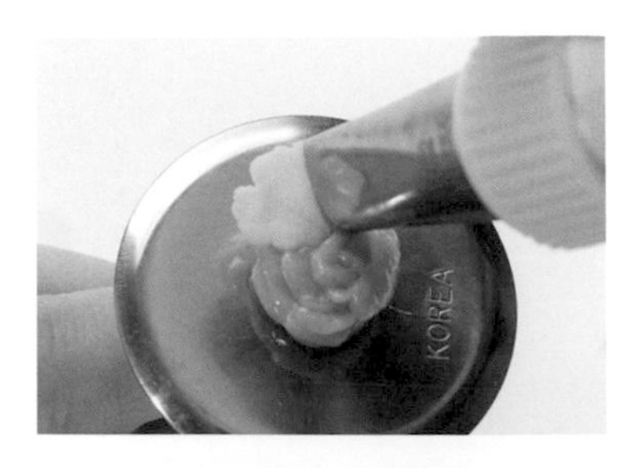

06 承步驟 5，將花嘴上半部翹起後，花嘴由 12 點鐘方向移至 1 點鐘方向擠奶油霜。

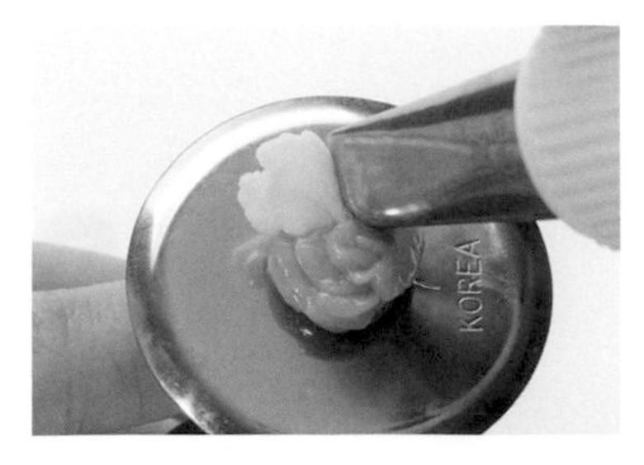

07 承步驟 6，將花嘴向下靠上底座後離開。

08 如圖，第一片花瓣完成。

09 重複步驟 3，在第一片花瓣側邊底座插入花嘴。

10 重複步驟 4-7，完成第二片花瓣。

11 重複步驟 3-10，完成共六片花瓣。

• 黃色花瓣製作

12 如圖，白色花瓣完成。

13 將 #102 花嘴以直立方向插入花瓣中心。

14 承步驟 13，一邊微微抖動，一邊將花釘逆時針轉、花嘴順時針擠出奶油霜。

15 承步驟 14，將奶油霜擠至呈現漏斗狀後，將花嘴順勢靠上奶油霜後提起，即完成黃色花瓣定型。

16 如圖，黃色花瓣完成。

• 花蕊製作

17 以平口花嘴在黃色花瓣中心擠出條狀。

18 重複步驟 17，擠出兩～三個條狀，即完成花蕊。

19 如圖，水仙花完成。

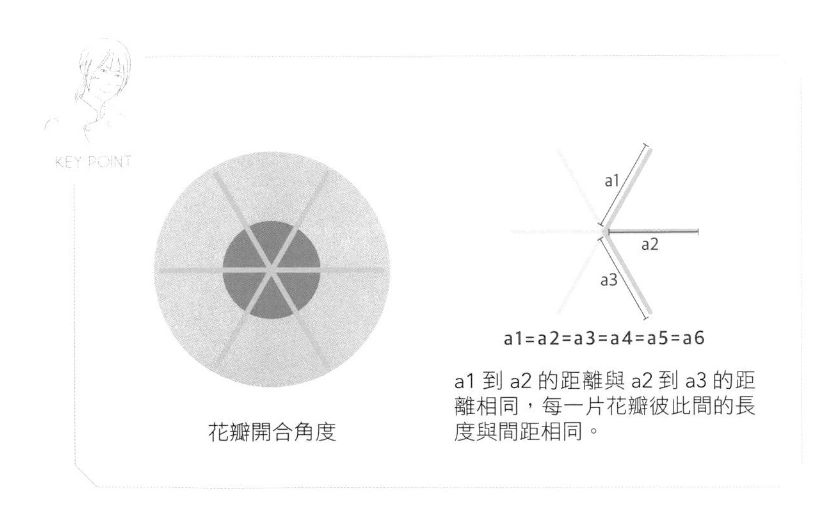

花瓣開合角度

a1 到 a2 的距離與 a2 到 a3 的距離相同，每一片花瓣彼此間的長度與間距相同。

水仙花製作影片 QRcode

水仙花

DAFFODIL

水仙花　繡球花　牡丹花

製作說明

心型蛋糕代表濃情蜜意，永恆的親情、愛情之意，尺寸可依照想要的大小使用蛋糕刀裁切，以心型的形狀會建議裁切至少七寸到八寸左右的大小來擺放花朵為最適當。

在花型的選擇上挑選兩到三種左右的大花為主角，使用繡球花當作配花，最後在花與花之間擺上一些果實類來妝點蛋糕，完整度會更高而且豐盛，非常適合心型這種大蛋糕的配置

美麗的 Tiffany 藍抹面可以使用淡藍色混加淡綠色以一比一的量進行調製，最後在蛋糕中間寫上愛的短語，收到的人滿滿感動。

配色

Buttercream
韓式奶油霜擠花

山茶花
CAMELLIA

山茶花

CAMELLIA

DECORATING TIP 花嘴

底座｜ #120
花瓣｜ #120（花嘴上窄下寬）

COLOR 顏色

花瓣色｜●淺粉色

步驟說明 STEP BY STEP

• 底座製作

01 以 #120 花嘴在花釘上以逆時針轉、花嘴順時針擠出直徑約 2.5 公分的圓形。

02 承步驟 1，將奶油霜在同一位置繼續向上疊加，在花釘上擠出高約 1.5 公分的奶油霜。

03 承步驟 2，將花嘴稍微向下切斷奶油霜，即完成底座。

• 花瓣製作

04 將花嘴以 4 點鐘方向插入底座中心。

在擠的同時，須將花嘴微抬起，才能做出弧度。

05 承步驟 4，將花釘逆時針轉、花嘴順時針擠出一小瓣內彎花瓣。

06 承步驟 5，將花嘴順勢靠上底座後離開，即完成第一片花瓣。

07 重複步驟 4-6，擠出第二個內彎花瓣。

08 重複步驟 4-6，擠出第三個內彎花瓣。

09 如圖，第一層花瓣完成。

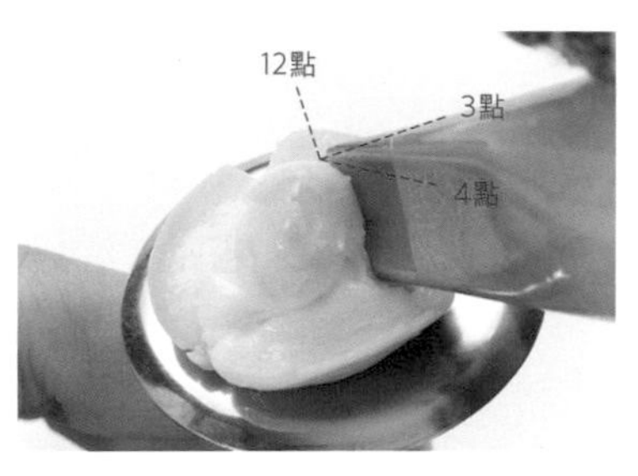

10 將花嘴以 4 點鐘方向放在花心側邊後，插入底座。

11 將花釘逆時針轉、花嘴順時針接續擠出兩個倒 U 拱形，形成愛心狀。

12 如圖，第二層的第一片花瓣完成。

13 重複步驟 9-11，完成共三片花瓣。

14 如圖，第二層花瓣完成。

15 將花嘴放在第一層花瓣之後，插入底座。

在擠的同時，須將花嘴微抬起，才能做出弧度。

16 承步驟 15，將花釘逆時針轉、花嘴順時針擠出一個倒 U 拱形。

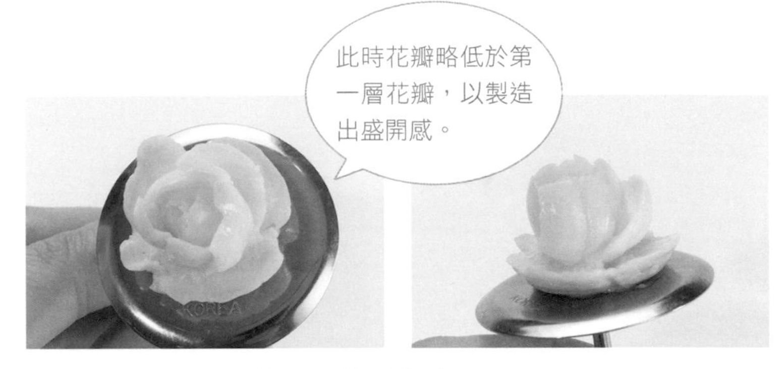

17 如圖，第三層第一片花瓣完成。

18 重複步驟 15-16，完成共五片花瓣。

19 如圖，第三層花瓣完成。

20 將花嘴放在第三層花瓣之後，插入底座。

21 承步驟 20，將花釘逆時針轉、花嘴順時針平行擠出一個倒 U 拱形。

22 如圖，第四層第一片花瓣完成。

23 重複步驟 20-21，完成共五片花瓣。

24 如圖，花瓣完成。

25 如圖，山茶花完成。

山茶花製作
影片 QRcode

山茶花

CAMELLIA

山茶花

製作說明

山茶花在蛋糕裝飾中屬於多層次的花朵，一開始擠花時花朵的層次盡量往內包覆，這樣到後面開展的時候才能夠製作更多層花瓣，每一層須注意維持花瓣的圓形弧面，製作出擬真的山茶花型。擺放的時候惟須注意在大花的數量上不要擺得過多，盡量平均分布在蛋糕上，否則容易感到頭重腳輕，而失去山茶花的唯美感。

在顏色上山茶花大多是以白色、杏色或是蜜桃粉色系呈現，當然偶爾來點重色系的話，桃紅或是珊瑚紅都很動人。

配色

蘋果花
APPLE BLOSSOM

蘋果花

APPLE BLOSSOM

DECORATING TIP 花嘴

底座｜ #102
花瓣｜ #102（花嘴上窄下寬）
花蕊｜平口花嘴

COLOR 顏色

花瓣色｜●粉色
花蕊色｜●金黃色

步驟說明 STEP BY STEP

• 底座製作

底座不可太大，以免超出花瓣大小。

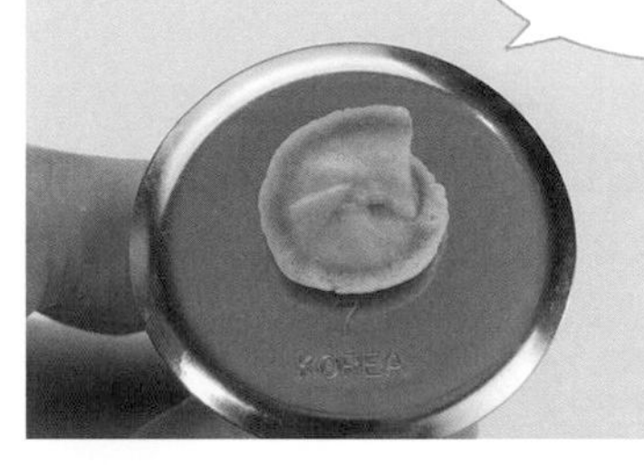

01 以 #102 將花釘逆時針轉、花嘴順時針擠出直徑約 1 公分的圓形奶油霜。

02 承步驟 1，將奶油霜在同一位置繼續向上疊加至少三層，作為底座。

• 花瓣製作

在擠的同時，須將花嘴微抬起，才能做出弧度。

03 將 #102 花嘴以 12 點鐘方向插入底座中心。

04 承步驟 3，將花釘逆時針轉、花嘴順時針擠出水滴狀造型，即完成第一片花瓣。

05 重複步驟3，將花嘴插入第一片花瓣側邊。

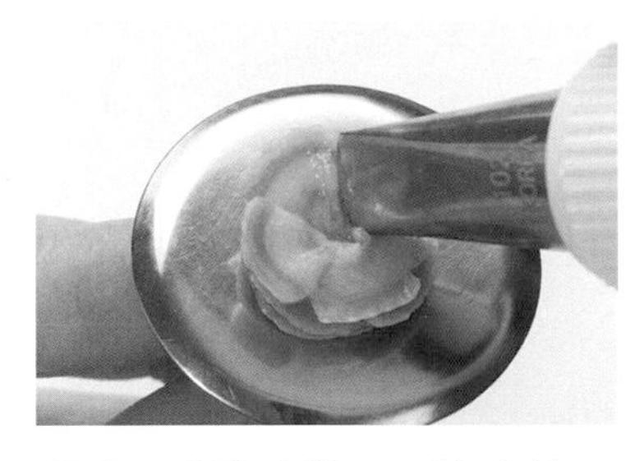

06 重複步驟4，擠出第二片花瓣。

07 重複步驟5-6，完成第三片花瓣。

08 完成第四片花瓣後，再將花嘴根部垂直插入花瓣中心，以免傷到其他花瓣。

09 重複步驟6，完成第五片花瓣。

10 如圖，花瓣完成。

・花蕊製作

11　以平口花嘴在花瓣中心擠出小球狀。

12　重複步驟 11，擠出三個小球狀，即完成花蕊。

13　如圖，蘋果花完成。

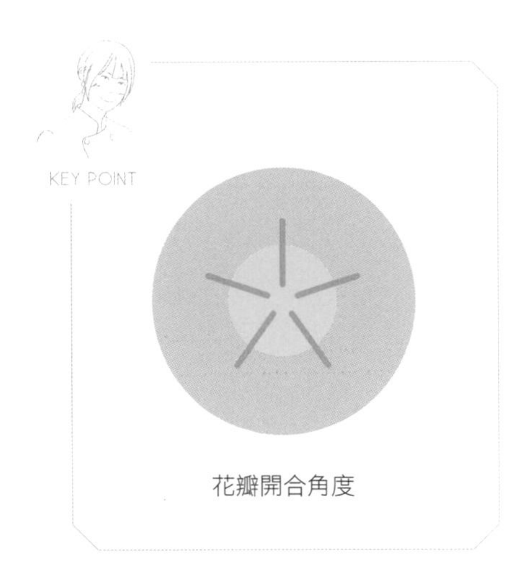

花瓣開合角度

蘋果花製作
影片 QRcode

蘋果花

APPLE BLOSSOM

蘋果花　洋甘菊

製作說明

蘋果花算是我認為入門款必練習的第一個花型，因為它簡單易上手，可以讓新手了解花瓣的裱花方式，也能夠在色彩上做不同的漸層變化，最後在擺放方面也可以讓同學練習正確的花剪使用方式，所以對裱花還一竅不通的你，可以先試試從這一個花型開始。

一開始裝飾時可以嘗試從杯子蛋糕開始練習，如主圖中捧花杯子蛋糕的擺法，在過程中盡量將整體造型維持半圓形的狀態疊加，熟練之後開始裝飾大蛋糕也能有初步概念了。

配色

香檳玫瑰
CHAMPAGNE ROSE

DECORATING TIP 花嘴

底座｜ #104
花瓣｜ #104（花嘴上窄下寬）

COLOR 顏色

花瓣色｜●紅色、●咖啡色

步驟説明 STEP BY STEP

• 底座製作

01 以 #104 花嘴在花釘上擠出長約 2 公分長條形的奶油霜後，將花嘴輕靠花釘，以切斷奶油霜。

02 承步驟 1，將奶油霜在同一位置繼續向上疊加，在花釘上擠出長約 2 公分 × 高 1.5 公分的奶油霜，作為底座。

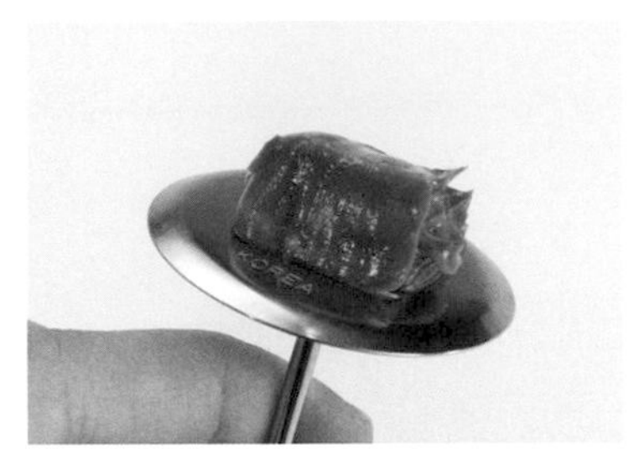

03 先在底座側邊擠上奶油霜，穩固底座後，再將花嘴輕靠花釘，以切斷奶油霜。

04 重複步驟 3，將花釘轉向，將底座另一側擠上奶油霜，來穩固底座。

・花瓣製作

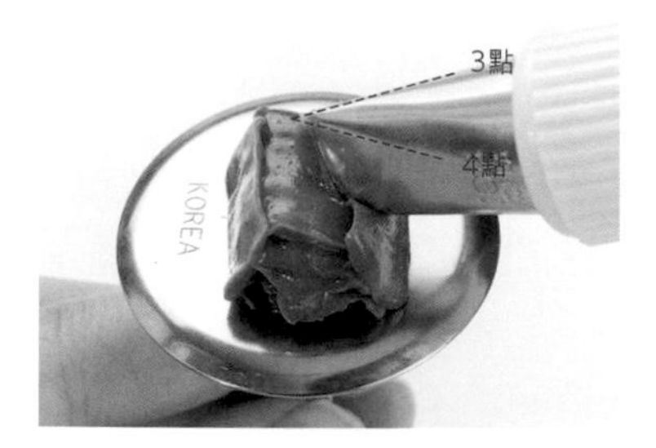

05 將花嘴窄口朝上，並以 4 點鐘方向，插入底座深 1/3 處。

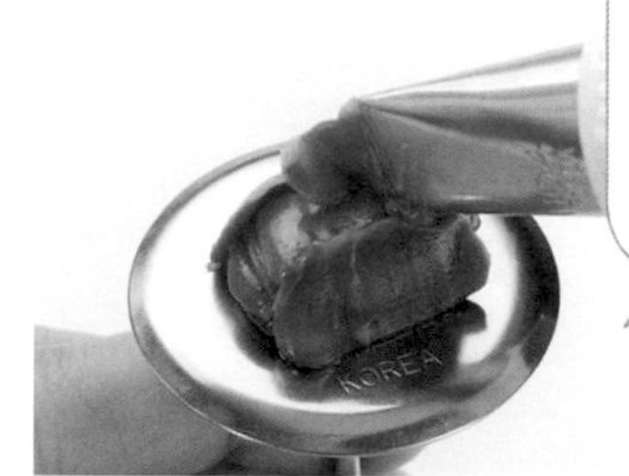

在擠的同時，須將花嘴微抬起，且在製作花心時擠出的奶油霜量要少，以及轉花釘動作要快，花心的孔洞才不會過大。

06 承步驟 5，將花釘逆時針轉、花嘴順時針擠出奶油霜，以製作圓柱狀玫瑰花心。

07 承步驟 6，擠至奶油霜完全捲起呈現圓柱狀，再將花嘴順勢靠上後離開。

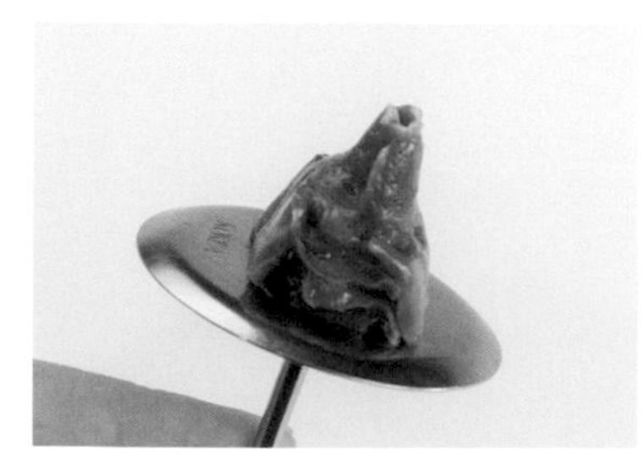

08 如圖，第一層花瓣完成。

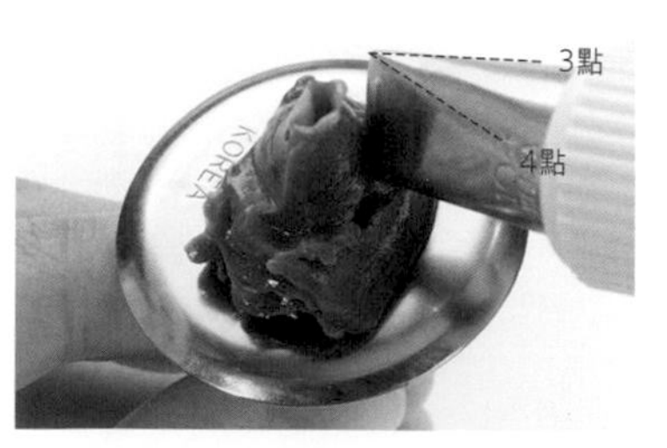

09 將花嘴以 4 點鐘方向放在花心側邊後，插入底座。

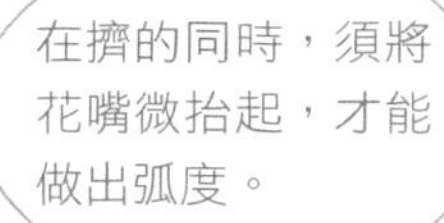

10 承步驟 9，將花釘逆時針轉、花嘴順時針擠出一個倒 U 拱形。

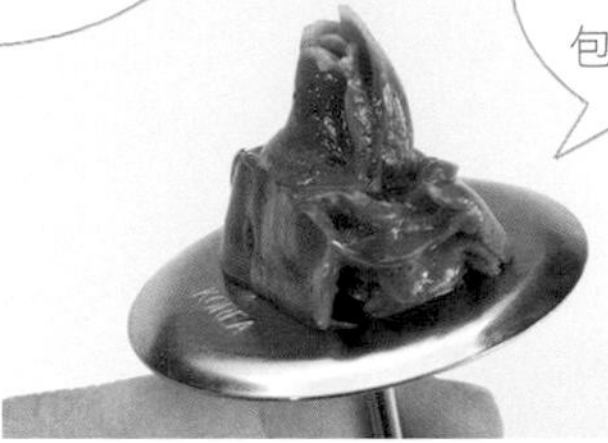

11 如圖，第一片花瓣完成。

12 將花嘴以 4 點鐘方向放在任一片花瓣側邊後，插入底座。

13 承步驟 12，將花釘逆時針轉、花嘴順時針擠出一個倒 U 拱形。

14 重複步驟 12-13，擠出第三片花瓣，呈現三角形結構。

15 如圖，完成第二層花瓣。

16 將花嘴放在前一層花瓣交界處後，插入底座。

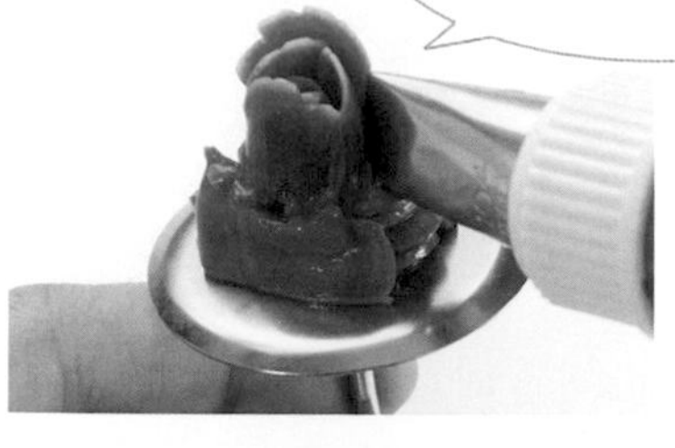

17　將花釘逆時針轉、花嘴順時針擠出擠出一個倒 U 拱形。

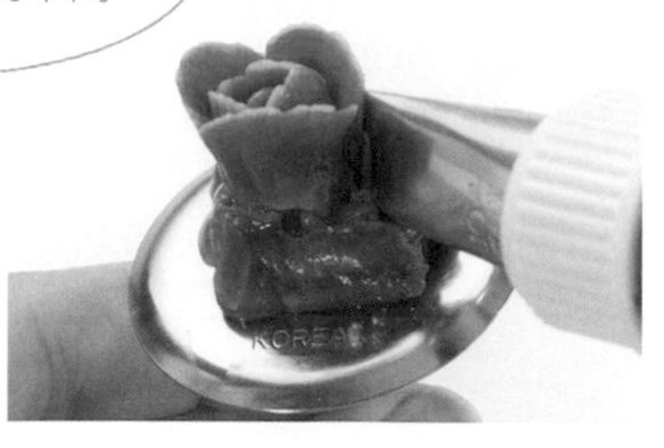

18　重複步驟 16-17，完成共三片花瓣，呈現三角形結構。

19　如圖，第三層花瓣完成。

20　將花嘴放在前一層花瓣交界處後，插入底座。

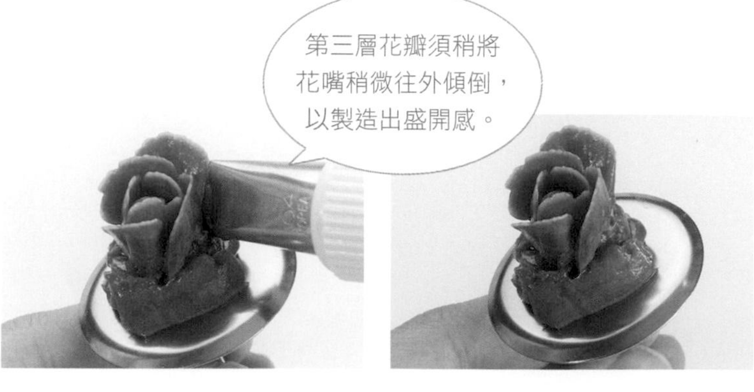

21　承步驟 20，將花釘逆時針轉、花嘴順時針擠出擠出一個倒 U 拱形，此花瓣的位置在上一層花瓣交界處的中間。

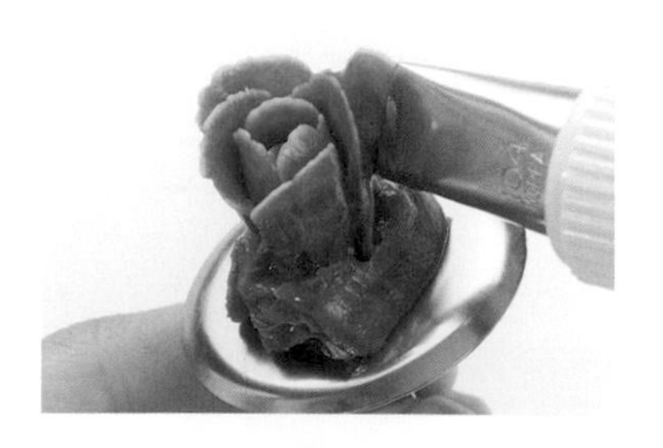

22　重複步驟 20，將花嘴插入底座後，將花釘逆時針轉、花嘴順時針擠出一個短倒 U 拱形。

23 承步驟 22，將花瓣擠出一點皺褶之後，順勢往下擠出另一個短倒 U 拱形，接著輕靠底座以切斷奶油霜。

皺褶花瓣須以兩片或三片短花瓣，搭配一片皺褶花瓣為主，會較有層次感。

24 如圖，皺褶玫瑰花瓣完成。

25 重複步驟 20-24，完成所有花瓣。

26 如圖，玫瑰完成。

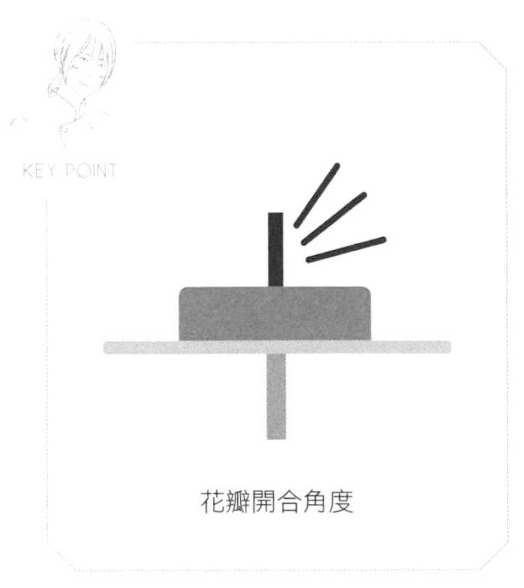

香檳玫瑰製作影片 QRcode

香檳玫瑰

CHAMPAGNE ROSE

香檳玫瑰　半開牡丹　藍星花

追風草　五瓣花

製作說明

相信玫瑰是眾多初學者第一個想征服的花型，因為他是如此廣泛為人知，且適合所有的場合，不管是慶祝、悲傷、緬懷、感恩，總有玫瑰出現的鏡頭。然而玫瑰對於初學者也許不是那麼的容易，因為在每一層花瓣製作時，須因為花瓣漸漸外開而將手腕進行外倒畫倒 U 形的動作。

香檳玫瑰與一般玫瑰不同的地方在於須保持圓潤的型態，且盡量減少花瓣邊緣因花嘴拉扯而破碎的機會，一旦上手之後其他進階花型也能各個擊破。

配色

藍盆花
SCABIOSA

藍盆花
SCABIOSA

DECORATING TIP 花嘴

底座｜ #124K
花瓣｜ #124K（花嘴上窄下寬）
花蕊｜平口花嘴
小花｜ #13

COLOR 顏色

花瓣色｜●深紫色、●淺紫色、●粉色
花蕊色｜●橄欖綠
小花色｜○白色

步驟說明 STEP BY STEP

• 底座製作

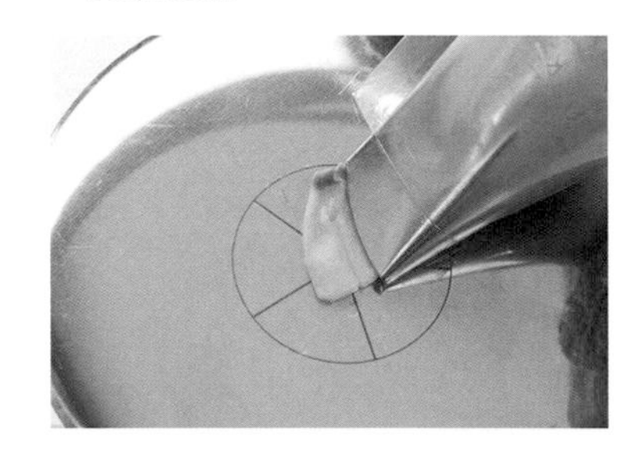

01 在花釘中心擠一點奶油霜。

02 將方型烘焙紙放置在花釘上，並用手按壓固定。

03 以 #124K 將花釘逆時針轉、花嘴順時針擠出直徑約 1.5 公分的圓形片狀奶油霜。

04 如圖，底座完成。

• 花瓣製作

05 以 #124K 花嘴根部靠上底座，上方抬起。

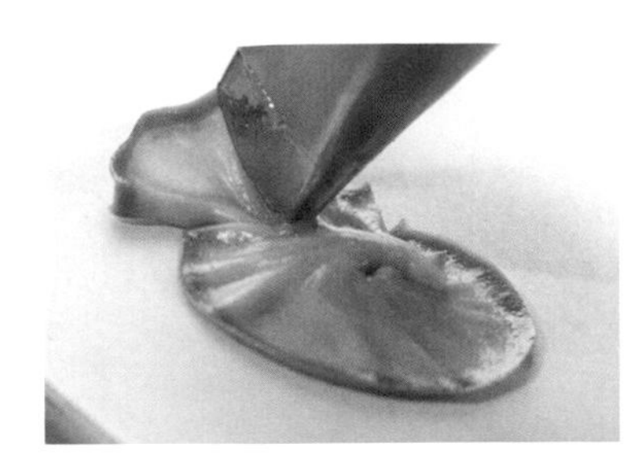

06 承步驟 5，邊擠奶油霜邊擺動花嘴，以製造出花瓣皺褶。

07 承步驟 6，擠至需要的長度時，再將花嘴輕靠花釘，以切斷奶油霜。

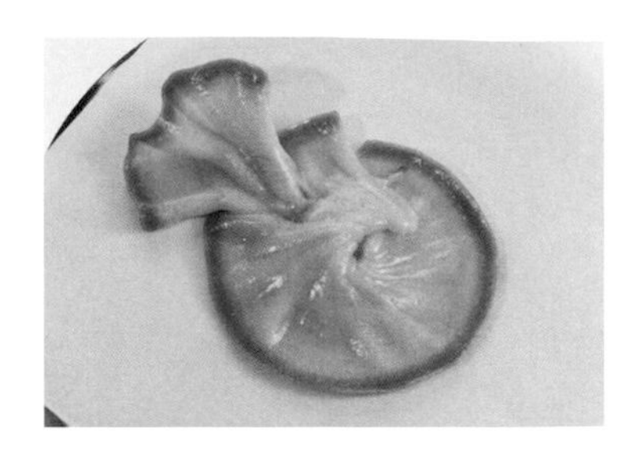

08 如圖，第一片大花瓣完成。

09 重複步驟 5-7，在第一片花瓣側邊擠出較小的第二片花瓣。

10 重複步驟 5-7，在第二片花瓣後側擠出較大的第三片花瓣。

11 重複步驟 5-10，完成第一層花瓣。

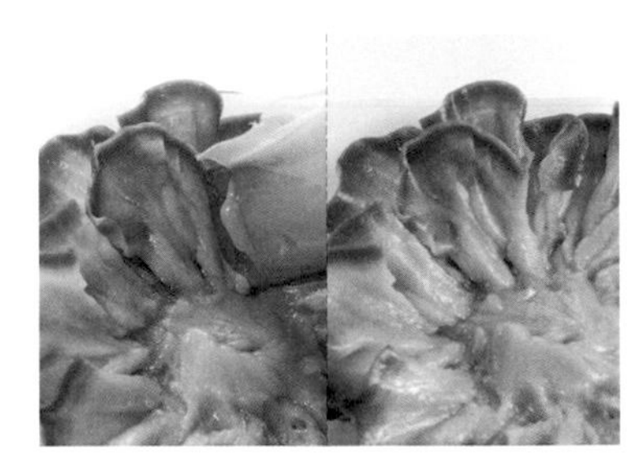

12 將花嘴稍微移至第一層之內，重複步驟 5-10，製作大小大銜接順序的花瓣。

13 重複步驟 12，完成第二層花瓣。

14 將花嘴稍微移至第二層之內，重複步驟 5-10，製作大小大銜接順序的花瓣。

15 重複步驟 14，完成第三層花瓣。

• 花蕊製作

16 以平口花嘴在花瓣中心擠出小球狀。

17 重複步驟 16，沿著花瓣中心擠出小球狀，形成一圓圈。

18 重複步驟 16，在圓圈上堆疊小球成半圓突起狀，即完成花蕊。

・白色小花製作

19 以 #13 花嘴在花蕊側邊擠出小花。

20 重複步驟 19，沿著花蕊側邊依序擠出小球狀，即完成白色小花。

21 如圖，藍盆花完成。

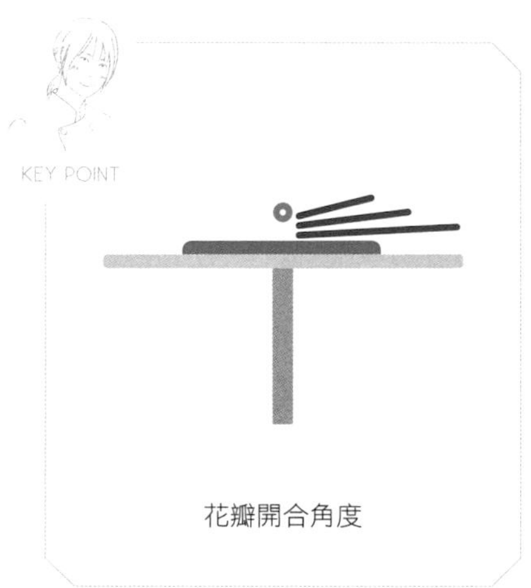

藍盆花製作
影片 QRcode

藍盆花

SCABIOSA

藍盆花　小菊花
木蓮花　小蒼蘭

製作說明

藍盆花算是我認為入門款必練習的花型之一，因其可以讓新手學習如何直接在杯子蛋糕上裱花的方式，將左手握住杯子蛋糕，而右手在裱花的同時，拿蛋糕的左手也須跟著裱花旋轉角度，大部分學生往往會忘了左手也須慢慢地配合移動，單純使用右手移動裱出來的花型會有點僵硬，所以初學時可以先挑戰看看這一個花型。

一開始裝飾時可以嘗試從杯子蛋糕開始掌握適當的大小，熟練之後可以開始裱在烘焙紙上冰硬後，取下放在大蛋糕上練習裝飾。

配色

牡丹 花苞
PEONY BUD

牡丹 (花)(苞)

PEONY BUD

DECORATING TIP 花嘴

底座｜#120
花瓣｜#120（花嘴上窄下寬）
花萼｜#120

COLOR 顏色

花瓣色｜●黑色、●粉色、●淺紫色、●酒紅色
花萼色｜●橄欖綠、●綠色

步驟說明 STEP BY STEP

・底座製作

01 以 #120 花嘴在花釘上擠出長約 1.5 公分長條形的奶油霜後，將花嘴輕靠花釘，以切斷奶油霜。

02 承步驟 1，將奶油霜在同一位置繼續向上疊加，在花釘上擠出寬約 1.5× 高 1 公分的奶油霜，作為底座。

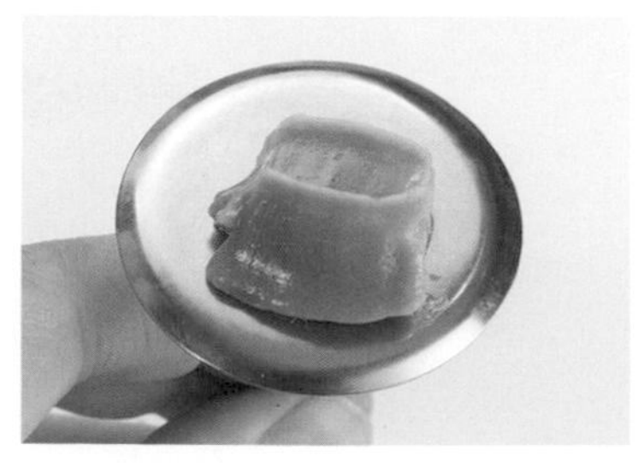

03 先在底座側邊擠上奶油霜，穩固底座後，再將花嘴輕靠花釘，以切斷奶油霜。

04 重複步驟 3，將花釘轉向，將底座另一側擠上奶油霜，來穩固底座。

• 花瓣製作

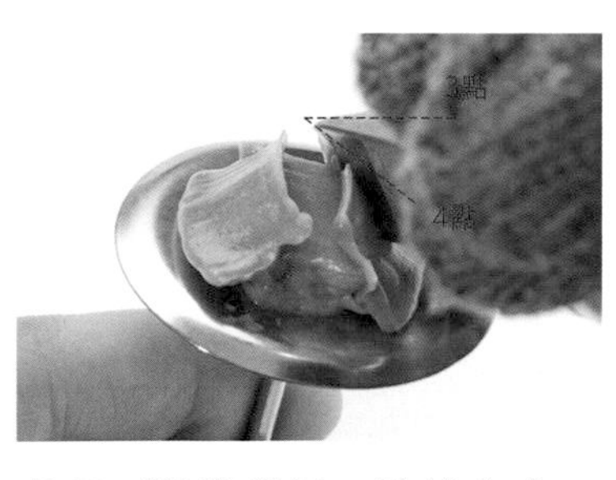

05 將花嘴以 4 點鐘方向，插入底座後，再將花嘴上半部往內倒。

06 承步驟 5，將花嘴平移擠出奶油霜，並將花嘴輕靠底座後提起離開，即完成第一片花瓣。

07 將花嘴以 4 點鐘方向，插入前一片花瓣的 1/2 處後，重複步驟 5-6，完成第二片花瓣。

08 重複步驟 7，完成第一層花瓣。

09 重複步驟 5-8，完成第二層第一片花瓣。

10 重複步驟 5-8，完成第二層花瓣。

11 重複步驟 5-8，完成四層花瓣。

12 如圖，花苞完成。

◆ 花萼製作

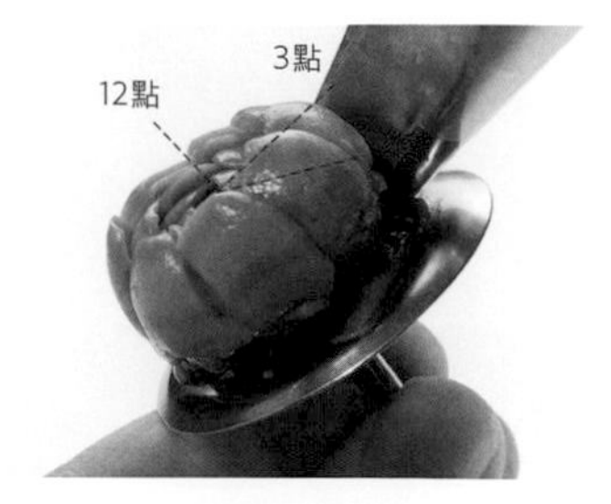

13 將 **#120** 花嘴以 **3** 點鐘方向，放在花苞任一側。

14 承步驟 13，將花嘴凹面朝內由下往上擠出奶油霜，即完成花萼。

15 重複步驟 13-14，完成共三片花萼，形成三角形結構，即完成花萼製作。

16 如圖，牡丹（花苞）完成。

牡丹（花苞）
製作影片 QRcode

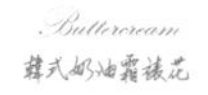

牡丹 半開
HALF-OPEN PEONY

牡丹 (半)(開)

HALF-OPEN PEONY

DECORATING TIP 花嘴

底座｜#120
花瓣｜#120（花嘴上窄下寬）

COLOR 顏色

花瓣色｜●黑色、●淺紫色、●粉色、●酒紅色

步驟説明 STEP BY STEP

• 底座製作

01 以 #120 花嘴在花釘上以逆時針轉、花嘴順時針擠出直徑約 2.5 公分圓形。

02 承步驟 1，將奶油霜在同一位置繼續向上疊加，在花釘上擠出高約 1 公分的奶油霜。

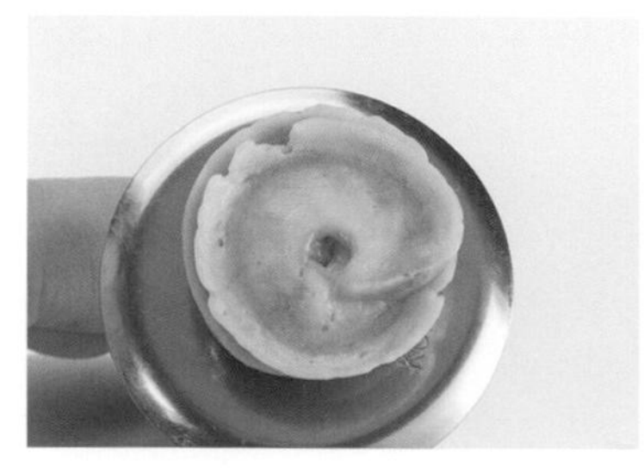

03 承步驟 2，將花嘴提起順勢離開，即完成底座。

• 花瓣製作

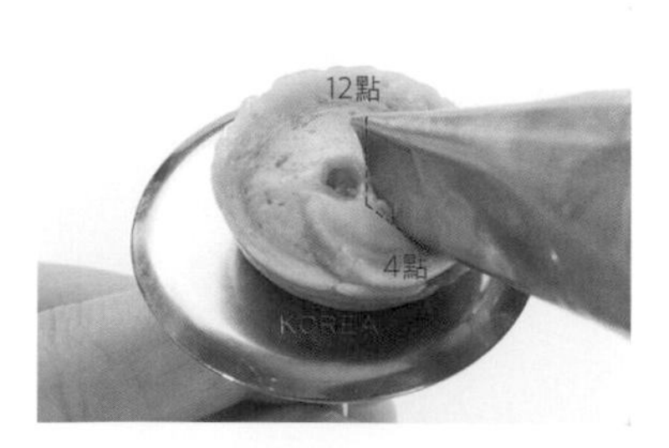

04 將花嘴以 4 點鐘方向，直立花嘴插入底座。

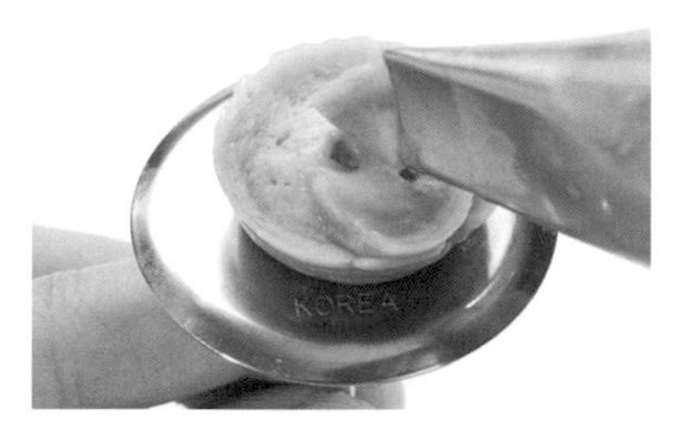

05 承步驟 4，邊擠奶油霜邊將花嘴抬起後，立即往底座壓，形成微彎貝殼狀，並順勢將奶油霜切斷。

06 如圖，第一片花瓣完成。

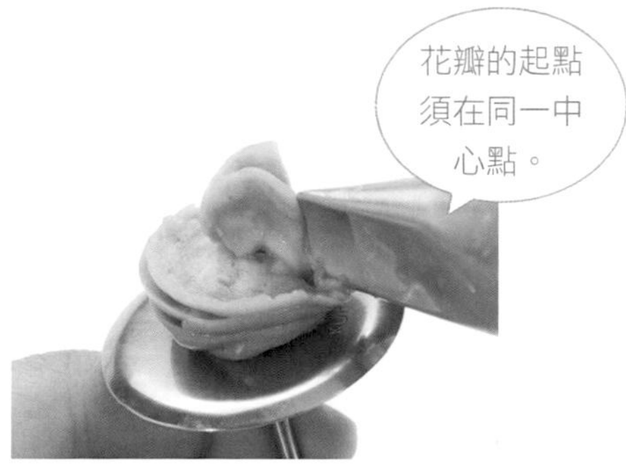

07 重複步驟 4-5，完成第二片花瓣。

08 重複步驟 4-5，完成共五片花瓣。

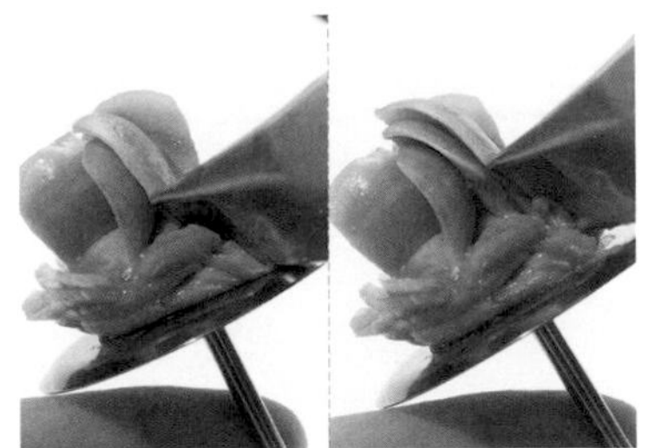

09 將花嘴放入兩片花瓣的中間，並由上往下在空隙間擠出一～兩片弧形花瓣。

10 如圖，製造出重瓣的效果。

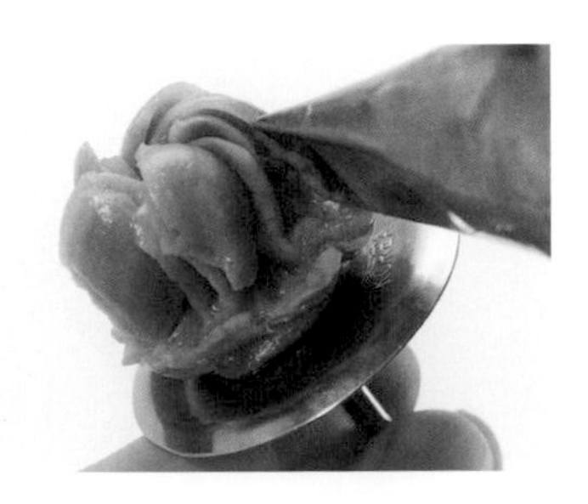

11 重複步驟 9-10，依序在花瓣空隙間擠出弧形花瓣。

12 如圖，內層花瓣完成。

• 外層花瓣製作

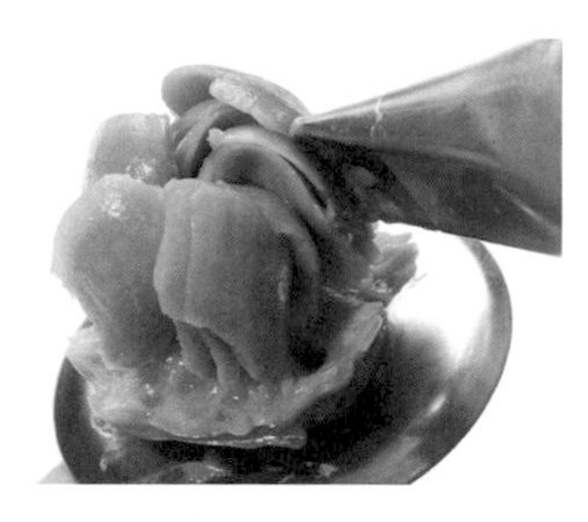

13 將花嘴以 4 點鐘方向，並將根部插入花瓣的 1/2 處，順時針擠出一倒 U 拱形後，順勢切斷奶油霜。

14 重複步驟 13，共擠出共五片花瓣。

15 將花嘴直立插入前層花瓣的 1/2 處。

16 承步驟 15，以花嘴根部輕點抖動的方式製造出皺褶花瓣後，順勢切斷奶油霜。

17 重複步驟 15-16，可隨機擠出較短的花瓣。

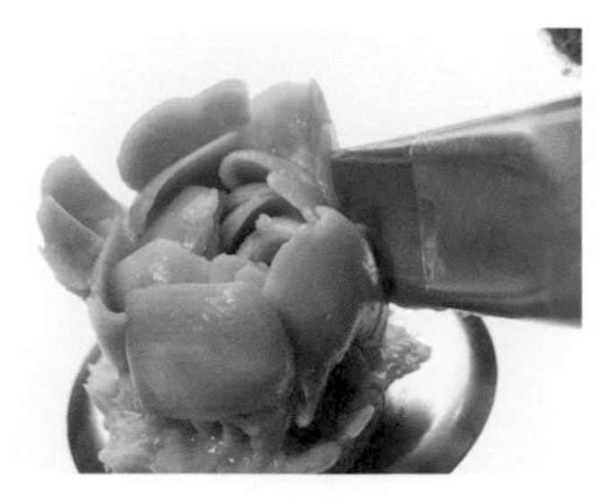

18 重複步驟 15-17，開始隨機製作長短不一的皺褶花瓣。

19 重複步驟 15-18，完成第一層皺褶花瓣。

20 重複步驟 15-18，完成共三層皺褶花瓣。

21 如圖，牡丹（半開）完成。

牡丹（半開）
製作影片 QRcode

牡丹半開＋花苞（奶油霜）

HALF-OPEN PEONY & BUD

牡丹半開　牡丹花苞

製作說明

粉嫩的牡丹有時也可以選擇復古一點的配色，這種暗色調對初學者來說一開始雖然有一點障礙，但克服了之後就能熟能生巧，以後再有復古配色也難不倒你，初學可以嘗試將黑色或咖啡色系疊加上去，將花朵的明亮度降低，並且注重加入的量，一開始拿捏不準時可以一點點的加，才不至於過暗。

而調色最好的練習可以從淺色到深色，慢慢調配出同色系的漸層，從中可以練習手感而知道大概要加多少的量才能達到想要的效果，調色是需要努力不懈練習的，少有人是天生的藝術家。

配色

牡丹 (全)(開)
PEONY

DECORATING TIP 花嘴

底座｜ #120　　雄蕊｜平口花嘴
雌蕊｜平口花嘴　　花瓣｜ #120（花嘴上窄下寬）

COLOR 顏色

雌蕊色｜●橄欖綠、●綠色
雄蕊色｜●金黃色
花瓣色｜●黑色、●淺紫色、●粉色、●酒紅色

步驟説明 STEP BY STEP

・底座製作

01 以 #120 花嘴在花釘上以逆時針轉、花嘴順時針擠出直徑約 2.5 公分的圓形。

02 承步驟 1，將奶油霜在同一位置繼續向上疊加，在花釘上擠出高約 1 公分的奶油霜。

03 承步驟 2，將花嘴輕靠花釘，以切斷奶油霜，即完成底座。

・雌蕊製作

04 以平口花嘴先在底座側邊擠出球狀後，順勢往上拉，形成胖水滴狀。

05 重複步驟 4，繞著底座，依序擠出胖水滴狀。

• 雄蕊製作

06 如圖，雌蕊完成。

07 以平口花嘴在雌蕊側邊向上拉、擠出細絲狀。

08 重複步驟 7，繞著雌蕊，依序擠出細絲狀。

09 重複步驟 7，在底座依序擠出細絲狀。

10 如圖，雄蕊完成。

• 花瓣製作

11 將花嘴窄口朝上，並以 4 點鐘方向，花嘴垂直插入底座側邊。

12 承步驟 11，以花嘴根部輕點抖動的方式製造出皺褶花瓣後，順勢切斷奶油霜。

13 重複步驟 11-12，依序擠出皺褶狀花瓣。

14 如圖，第一層花瓣完成。

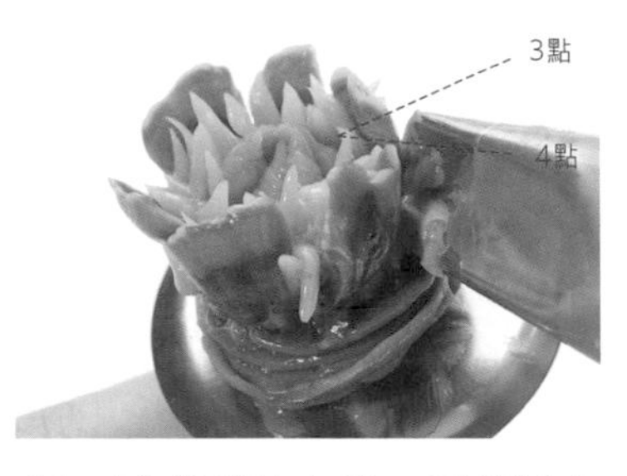

15 將花嘴放在前一層花瓣交界處後，以 4 點鐘方向，插入底座。

16 重複步驟 12，擠出皺褶狀花瓣。

17 重複步驟 15-16，依序擠出皺褶狀花瓣。

18 如圖，第二層花瓣完成。

19 重複步驟 15-16，花嘴逐漸向外傾倒，依序擠出皺褶狀花瓣，即完成第三層花瓣。

20 如圖，牡丹（全開）完成。

花瓣開合角度

牡丹（全開）
製作影片 QRcode

牡丹全開（奶油霜）

PEONY

牡丹

小菊花

小蒼蘭

洋甘菊

製作說明

全開的牡丹帶著華貴的氣質，所以為了能夠和牡丹匹配，挑選了小菊花這種多層次的花朵一起裝飾，能夠在大蛋糕上更加的相互襯托。擺放蛋糕時是否厭倦了滿版的花蛋糕造型？可以試試這種小清新的裝飾技巧，以分組的方式將蛋糕分成不同的區域自成一個個小花叢，若是初學還對區域劃分不熟悉的話，可以在擺放的地方先擠上葉子做定位，這樣在放花時就不會不知道從何下手了。並且這樣的擺法在切蛋糕的時候就不會切到太多花，可以放心地從縫隙間下刀了。

配色

基礎陸蓮花
RANUNCULUS

基礎陸蓮花

RANUNCULUS

DECORATING TIP 花嘴

底座 | #120
花瓣（內）| #120（花嘴上窄下寬）
花瓣（外）| #125或#124（花嘴上窄下寬）

COLOR 顏色

花瓣色（內）| ●綠色、●橄欖綠、●咖啡色、●土黃色
花瓣色（外）| ●金黃色、●鵝黃色

步驟説明 STEP BY STEP

• 底座製作

01 以#120花嘴在花釘上以逆時針轉、花嘴順時針擠出直徑約2.5公分的圓形。

02 承步驟1，將奶油霜在同一位置繼續向上疊加，在花釘上擠出高約1公分的奶油霜。

03 承步驟2，將花嘴輕靠花釘，以切斷奶油霜，即完成底座。

• 內層花瓣製作

04 將花嘴窄口朝上，並以4點鐘方向，插入底座側邊1/3處。

05 承步驟4，將花嘴凹面處往內倒，由上往下擠出弧形後，靠上底座離開，即完成第一片向內包覆的花瓣。

06 重複步驟 4-5，插入前瓣的 1/2 處，擠出第二片花瓣。

07 重複步驟 4-6，依序擠出約三層花瓣。

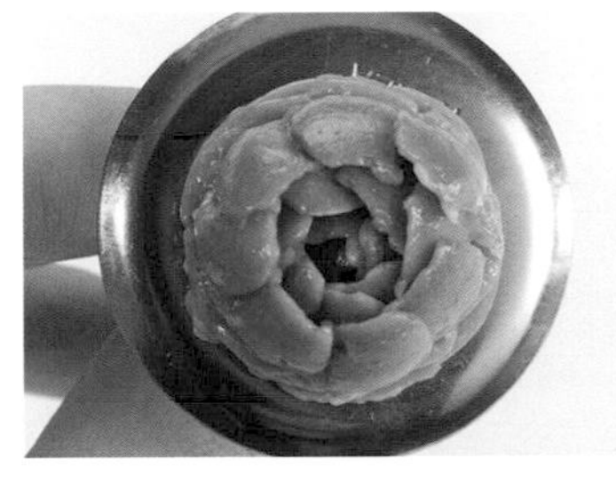

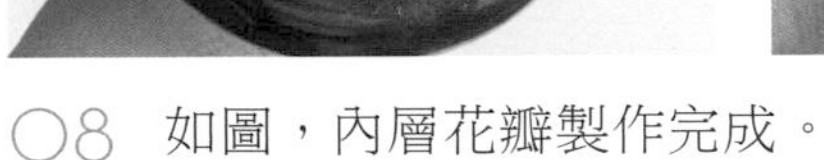

08 如圖，內層花瓣製作完成。

・外層花瓣製作

09 將 #125 花嘴放在內層花瓣側邊後，插入底座。

在擠的同時，須將花嘴往上抬起，才能做出弧度，且花瓣須比前層花瓣高。

10 承步驟 9，將花釘逆時針轉、花嘴順時針，並由上往下擠出倒 U 弧形，即完成第一片花瓣。

11 重複步驟 9-10，在前瓣的 1/2 處，重疊式的擠出第二片花瓣。

12 重複步驟 9-11，完成外層第一圈花瓣。

13 重複步驟 9-11，完成外層第二圈花瓣。

14 重複步驟 9-11，依序完成第三圈外層花瓣。

15 重複步驟 9-11，花嘴逐漸傾斜並擠出花瓣，才能產生綻放效果，並開始製作大小不一的圓弧花瓣。

16 重複步驟 15，依序填補花朵空隙處，須有大小不一隨機感，但大致呈圓形。

17 如圖，基礎陸蓮花完成。

基礎陸蓮花製作影片 QRcode

基礎陸蓮花

RANUNCULUS

陸蓮　山茶花　繡球花

水仙花　洋甘菊

製作說明

陸蓮的花瓣層次豐富，是做為主花的很好素材，有時可以嘗試將奶油霜由深至淺或是由淺至深的方式放入擠花袋，裱出顏色漸層式的花瓣，亦或是如主圖中使用清新的淡黃色裱花，也能突顯陸蓮的美。在蛋糕的擺放上，陸蓮的花面不一定只能朝著一個方向，有時往右傾，有時往左倒，甚至可以不露出花芯直接以側躺的方式擺放，因為整朵陸蓮的層次很豐富，所以就算是如主圖下方中側躺式的擺放，也能夠展現花朵本身的美。

配色

繡球花
HYDRANGEA

DECORATING TIP 花嘴

底座｜ #104
花瓣｜ #104（花嘴上窄下寬）
花蕊｜平口花嘴

COLOR 顏色

花瓣色｜●草綠色、●藍綠色
花蕊色｜●金黃色

步驟說明 STEP BY STEP

・單朵繡球花製作

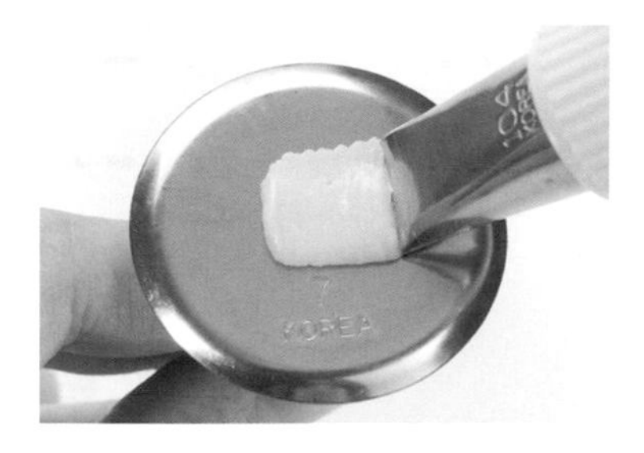

01 以 #104 花嘴在花釘上擠出長約 1.5 公分長條形的奶油霜後，將花嘴輕靠花釘，以切斷奶油霜。

02 承步驟 1，將奶油霜在同一位置繼續向上疊加，在花釘上擠出寬約 1.5 公分 × 高 0.5 公分的奶油霜，作為底座。

03 如圖，底座完成。

04 將花嘴根部垂直插入底座中心。

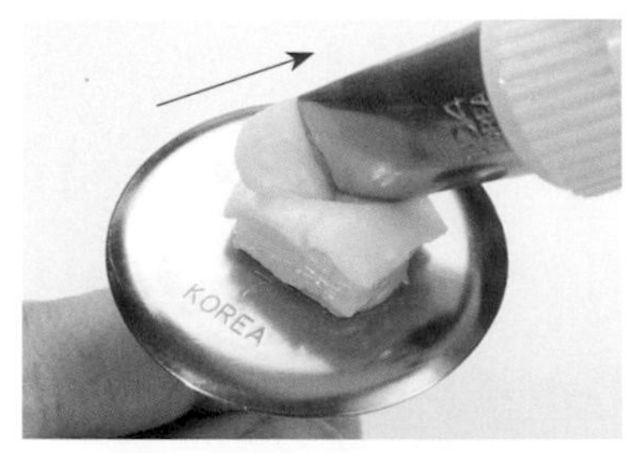

05 承步驟 4，將花嘴由左至右平移擠出奶油霜，即完成第一片花瓣。

06 重複步驟 4-5，在第一片花瓣右邊擠出第二片花瓣。

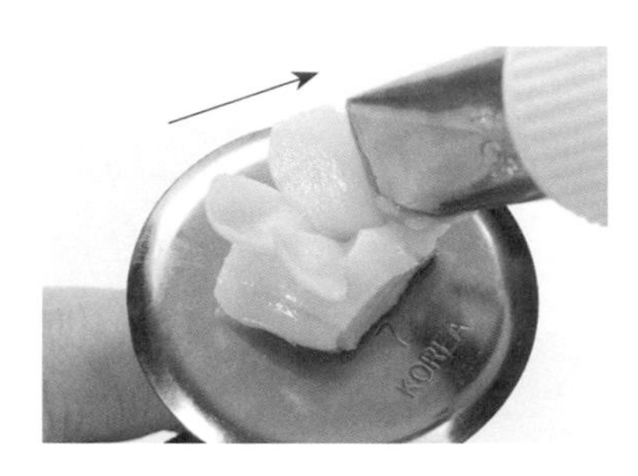

07 重複步驟 4-5，將花釘逆時針旋轉，在第二片花瓣側邊擠出第三片花瓣。

08 重複步驟 4-5，將花釘繼續逆時針旋轉，在第三片花瓣側邊擠出第四片花瓣。

09 如圖，花瓣製作完成。

10 以平口花嘴在花朵中心擠出小球狀，為花蕊。

11 如圖，單朵繡球花完成。

12 以 #104 花嘴在花釘擠出長約 3 公分長條形的奶油霜後，將花嘴輕靠花釘，以切斷奶油霜。

13 承步驟 12，將奶油霜在同一位置繼續向上疊加，在花釘上擠出長約 3 公分 × 高 0.5 公分的奶油霜，作為底座。

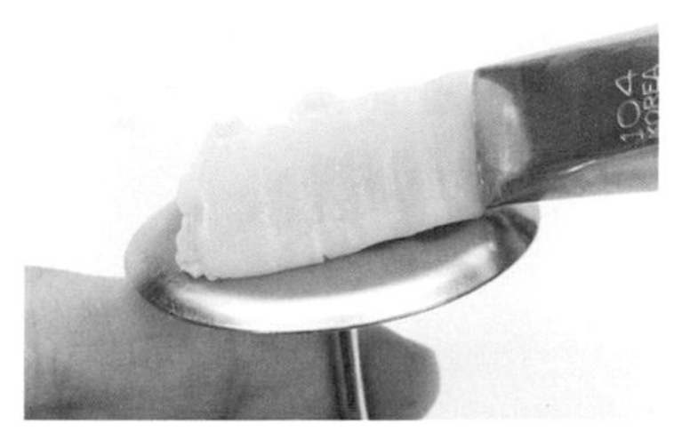

14 先在底座側邊擠上奶油霜，穩固底座後，再將花嘴向下壓，以切斷奶油霜。

15 重複步驟 14，將花釘轉向，將底座另一側擠上奶油霜，來穩固底座。

16 如圖，底座完成。

17 將花嘴垂直插入底座前端。

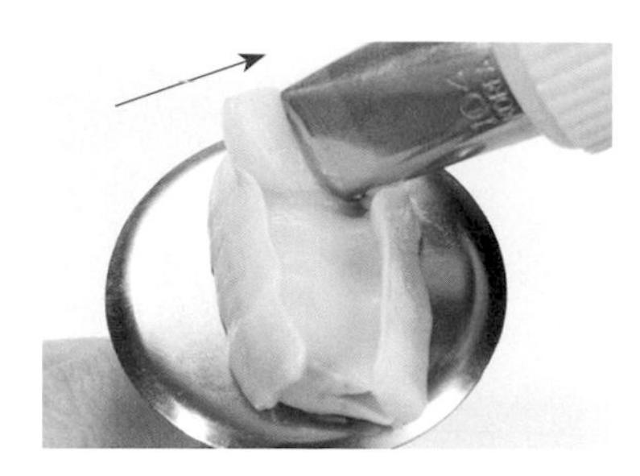

18 承步驟 17，將花嘴平移擠出奶油霜，並將花嘴輕靠底座後提起離開，即完成第一片花瓣。

19 重複步驟 17-18，在第一片花瓣側邊擠出第二片花瓣。

20 重複步驟 17-18，先將花釘逆時針轉向，在第二片花瓣側邊擠出第三片花瓣。

21 重複步驟 17-18，再將花釘逆時針轉向，在第三片花瓣側擠出第四片花瓣。

22 如圖，第一朵繡球花完成。

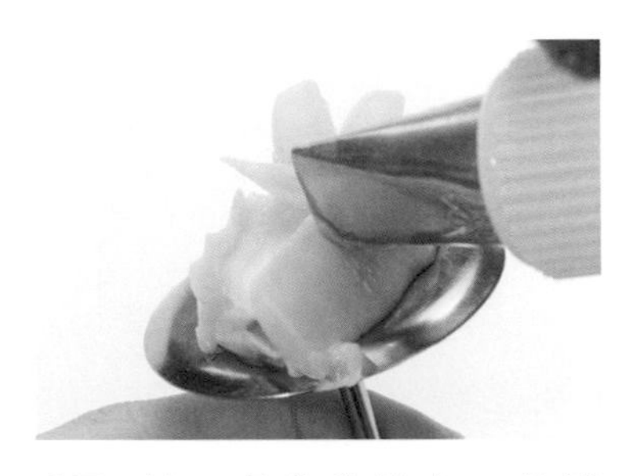

23 第二朵花位於上一朵繡球右後方，將花嘴垂直插入底座側邊，準備製作第二朵的第一片花瓣。

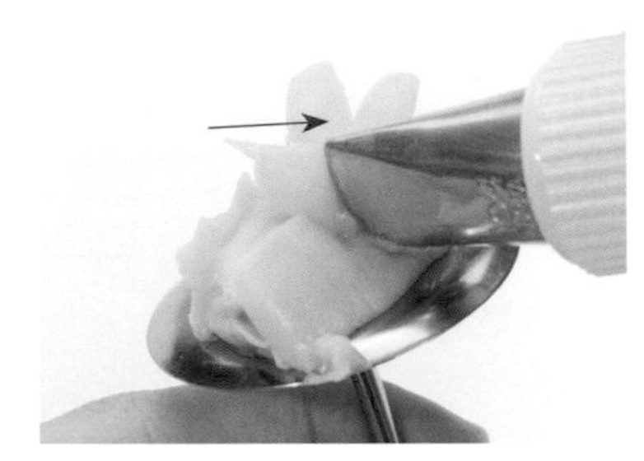

24 重複步驟 18，將花嘴平移擠出奶油霜，並將花嘴輕靠底座後提起離開，即完成第一片花瓣。

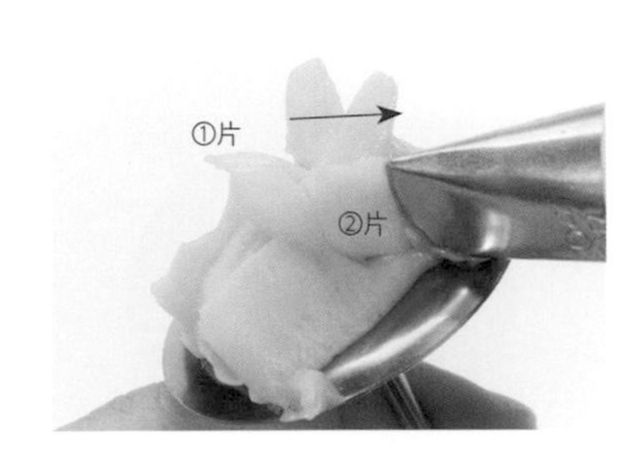

25 重複步驟 19，在第一片花瓣側邊平移擠出第二片花瓣。

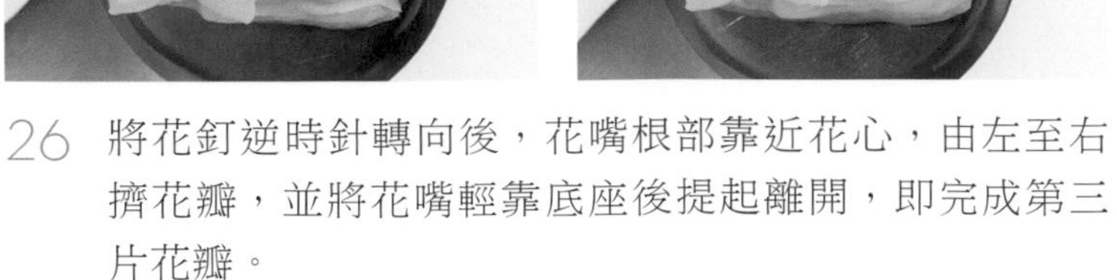

26 將花釘逆時針轉向後，花嘴根部靠近花心，由左至右擠花瓣，並將花嘴輕靠底座後提起離開，即完成第三片花瓣。

27 將花釘逆時針轉向後，花嘴根部插入第三片花瓣側邊，由左至右擠花瓣，並將花嘴輕靠底座後提起離開，即完成第四片花瓣。

28 如圖，第二朵繡球花完成。

29 第三朵花位於第一朵的左後方，將花嘴垂直插入底座側邊，準備製作第三朵的第一片花瓣。

30 承步驟 29，將花嘴平移擠出奶油霜，並將花嘴輕靠底座後提起離開，即完成第一片花瓣。

31 承步驟 30，於第一片花瓣的右側，將花嘴垂直插入底座中，由左至右平移製作第二片花瓣。

32 重複步驟 26，完成第三片花瓣。

33 重複步驟28，完成第四片花瓣。

34 如圖，第三朵繡球花完成。

35 以平口花嘴在花朵中心擠出小球狀。

36 重複步驟35，依序在花心擠出小球，為花蕊。

37 如圖，三朵繡球花完成。

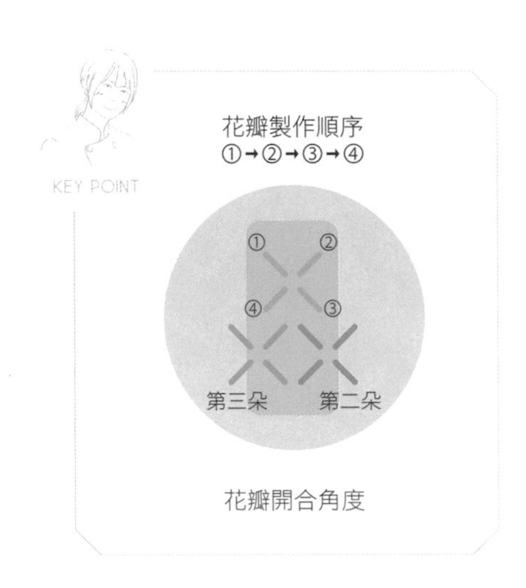

繡球花製作
影片 QRcode

繡球花

HYDRANGEA

繡球花　菊花

牡丹　山茶花

製作說明

繡球花傳統的擠花方式是製作一顆圓形的底座，並在底座上面往不同方向的花面製作花瓣，但這樣的缺點可能為在需要製作非圓形的花叢受到局限，如前面步驟所示，我在此使用三朵為一組或是單朵為一組的方式製作，這樣在蛋糕組裝的時候，可以隨意依照花叢想要走的路線去疊加，會使得整體更加自然，最後在花叢間擠上葉子就完成了繡球花叢了。

若是想在蛋糕上放上更多的繡球花，也可以如主圖所示，製作兩種不同的繡球花顏色，相互映襯也很美。

配色

Buttercream
韓式奶油霜裱花

康乃馨
CARNATION

DECORATING TIP 花嘴

底座｜ #124K
花瓣｜ #124K（花嘴上窄下寬）

COLOR 顏色

花瓣色｜●淺粉色、●咖啡色

步驟說明 STEP BY STEP

• 底座製作

01 以 #124K 花嘴在花釘上以逆時針轉、花嘴順時針擠出直徑約 3 公分的圓形。

02 承步驟 1，將奶油霜在同一位置繼續向上疊加，在花釘上擠出高約 1 公分的奶油霜。

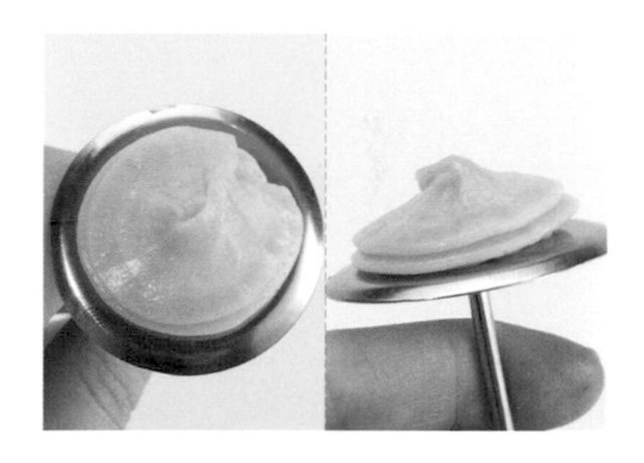

03 承步驟 2，將花嘴輕靠花釘，以切斷奶油霜，即完成底座。

• 花瓣製作

04 將 #124K 花嘴垂直直立插入底座中心。

05 承步驟 4，花嘴左右擺動後往後退，並水平擠出波浪形花瓣。

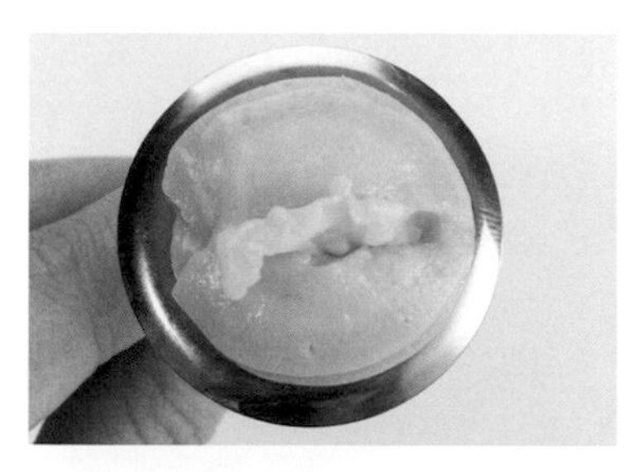

06 如圖，第一片花瓣完成。

07 將花嘴以 3 點鐘方向插入第一片花瓣右側。

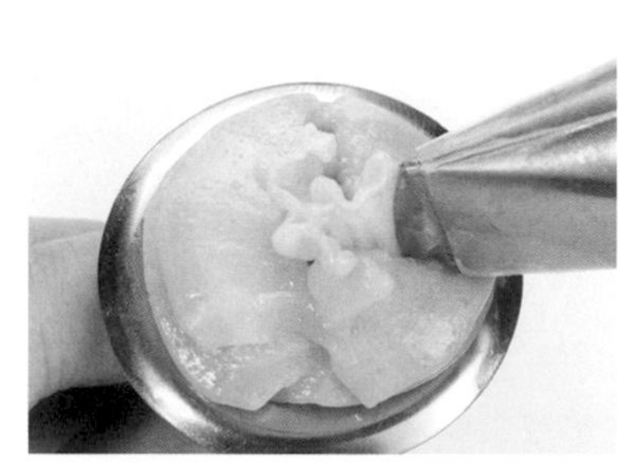

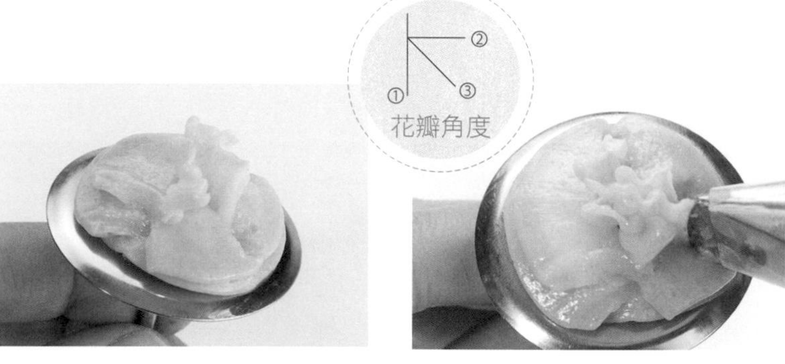

08 承步驟 7，左右擺動花嘴並平移擠出波浪形短花瓣，即完成第二片花瓣。

09 將花嘴以 5 點鐘方向插入第一片花瓣右下側。

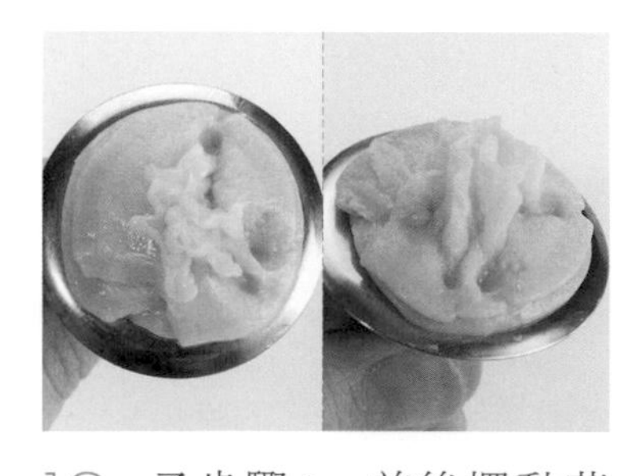

10 承步驟 9，前後擺動花嘴並水平擠出波浪形片狀短花瓣，即完成第一層花瓣。

11 將花嘴以隨機方向放在第一層花瓣外圍，並一邊逆時針轉花釘，一邊上下擺動花嘴做出大波浪花瓣，即完成第二層第一片花瓣。

12 重複步驟 11，依序在外圍擠出兩～三片花瓣，以包覆第一層花瓣，形成層疊感。

13 如圖，第二層花瓣完成。

14 重複步驟 11-12，完成第三層花瓣。

15 重複步驟 11-12，完成第四層花瓣。

16 重複步驟 11，完成第五層花瓣，花瓣愈往外，花嘴則愈向外傾倒，以做出盛開姿態的花瓣。

17 如圖，康乃馨完成。

康乃馨製作
影片 QRcode

康乃馨

CARNATION

康乃馨　藍星花　千日紅

小蒼蘭　繡球花

製作說明

康乃馨給人一種慈愛的感覺，在母親節已經成為最具代表性的花，趕快將此花型學習起來給媽媽一個驚喜吧！康乃馨若想做出主圖中白邊的樣子可以在奶油霜裝袋時，將白色奶油霜放在擠花袋中較窄花嘴的一邊，將粉色奶油霜放在擠花袋中較寬花嘴的一邊，裝袋完後在碗中試擠一下，會發現後面慢慢出現白邊，這時候就可以開始裱花了。

花籃的造型可以由外圈往內擺放，製造類似捧花的效果，最後將葉子擠在花籃的邊緣製造有點向下生長的效果，美麗的花籃蛋糕就完成了。

配色

千日紅
GLOBE AMARANTH

千日紅
GLOBE AMARANTH

DECORATING TIP 花嘴

底座｜平口花嘴
花瓣｜ #349

COLOR 顏色

花瓣色｜●黑色、●紅色

步驟說明 STEP BY STEP

・底座製作

01 以平口花嘴在花釘上擠出直徑約 1.5 公分的圓形。

02 承步驟 1，將奶油霜在同一位置繼續向上疊加，在花釘上擠出高約 2.5 公分的蛋頭形奶油霜。

03 承步驟 2，奶油霜疊加完成後，在底部再擠一圈奶油霜，以加強固定底座。

04 如圖，底座完成。

・花瓣製作

05 將 #349 花嘴以 12 點鐘方向插入底座後，邊擠奶油霜邊將花嘴向上抽開，產生小片花瓣。

06 如圖，花瓣完成，為千日紅中心點。

每層花瓣的花嘴都須隨著底座向下並外開，才能製造出花瓣盛開的自然感。

07 將花嘴插入步驟 6 花瓣側邊後，邊擠奶油霜邊將花嘴向上抽開，即完成第一層第一片花瓣。

08 重複步驟 7，完成第一層花瓣。

09 重複步驟 7，完成第二層花瓣。

10 重複步驟 7，依序向下擠出花瓣。

11 重複步驟 7，依序向下擠出花瓣，直到底座底部。

12 如圖，千日紅完成。

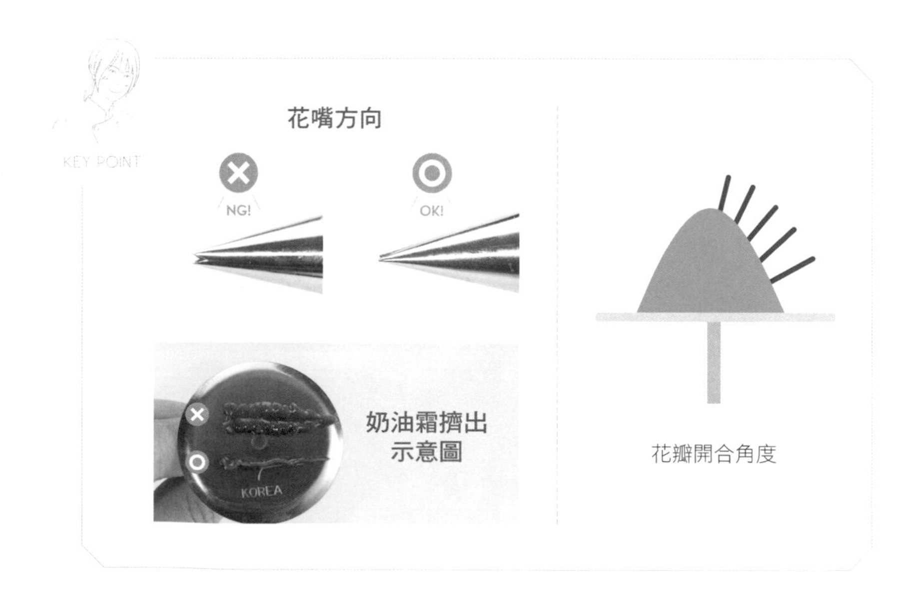

千日紅製作
影片 QRcode

千日紅

GLOBE AMARANTH

牡丹　花苞

千日紅　蘋果花

製作說明

花朵使用白與紅的配色除了讓整顆蛋糕更有聖誕與新年的氣氛之外，更增添了典雅的氣質，有時候製作節慶蛋糕不一定要追求多彩的配色，簡單的三色，例如：紅、白、綠，也能讓主體花朵的型態更加明確。另一方面，在顏色上讓千日紅使用較重的紅色來凸顯它作為視覺的主角，而不會被華麗的白色牡丹搶走風采。

在擺放上於畫面右半邊呈現月牙造型的配置，並於左半邊呈現小花叢感覺的點綴，會讓整個花圈呈現更活潑的氛圍。

配色

寒丁子
BOUVARDIA

寒丁子
BOUVARDIA

DECORATING TIP 花嘴

底座｜ #352
花瓣｜ #352
花蕊｜平口花嘴
花苞｜ #352

COLOR 顏色

花瓣色｜●橄欖綠、●草綠色
花蕊色｜●金黃色
花苞色｜●橄欖綠、●草綠色

步驟說明 STEP BY STEP

• 底座製作

01 以 #352 花嘴在花釘上以逆時針轉、花嘴順時針擠出直徑約 1 公分的圓形。

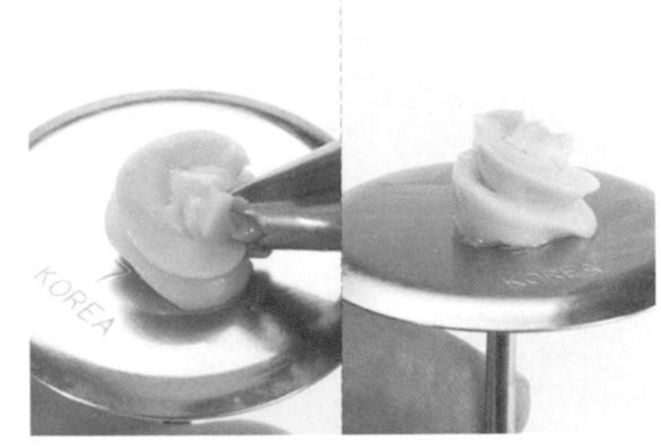

02 承步驟 1，將奶油霜在同一位置繼續向上疊加，在花釘上擠出高約 1.5 公分的奶油霜，即完成底座。

• 花瓣製作

03 將花嘴以 1 點鐘方向插入底座。

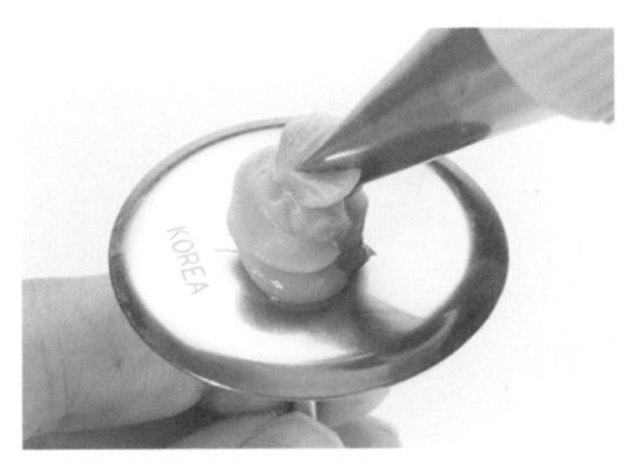

04 承步驟 3，邊擠奶油霜邊將花嘴向外抽開，將花瓣前端拉尖。

05 如圖，花瓣完成。

06 重複步驟 3-4，完成共四片花瓣。

07 以平口花嘴在花朵中心擠出小球狀，為花蕊。

08 如圖，寒丁子花朵完成。

・花苞製作

09 將花嘴以向內倒的方式插入底座後，邊擠奶油霜邊將花嘴向上抽開，將花瓣前端向內拉尖闔上。

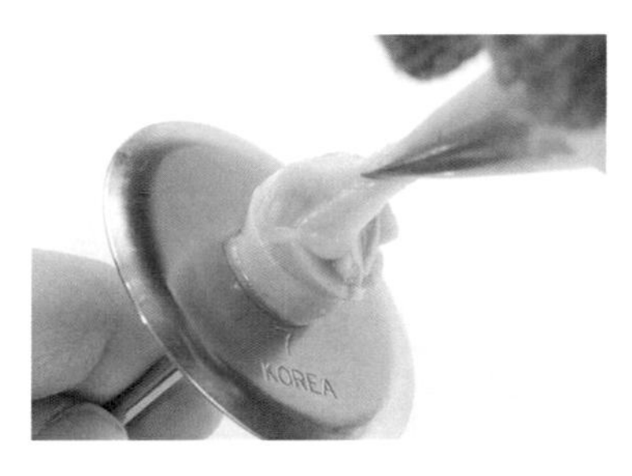

10 重複步驟 9，完成共四片花瓣。

11 如圖，寒丁子花苞完成。

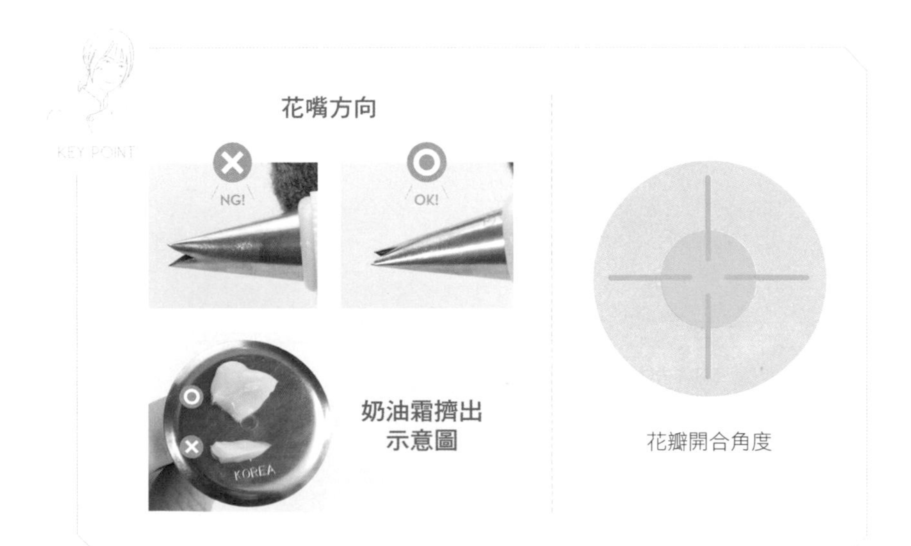

寒丁子製作
影片 QRcode

寒丁子

BOUVARDIA

寒丁子　紫羅蘭

陸蓮　牡丹花

製作說明

在蛋糕擺放當中，寒丁子的角色猶如繡球花一般，可以單朵或是多朵組裝來製造小花叢的效果，舉例來說，先在預先擺放的區域擠上圓形底座，並由圓周的外至內將寒丁子貼附在底座上，此時注意寒丁子的花面可以朝著不同方向擺放，使其更有花叢的感覺。除此之外，也可以試著製作長條狀的底座，讓寒丁子有點藤蔓狀的攀附蛋糕上，也是不錯的視覺效果。

若是有剩餘的單朵寒丁子，也可以裝飾在蛋糕的空隙之間填補，使得寒丁子更具可愛的特質。

配色

藍星花
BLUE DAZE

藍星花
BLUE DAZE

DECORATING TIP 花嘴

底座｜平口花嘴
花瓣｜#59S（花嘴凹面朝內）
花蕊｜平口花嘴

COLOR 顏色

花瓣色｜●天藍色、●黑色、●深紫色
花蕊色｜○白色

步驟說明 STEP BY STEP

・底座製作

01 以平口花嘴在花釘上擠出直徑約1公分的圓形。

02 承步驟1，將奶油霜在同一位置繼續向上疊加，在花釘上擠出高約1.5公分的奶油霜。

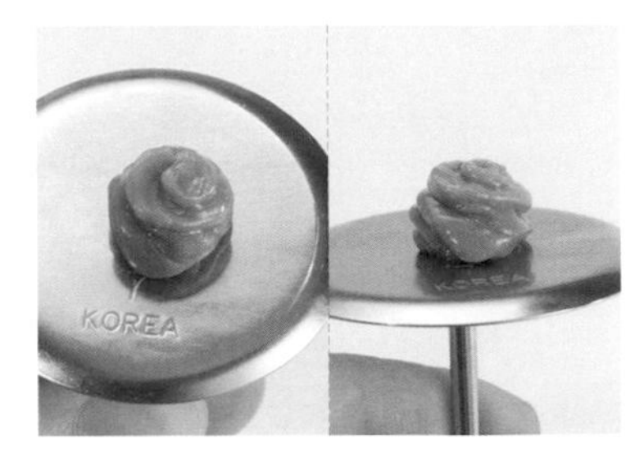

03 如圖，底座完成。

・花瓣製作

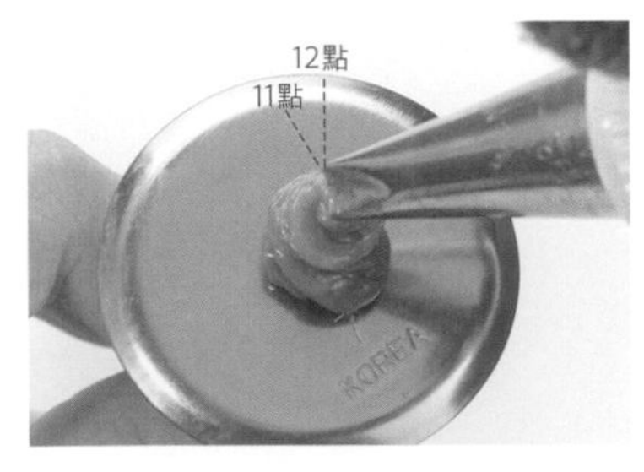

04 將#59S花嘴以11點鐘方向插入底座。

05 承步驟4，將花釘以逆時針轉，花嘴往右上角順時針擠出奶油霜，並將花嘴輕壓底座，以切斷奶油霜。

06 如圖，花瓣完成。

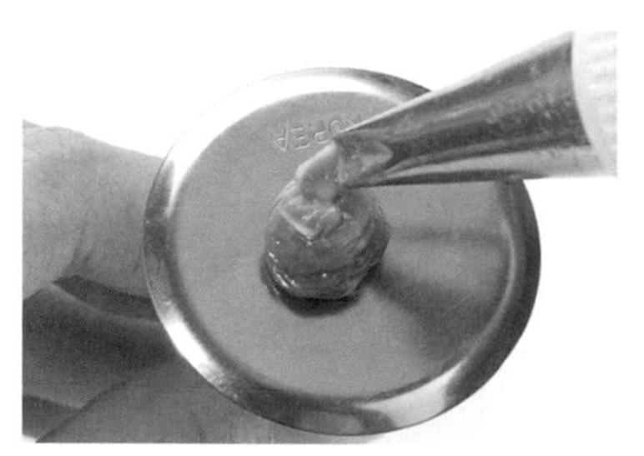

07 重複步驟 4-5，完成第二片花瓣。

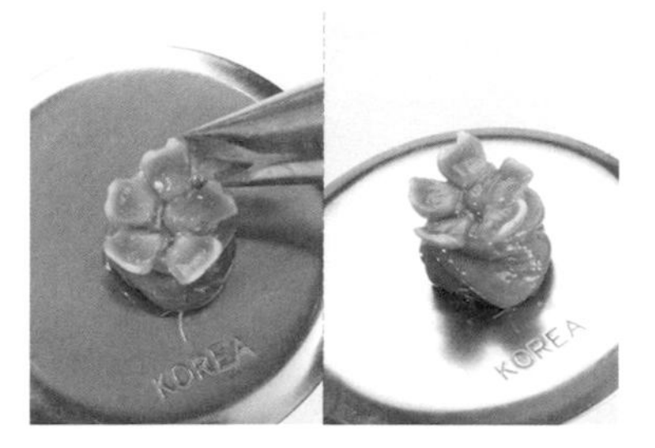

08 重複步驟 4-5，完成共五片花瓣。

09 以平口花嘴在花朵中心擠小底座後往上拉出長條狀，為花蕊。

10 如圖，藍星花完成。

藍星花製作
影片 QRcode

藍星花

BLUE DAZE

藍星花　奧斯丁玫瑰　玫瑰

牡丹　蘋果花

製作說明

藍星花是初學時很好用來練習力道掌控的花朵，注意須將花嘴輕輕靠上底座再開始裱花，大部分的同學會在花嘴還未接觸底座時，就著急的開始施力，導致花瓣無法停留在底座上正確的位置而歪斜。此外，花釘轉動的幅度也是關鍵，習慣了大花的製作方式，大部分的人會將花釘轉的幅度過多，其實只須一點點角度即可製作花瓣。

在蛋糕裝飾的部分，可先於底部擠出一塊圓形的底座後，將藍星花如花從一般的拼湊上去，最後擠上花叢間的葉子就完成藍星花叢。

配色

韓式豆沙裱花

BEAN PASTE *of* Korean Flower Piping

CHAPTER

03

韓式豆沙裱花

韓式豆沙霜做法

MAKING KOREAN BEAN PASTE

TOOL & INGREDIENTS 工具材料

❶ 白豆沙 700g
❷ 鮮奶油 140g（可依照豆沙甜度調整，若豆沙甜度較高可將鮮奶油減低至白豆沙的 10 ～ 15% 克數試試。）
❸ 槳狀拌打器
❹ 刮刀

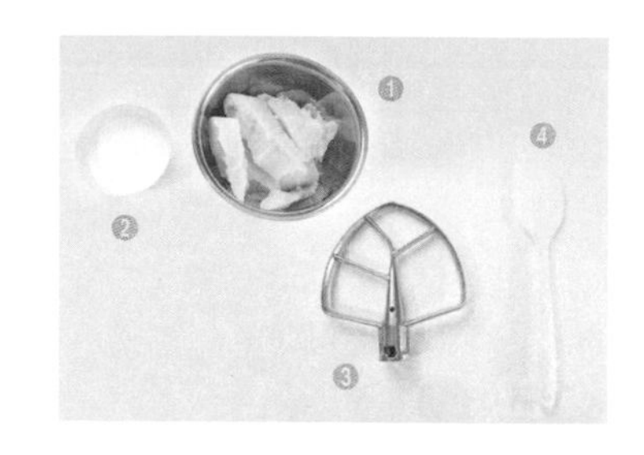

STEP BY STEP 步驟說明

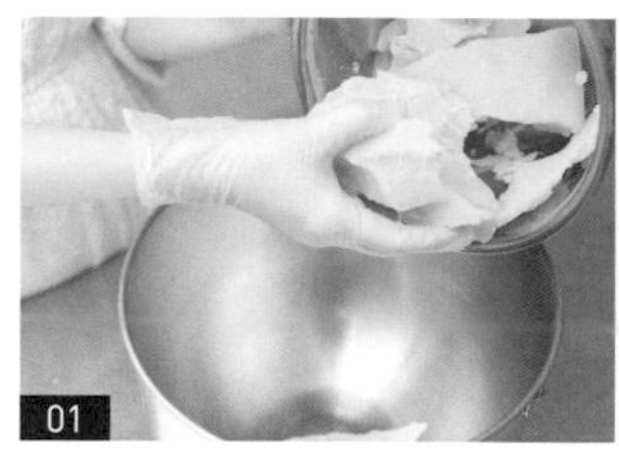

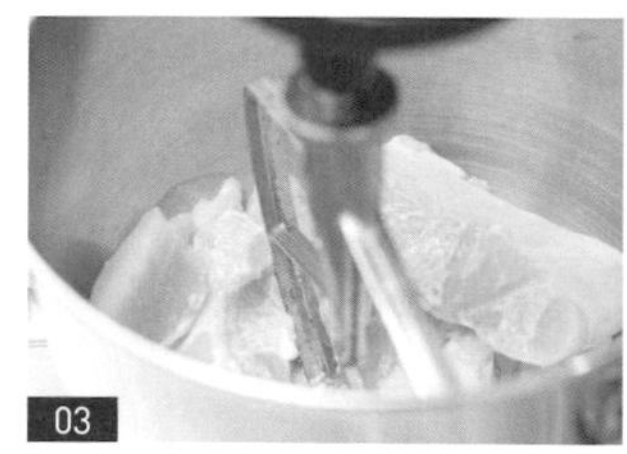

01 將白豆沙放入攪拌盆中。

02 承步驟 1，將鮮奶油倒入攪拌盆中。

03 使用槳狀拌打器攪拌。

04 承步驟 3，一開始以低速將材料拌匀後轉至中高速攪拌，待鋼盆側邊豆沙霜呈現冰淇淋霜狀後即可。

KEY POINT

- 擠花過程中，使用飲用水調整軟硬度，水分須分次一點點加入，否則容易加過量的水而導致無法塑型擠花。
- 由於豆沙的廠牌不同，此處鮮奶油加入的克數為白豆沙的 20%，鮮奶油量的調整取決於豆沙的甜度，若豆沙甜度較高可將鮮奶油減低至 10 ～ 15% 試試。
- 開封後的白豆沙須密封冷藏保存，以免酸敗。
- 抹面的白豆沙可添加飲用水使其易於抹面，也可替換為打發的鮮奶油抹面取代。
- 將豆沙霜放入碗中，並用蓋子蓋住開口隔絕空氣，可以減緩豆沙霜乾裂的速度。

木蓮花
MAGNOLIA

木蓮花

MAGNOLIA

DECORATING TIP 花嘴

底座｜#60
花瓣｜#60（花嘴上窄下寬）
花蕊｜#13

COLOR 顏色

花瓣色｜●深紫色、○白色
花蕊色｜●金黃色、●咖啡色

步驟説明 STEP BY STEP

• 底座製作

01 以 #60 花嘴在花釘上以逆時針轉、花嘴順時針擠出直徑約 1 公分的圓形豆沙霜。

02 承步驟 1，將豆沙霜在同一位置繼續向上疊加，在花釘上擠出高約 1 公分的豆沙霜。

03 承步驟 2，將花嘴向底座輕壓，以切斷豆沙霜，即完成底座。

• 花瓣製作

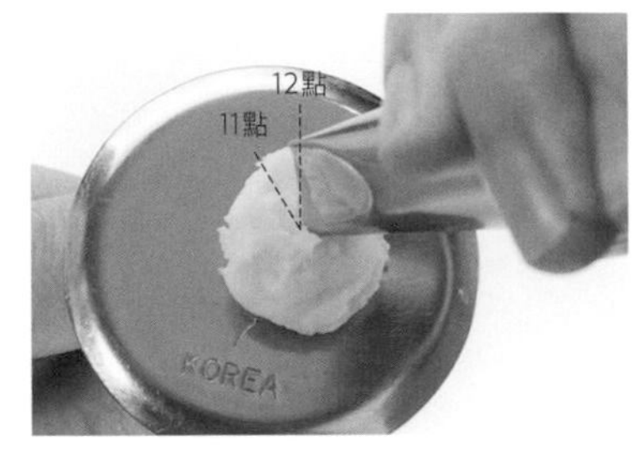

04 將 #60 花嘴根部插入底座，上半部朝向 11 點鐘方向。

05 承步驟 4，將花釘逆時針轉、花嘴順時針擠出扇形片狀後停止移動。

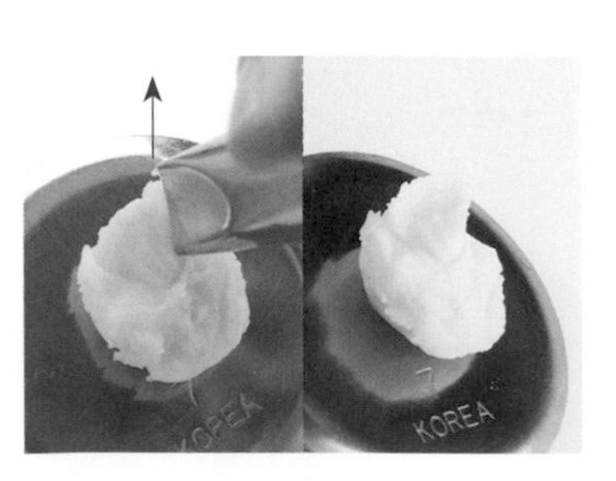

06 承步驟 5，將花嘴向外移動以切斷豆沙霜，即完成第一片花瓣。

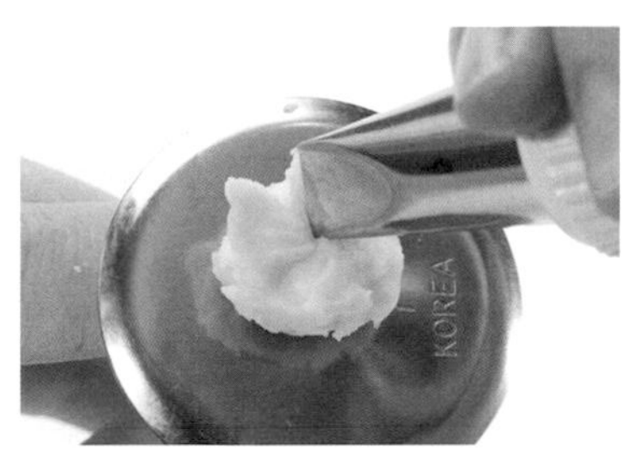

07 重複步驟 4，將花嘴插入第一片花瓣右側。

08 重複步驟 5-6，擠出第二片花瓣。

09 重複步驟 4-6，完成共五片花瓣。

10 如圖，第一層花瓣完成。

11 將花嘴以垂直方式插入底座中心。

12 承步驟 11，將花釘逆時針轉、花嘴順時針擠出扇形片狀。

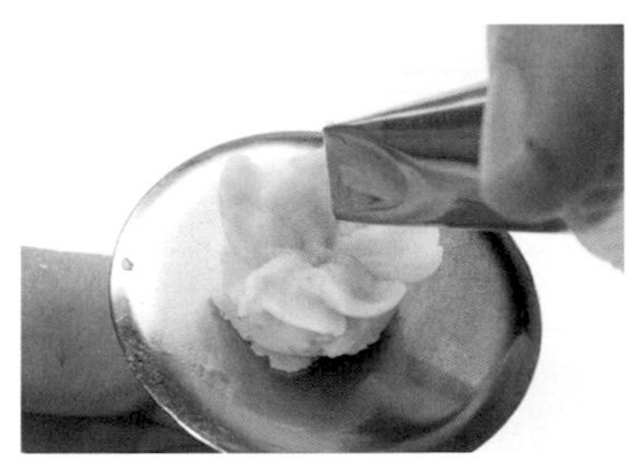

13 承步驟 12，將花嘴向外移動以切斷豆沙霜，即完成第二層第一片花瓣。

14 重複步驟 11，將花嘴插入第一片花瓣右側。

15 重複步驟 12-13，擠出第二片花瓣。

16 重複步驟 11-13，完成共三片花瓣。

・花蕊製作

17 如圖，第二層花瓣完成。

18 以 #13 花嘴在花朵中心擠出小球狀。

19 重複步驟 18，在花心堆疊擠出小球，為花蕊。

20 如圖，木蓮花完成。

木蓮花製作
影片 QRcode

木蓮花

MAGNOLIA

木蓮花　大理花

康乃馨　小蒼蘭

製作說明

　　可愛的木蓮花不管是裝飾在杯子蛋糕或是單顆蛋糕上都能呈現出可愛的氛圍，舉例來說，依照主圖康乃馨、小蒼蘭的滿版捧花式擺放，以及大理花單朵的華麗感覺，配上木蓮花的小花圈，更能增添不同層次的美感。且在杯子蛋糕上的色彩應用可以更花俏一些去做搭配，杯子蛋糕彼此之間的色彩不管是顏色多變，或是偏向單一色調，都很耐看！

　　當然，若是將木蓮花擺放成捧花式的造型，也很典雅，所以木蓮花算是能夠隨心所欲應用的造型，對於初學者的蛋糕組裝來說相當有幫助喔！

配色

聖誕玫瑰
CHRISTMAS ROSE

DECORATING TIP 花嘴

底座｜ #102
花瓣｜ #102（花嘴上窄下寬，大朵使用 #104）
花蕊｜平口花嘴

COLOR 顏色

花瓣色｜●深紫色、●紫色
花蕊色①｜●橄欖綠、●金黃色
花蕊色②｜○白色
花粉色｜●咖啡色

步驟說明 STEP BY STEP

• 底座製作

01 以 #102 花嘴在花釘上以逆時針轉、花嘴順時針擠出直徑約 1 公分的圓形後切斷豆沙霜。

02 承步驟 1，將豆沙霜在同一位置繼續向上疊加，在花釘上擠出高約 1.5 公分的豆沙霜。

03 承步驟 2，將花嘴向花釘輕壓，以切斷豆沙霜，即完成底座。

• 花瓣製作

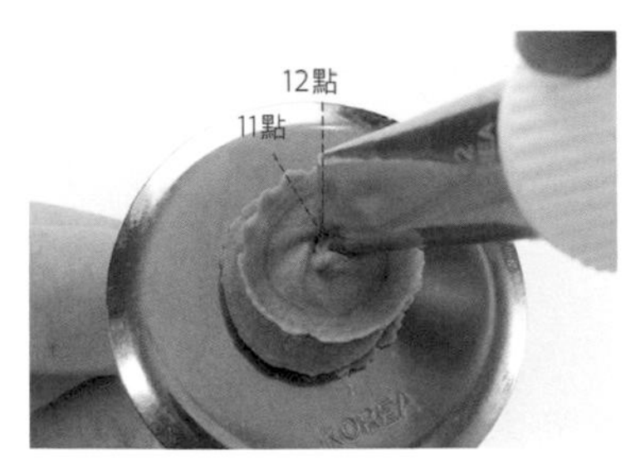

04 將 #102 花嘴根部以 12 點鐘方向插入底座中心。

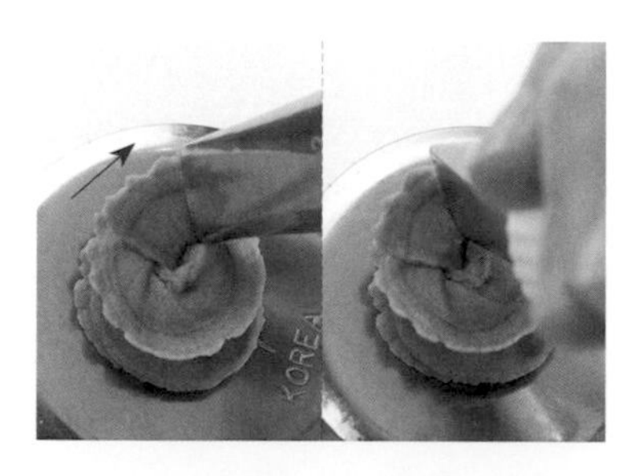

05 承步驟 4，將花釘逆時針轉、花嘴順時針平行往右上角擠出扇形片狀後停止，此為花瓣的左半部。

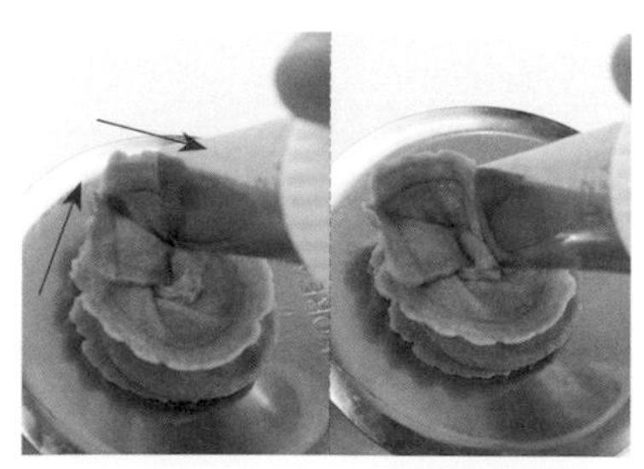

06 承步驟 5，接著將花嘴向右下擠出右半部花瓣，並往底座向底座輕壓後提起離開，即完成第一片花瓣。

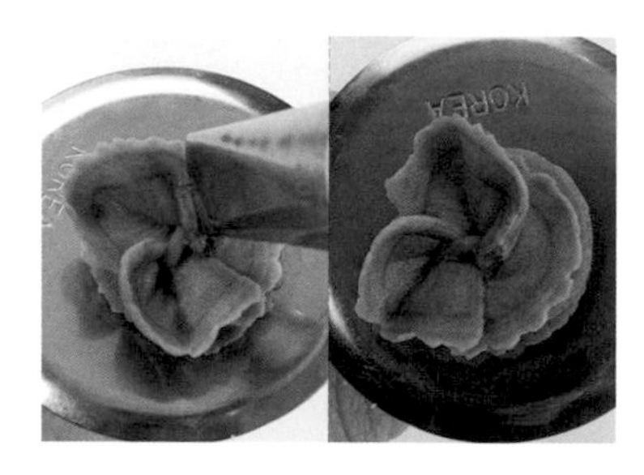

07 重複步驟 4-6，將花嘴插入第一片花瓣側邊，擠出第二片花瓣。

08 重複步驟 4-6，完成共五片花瓣。

09 如圖，第一層花瓣完成。

10 將花嘴根部插入底座中心。

11 承步驟 10，將花釘逆時針轉、花嘴順時針擠出扇形片狀後停止。

12 承步驟 11，將花嘴根部往中心點直接移動，製造出花瓣翻起效果，即完成第二層第一片花瓣。

13 重複步驟 10-12，擠出第二片花瓣。

14 重複步驟 10-12，隨機從剩下的三瓣中挑選一瓣製作，完成共三片花瓣。

15 如圖，第二層疊加花瓣完成，只須三瓣即可。

・花蕊製作

16 以白色平口花嘴在花朵中心擠出長條狀花蕊。

17 重複步驟16，在花心上擠出多條花蕊。

18 以黃色平口花嘴在花蕊側邊擠出長條狀花蕊。

19 重複步驟18，在花蕊上堆疊擠出多條花蕊。

20 先以牙籤沾取咖啡色顏料後，再沾在花蕊上，即完成花粉製作。

21 如圖，聖誕玫瑰完成。

聖誕玫瑰製作
影片 QRcode

聖誕玫瑰

CHRISTMAS ROSE

聖誕玫瑰　大理花

朝鮮薊　玫瑰

製作說明

聖誕玫瑰在裱花的時候須注意五瓣星型的大小要平均，不要有單瓣過大或太小，才能維持聖誕玫瑰的型態完整，這與使用裱花袋時的施力有關，大部分的同學容易犯錯的點在於太用力導致擠出的花朵過大或是有不該出現的皺褶，因此力度的掌握是關鍵，如同一般扁平的花型，建議裱在烘焙紙上後，放置冷凍冰硬取出裝飾，才不至於在用花剪夾取時破壞花朵。在蛋糕裝飾的部分，聖誕玫瑰扁平的型態很適合花圈造型的擺放，可以兩到三朵互相推疊的方式疊加放置，能夠讓花圈看起來更立體。

配色

海芋
CALLA LILY

DECORATING TIP 花嘴

花瓣｜ #118（花嘴上窄下寬）
花蕊｜ #13

COLOR 顏色

花瓣色｜○白色
花蕊色｜●金黃色、○白色

步驟說明 STEP BY STEP

◆ 花瓣製作

01 在花釘中心擠一點豆沙霜。

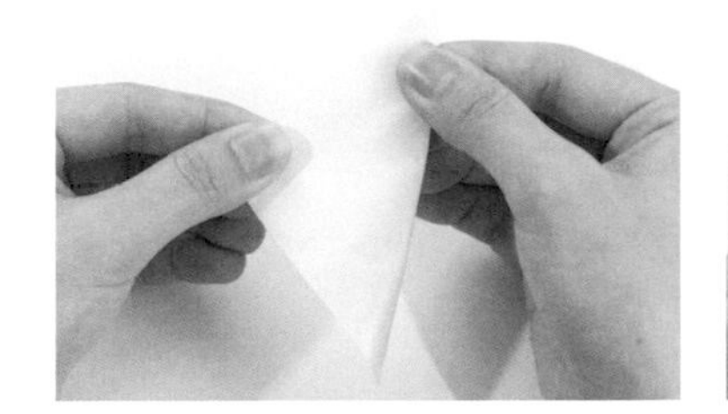

02 先將方型烘焙紙對折後放在花釘上，再用手按壓固定。

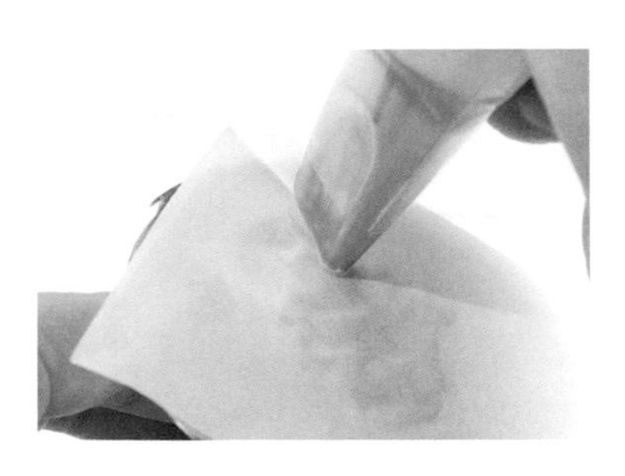

03 將 #118 花嘴以 12 點鐘方向放在方型烘焙紙的對折線上，邊擠豆沙霜邊往下緩慢移動。

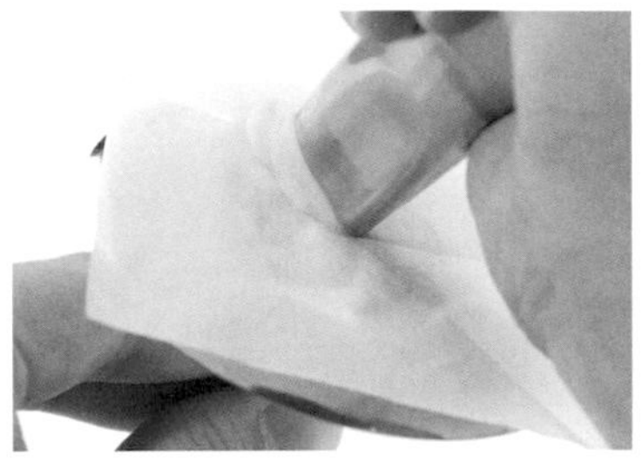

04 接著將花嘴前端立起後緩慢往下，到花朵中間處將花嘴往左邊傾倒。

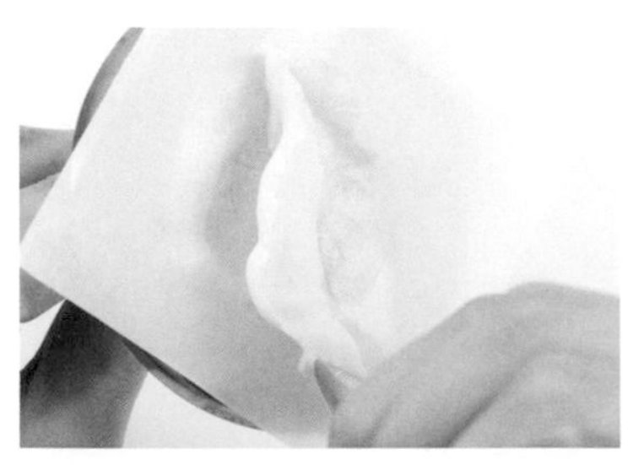

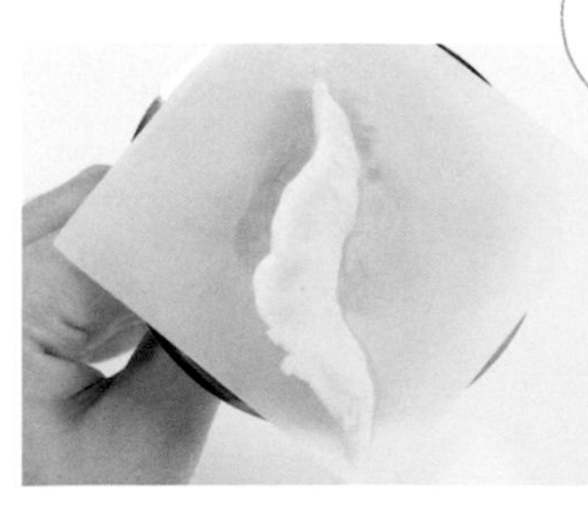

05 承步驟 4，於結尾處將花嘴向下輕壓以切斷豆沙霜，即完成第一片花瓣。

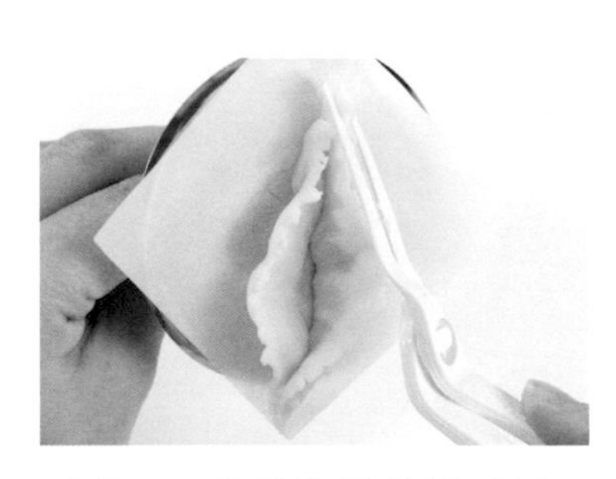

06 重複步驟 3，將花嘴放在第一片花瓣上側，邊擠豆沙霜邊往下緩慢移動，並於花朵中間處向右傾倒。

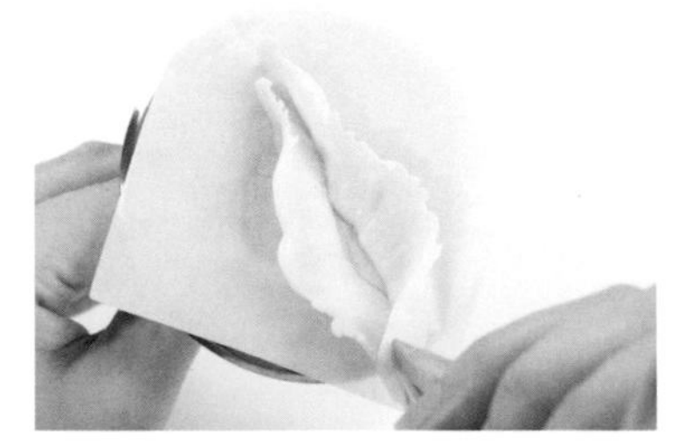

07 承步驟 6，於結尾處將花嘴向下輕壓以切斷豆沙霜，即完成第二片花瓣。

08 以花剪修剪花瓣毛邊，使邊緣更平整。

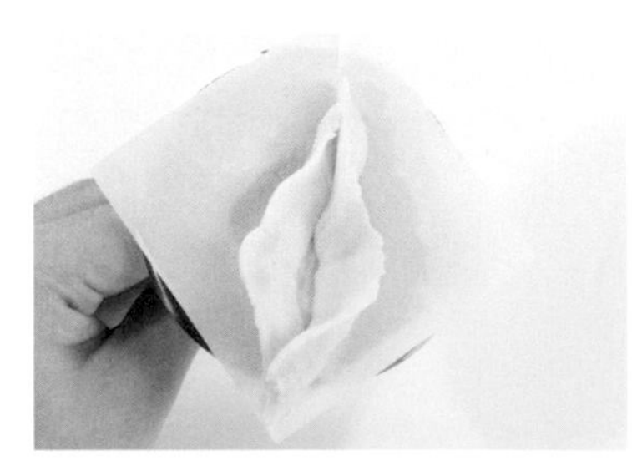

09 如圖，花瓣修剪完成。

10 以牙籤將花瓣側邊多餘的豆沙霜切除。

· 花蕊製作

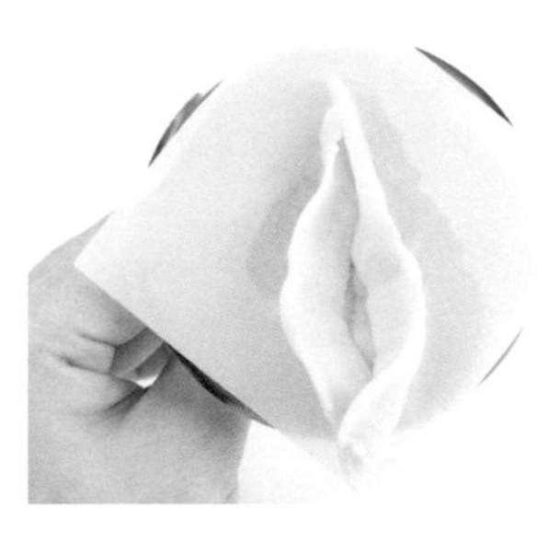

11 如圖，花瓣完成。

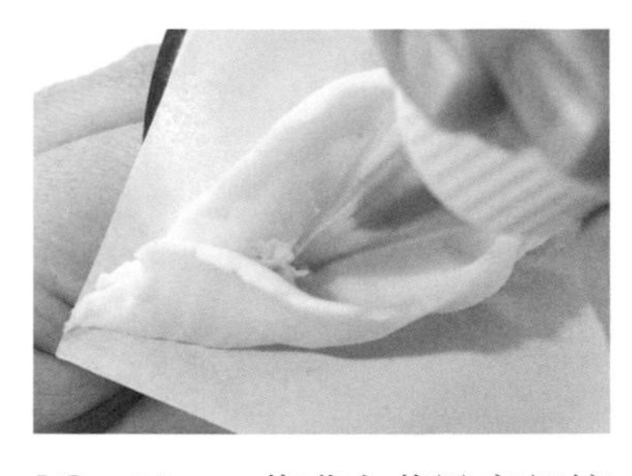

12 以 #13 花嘴在花瓣底部擠出尖錐形，為花蕊。

13 重複步驟 12，依序完成尖錐形花蕊製作。

14 如圖，海芋完成。

海芋製作
影片 QRcode

海芋

CALLA LILY

海芋 牡丹 玫瑰 松蟲草 繡球花

製作說明

海芋和大部分的花朵不同，是屬於狹長型的型態，也正因為這種特殊的型態，在擺放時要特別注意方向性，不要每一朵都朝著同一方向指，會感覺比較呆板，可以像主圖中做交疊式的擺放並且尖端朝向不同方向，其他的花朵可環繞邊緣往不同方向做放射狀擺放，看起來會讓整個花圈型態更自由一點，甚至露出一些花圈中的空隙也無妨。

蛋糕的底色有時可因為花朵做調整，不一定每個蛋糕只能抹上白色抹面，加上一點灰灰的色調也別有一般風味。

配色

蠟花

WAX FLOWER

蠟花

WAX FLOWER

DECORATING TIP 花嘴

底座｜平口花嘴
花瓣｜ #59S（花嘴凹面朝內）
花蕊｜平口花嘴
花瓣紋路｜平口花嘴

COLOR 顏色

花瓣色｜●紅色、●黑色
花蕊色｜○白色
花瓣紋路色｜○白色

步驟說明 STEP BY STEP

・底座製作

01 以平口花嘴在花釘上以繞圈方式擠出豆沙霜。

02 承步驟 1，將豆沙霜在同一位置繼續向上疊加，在花釘上擠出直徑約 1 公分 × 高 0.5 公分的豆沙霜，作為底座。

・花瓣製作

03 將 #59S 花嘴以 12 點鐘方向插入底座中心。

04 承步驟 3，將花釘逆時針轉、花嘴順時針擠出圓扇形片狀。

05 承步驟 4，將花嘴向底座輕壓以切斷豆沙霜，即完成第一片花瓣。

06 重複步驟 3-5，在第一片花瓣側邊，約 0.1 公分處插入花嘴後，擠出第二片花瓣。

07 重複步驟 3-6，完成共五片花瓣。

• 花蕊及花絲製作

08 以平口花嘴在花朵中心拉擠出長條狀，即完成花蕊。

09 以平口花嘴在花瓣尾端點上白色的花瓣紋路。

10 重複步驟 9，以花蕊為中心，順時針擠出點狀花瓣紋路。

11 如圖，蠟花完成。

花瓣開合角度

蠟花製作
影片 QRcode

蠟花

WAX FLOWER

蠟花　松蟲草　牡丹

玫瑰　木蓮花

製作說明

小巧的蠟花如冬日裡的暖陽一般可愛，在復古的配色中裝飾些許蠟花，可以讓整體的感覺不至於太沈重，所以當製作顏色較復古的蛋糕時，有時可以加上一點蠟花點綴。

蠟花的裝飾技巧可以如寒丁子一般，進行小花叢式的組裝，在蛋糕上擠一球底座，並將蠟花貼附在底座上拼接成小花叢，最後於花叢間擠上葉子，便完成了。此外，也可如主圖中所示範，將蠟花三三兩兩的裝飾在蛋糕空隙間，也能夠讓蠟花點亮整個蛋糕的細節。

配色

大理花
DAHLIA

大理花

DAHLIA

DECORATING TIP 花嘴

底座｜ #104　　內層花瓣｜ #349

外層花瓣｜ #104（花嘴上窄下寬）

COLOR 顏色

花瓣色｜●膚色、○白色、●淺粉色

步驟說明 STEP BY STEP

・底座製作

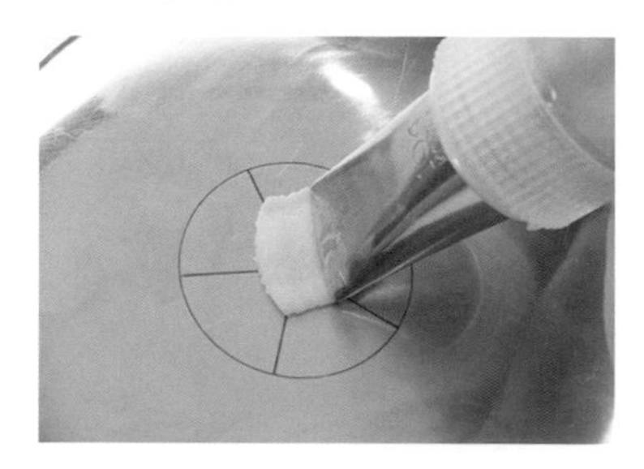

01 以 #104 花嘴在花釘中心擠一點豆沙霜。

02 將方型烘焙紙放置在花釘上，並用手按壓固定。

03 以 #104 花嘴在花釘上以逆時針轉、花嘴順時針擠出直徑約 2.5 公分的圓形後，將花嘴向花釘輕壓，以切斷豆沙霜，即完成底座。

04 如圖，底座完成。

・外層花瓣製作

05 將 #104 花嘴以 12 點鐘方向插入底座。

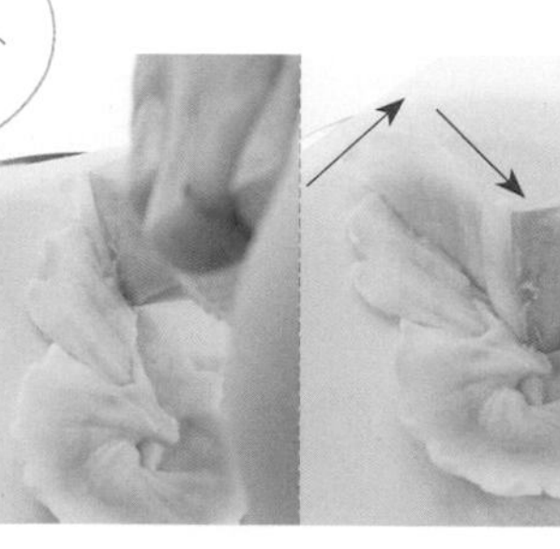

06 承步驟 5，將花嘴向右上角擠出豆沙霜後停止，接著再將花嘴往右倒並向下移動擠出。

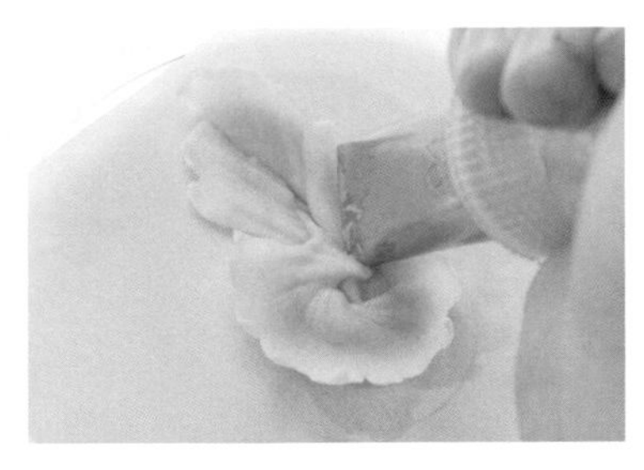
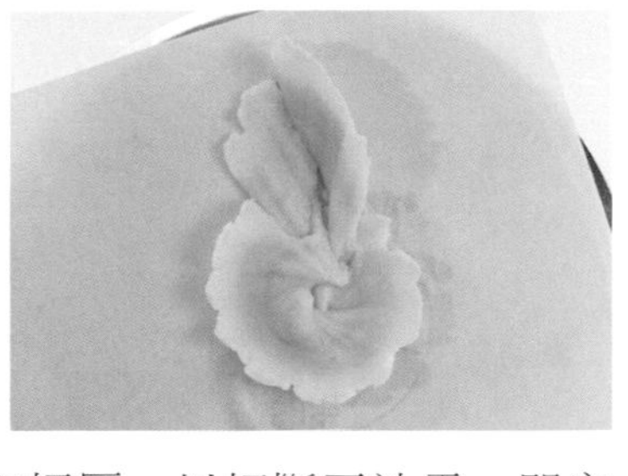
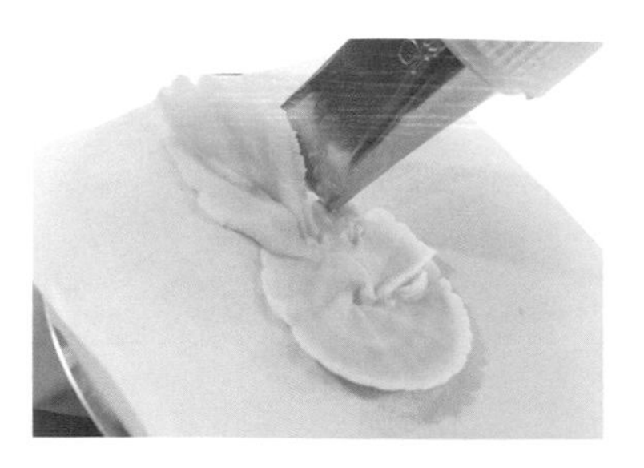

07 承步驟 6，將花嘴向底座輕壓，以切斷豆沙霜，即完成第一片花瓣。

08 重複步驟 5，將花嘴放在第一片花瓣右側。

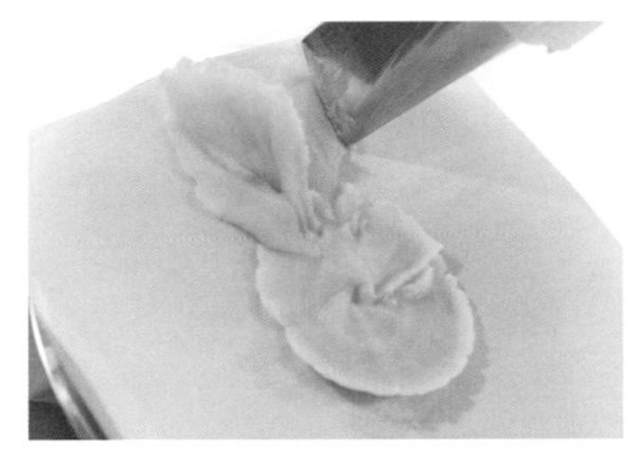
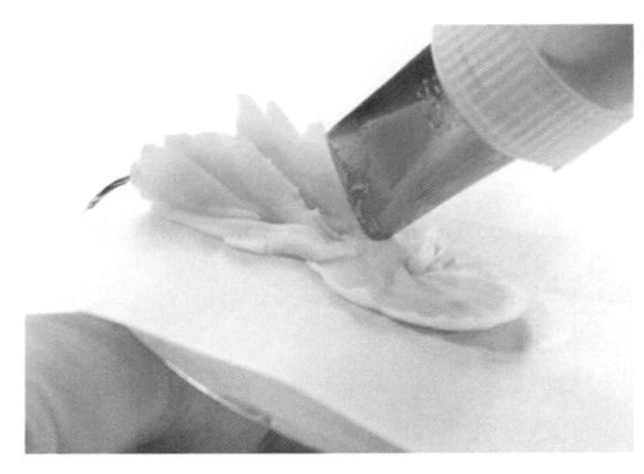
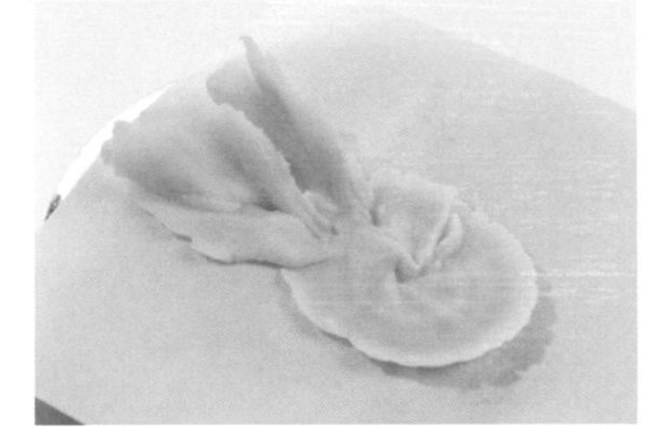

09 重複步驟 6-7，往右上擠出第二片左半部花瓣，並於右半部返回時將花嘴直立收起，表現半開姿態。

花瓣的開合大小，可依照個人喜好以花嘴傾斜角度調整。

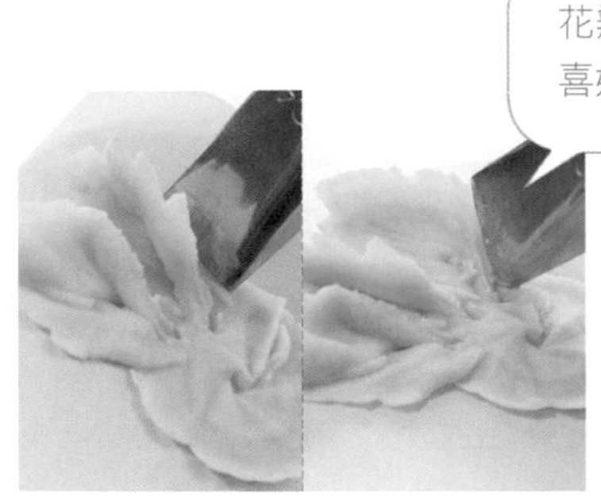

10 重複步驟 5-7，擠出第三片花瓣。

11 重複步驟 5-10，依序擠出花瓣。

12 重複步驟 5-10，完成一整圈花瓣。

13 如圖，第一層花瓣完成。

14 開始製作第二層花瓣時，將花嘴根部靠往內約 1 公分，並擠上一小陀底座。

15 將花嘴靠上步驟 14 的底座上，向右上角擠出豆沙霜後停止，接著再將花嘴往右倒向下移動擠出。

16 承步驟 15，將花嘴向底座輕壓以切斷豆沙霜，即完成第二層第一片花瓣。

17 重複步驟 14-16，完成第二層花瓣。

18 將花嘴根部向中心靠約 1 公分，並重複步驟 14-16，完成第三層第一片花瓣。

• 內層花瓣製作

19 重複步驟 18，完成第三層花瓣。

20 將 #349 花嘴以繞圈方式擠出條狀的豆沙霜，堆疊成底座。

21 重複步驟 20，持續擠出豆沙霜，呈現小山丘後，將花嘴稍微向下切斷豆沙霜。

22 如圖，花蕊完成。

TIP

23 將花嘴在花蕊側邊任意向上拉擠出條狀豆沙霜包覆底座，為內層花瓣。

24 重複步驟 23，依序擠出花瓣。

25 將花嘴在側邊任意往外拉擠出條狀豆沙霜，使花瓣呈現盛開的自然感。

26 最後，重複步驟 25，依序擠出盛開的更大花瓣即可。

27 如圖，大理花完成。

大理花製作
影片 QRcode

大理花

DAHLIA

大理花　梔子花　棉花

製作說明

比起將大理花放在整顆大蛋糕上的擺放，其實大理花也更適合在杯子蛋糕上進行妝點，由於單朵的花瓣層次豐富，可以直接放一朵主花作為主角裝飾，帶來視覺上清新的感受，擺放的時候可將葉子先襯在底部，調上不同的葉子顏色，讓畫面更加豐富且有層次感。

一旁的棉花與梔子花可以為華麗的大理花增加可愛的氛圍，且不至於搶走大理花主花的風采，所以建議搭配大理花為主花的時候，選擇一些顏色清淡或是可愛種類的花型做擺放，甚至有的時候做一些果實點綴就已足夠。

配色

梔子花
GARDENIA

DECORATING TIP 花嘴

底座｜ #120

花瓣｜ #120（花嘴上窄下寬）

COLOR 顏色

花瓣色｜金黃色、紅褐色、白色

步驟説明 STEP BY STEP

・底座製作

01 在花釘中心擠一點豆沙霜。

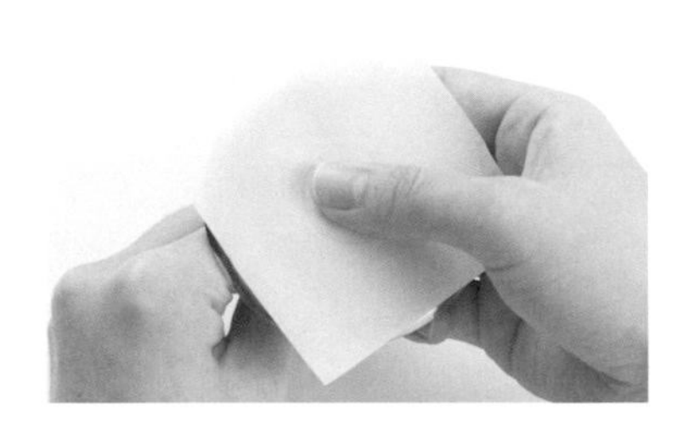

02 將方型烘焙紙放置在花釘上，並用手按壓固定。

03 以 #120 花嘴在花釘上以逆時針轉、花嘴順時針擠出直徑約 2.5 公分的圓形豆沙霜後，將花嘴稍微向下以切斷豆沙霜。

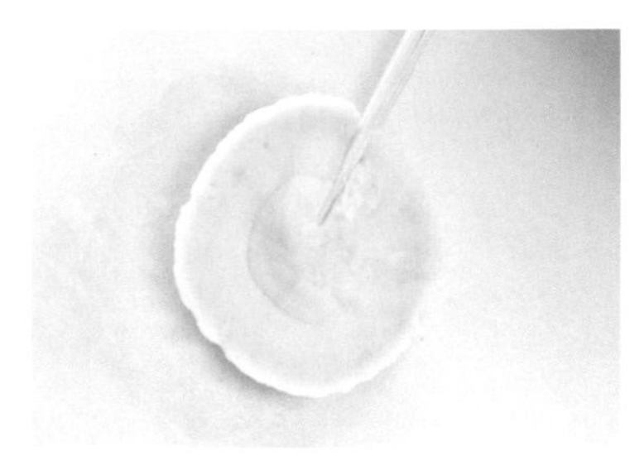

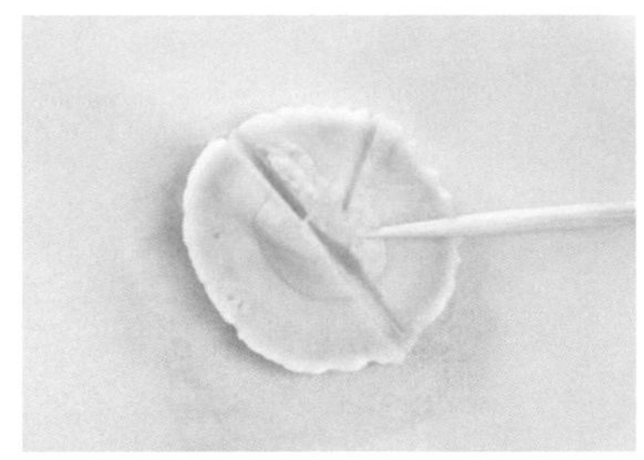

04 以牙籤在豆沙霜上壓出切痕，並將圓形豆沙霜分成六等分，即完成底座。

・花瓣製作

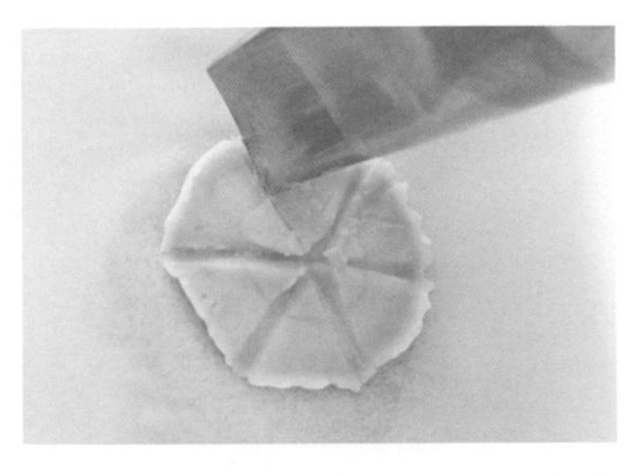

05 將 #120 花嘴以 11 點鐘方向插入底座中心。

06 將花嘴向右上角平行擠出豆沙霜，製作左半部花瓣。

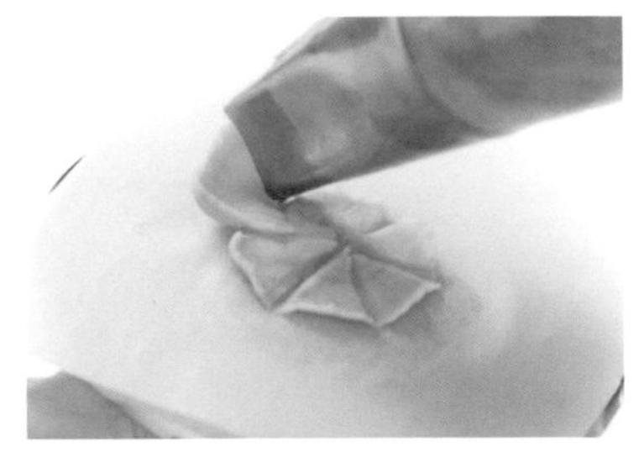

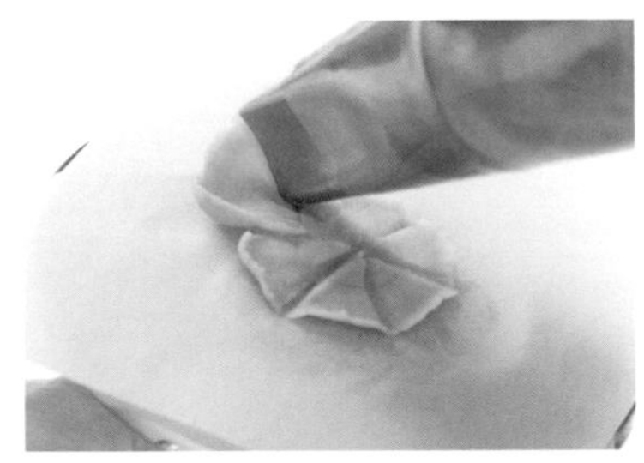

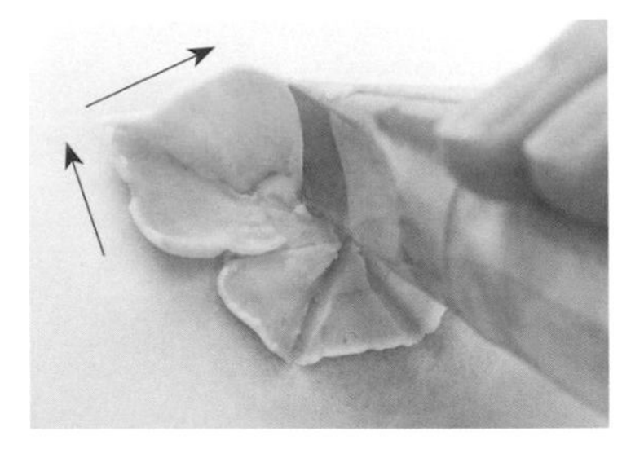

07 左半部花瓣完成後停止擠花，並將花嘴前端立起，接著將花嘴以往右傾倒方向製作右半部花瓣。

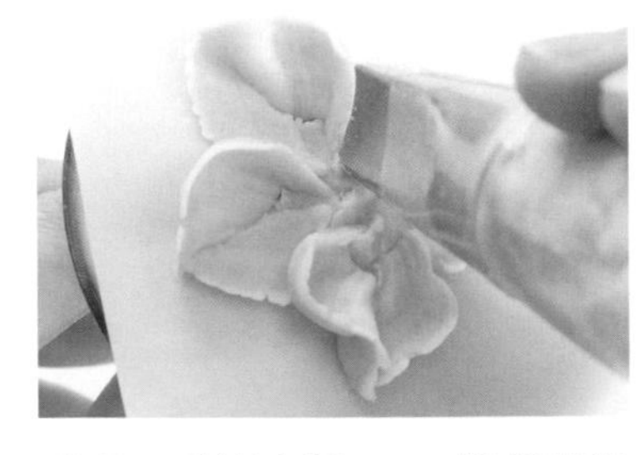

08 如圖，第一片花瓣完成。

09 重複步驟 6-7，將花嘴靠上作記號的底座，擠出第二片與第三片花瓣。

10 重複步驟 6-7，完成共六片花瓣。

11 如圖，第一層花瓣完成。

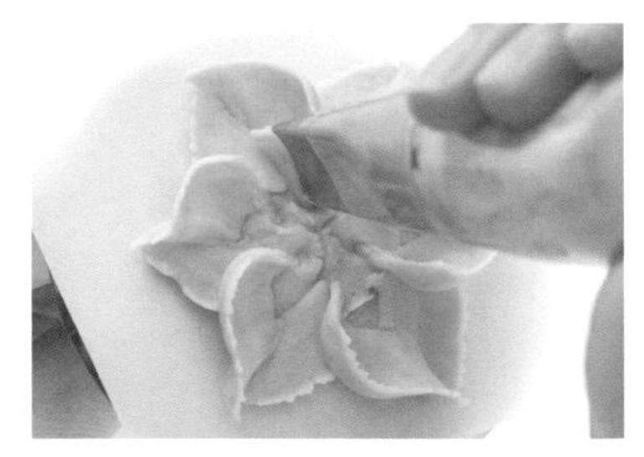

12 將花嘴向內移動 1 公分，重複步驟 6-7，製作第二層的第一片花瓣。

13 如圖，第二層第一片花瓣完成。

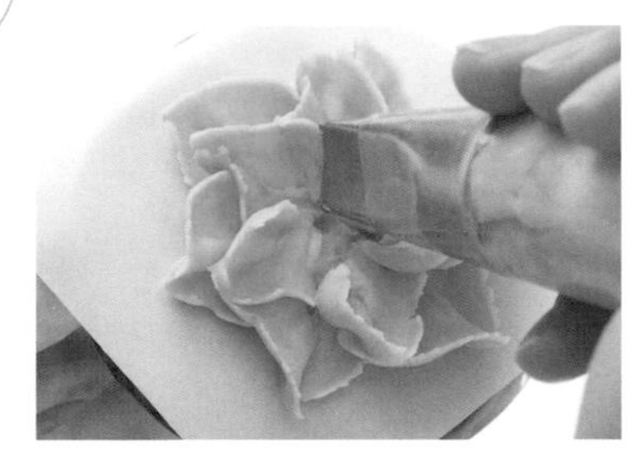

14 重複步驟 12-13，完成共五片花瓣。

15 將花嘴以垂直方向插入花瓣中心。

16 將花嘴向上拉擠出豆沙霜後往內傾倒，並順勢切斷，即完成內層第一片包覆花瓣。

17 重複步驟 15-16，依序完成共三片花瓣，呈現包覆感，為內層花瓣。

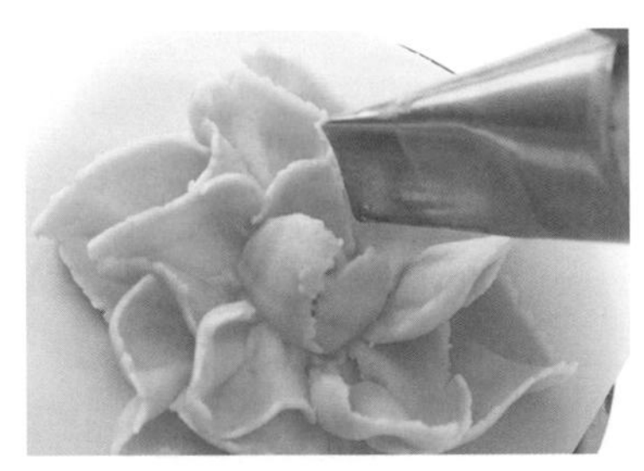

18 重複步驟 15-16，在花苞外圍依序擠出向外盛開的短瓣，呈現花瓣的層疊感。

19 如圖，梔子花完成。

KEY POINT

花瓣開合角度

梔子花製作
影片 QRcode

梔子花

GARDENIA

梔子花　洋甘菊　松蟲草

製作說明

誰說梔子花只能永遠是白色的呢？如同主圖將梔子花染成橘黃色，在蛋糕的世界裡，可以因為顏色的搭配而改變花朵本身的顏色，這就是裱花蛋糕有趣而神奇的地方。

在製作梔子花時須注意一些重點，例如完成的花朵邊緣要維持尖角的形狀，這是梔子花花瓣的特徵。而在製作由外往內包覆的花瓣時，記得花嘴的角度轉變須由外倒至立起，才不會讓花型不夠立體。由於其外圍花瓣扁平的型態，和大理花一樣，須先放置烘焙紙上裱好後冰入冷凍待其變硬取出。

配色

波斯菊
COSMOS

DECORATING TIP 花嘴

底座｜#102
花瓣｜#102（花嘴上窄下寬）
花蕊｜#13

COLOR 顏色

花瓣色｜鵝黃色、白色
花蕊色｜鵝黃色
花粉色｜咖啡色

步驟説明 STEP BY STEP

・底座製作

01 在花釘中心擠一點豆沙霜。

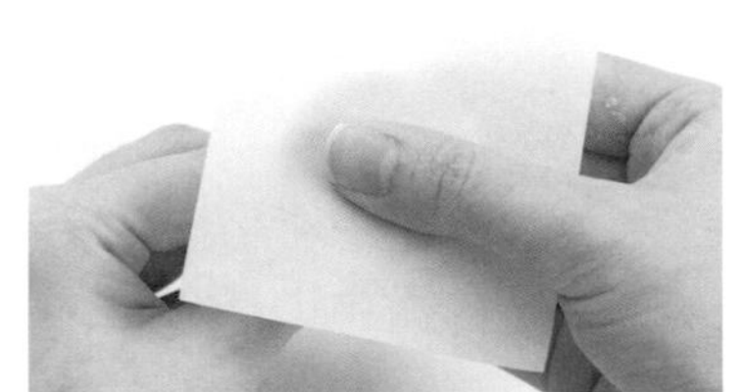

02 將方型烘焙紙放置在花釘上，並用手按壓固定。

03 以 #102 花嘴在花釘上以逆時針轉、花嘴順時針擠出直徑約 2.5 公分的圓形豆沙霜後，將花嘴稍微向下以切斷豆沙霜。

04 如圖，底座完成。

・花瓣製作

05 將 #102 花嘴根部靠上底座中心，前端翹起。

06 承步驟 5，將花釘逆時針轉、花嘴順時針並擺動擠出波浪形扇形花瓣。

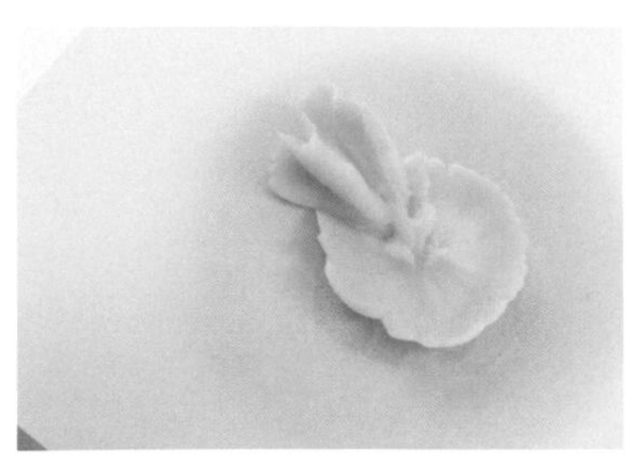
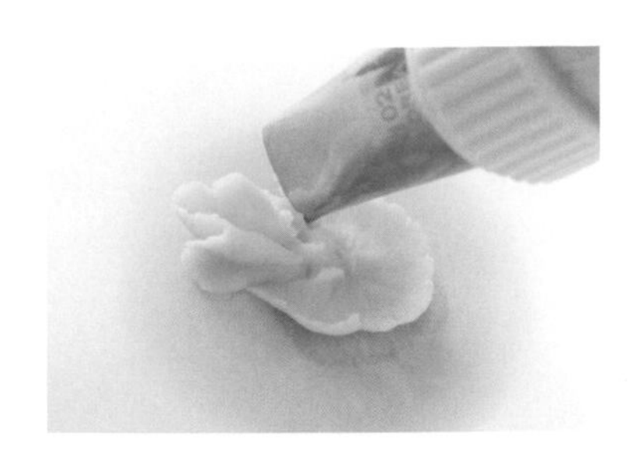

07 承步驟 6，將花嘴向底座輕壓，以切斷豆沙霜，即完成第一片花瓣。

08 將花嘴插入距離第一片花瓣右側約 0.2 公分處。

09 重複步驟 6-7，擠出第二片花瓣。

10 重複步驟 8-9，完成共五片花瓣。

11 如圖，第一層花瓣完成。

12 將花嘴根部插入第一層花瓣上側，並順著底部花瓣擠出豆沙霜後，花嘴根部向底座輕壓以切斷豆沙霜，即完成第二層第一片花瓣。

13 重複步驟 12，依序在第一層花瓣上側擠出豆沙霜。

14 如圖，第二層重疊花瓣完成。

15 將花嘴根部插入第二層花瓣上側，並順著底部花瓣擠出豆沙霜後，花嘴根部向底座輕壓以切斷豆沙霜，即完成第三層第一片花瓣。

16 重複步驟 12，依序在第二層花瓣上側擠出豆沙霜。

◆ 花蕊製作

17 如圖，第三層花瓣完成。

18 以 #13 花嘴在花瓣中心擠出小球狀。

19 重複步驟 18，繼續擠出小球狀，直到填滿花瓣中心，即完成花蕊。

20 以牙籤切除多餘的豆沙霜。

21 以牙籤沾取咖啡色顏料，點在花蕊上，為花粉。

22 如圖，波斯菊完成。

花瓣開合角度

波斯菊製作
影片 QRcode

波斯菊

COSMOS

奧斯丁玫瑰
波斯菊
玫瑰
繡球花
藍星花

製作說明

波斯菊對於初學者來說是一款 CP 值很高的花朵，在於它的型態容易掌握，一開始練習的時候可以用波斯菊來訓練手腕的靈活度，讓初學者成就感滿滿。在蛋糕擺放的部分，和松蟲草一樣，波斯菊同樣屬於較扁平的型態，可以做為蛋糕空隙的填補，也能夠單朵在月牙造型的尾端做裝飾，非常實用。

在擺放完波斯菊的蛋糕上，也能在蛋糕周圍擠上一些碎花瓣，製造出波斯菊飄落的效果，更能讓蛋糕增添自然可愛的氛圍。

配色

牡丹 花苞

PEONY BUD

DECORATING TIP 花嘴

底座｜#123

花瓣｜#123（花嘴凹面朝內）

花萼｜#123

COLOR 顏色

花瓣色｜粉色、白色

花萼色｜橄欖綠、白色

步驟說明 STEP BY STEP

・底座製作

01 以 #123 花嘴在花釘上擠出長約 1 公分長條形的豆沙霜。

02 承步驟 1，將豆沙霜在同一位置繼續向上疊加，在花釘上擠出長約 1 公分 × 高約 1.5 公分的豆沙霜後，將花嘴向底座輕壓並靠上花釘，以切斷豆沙霜，即完成底座。

・花瓣製作

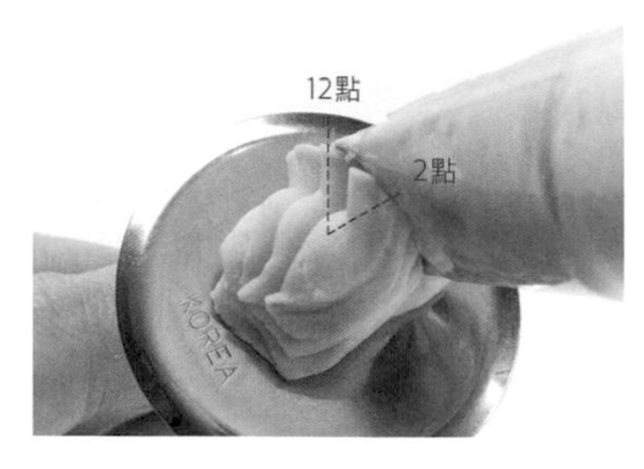

03 將 #123 花嘴以 2 點鐘方向放在底座側邊。

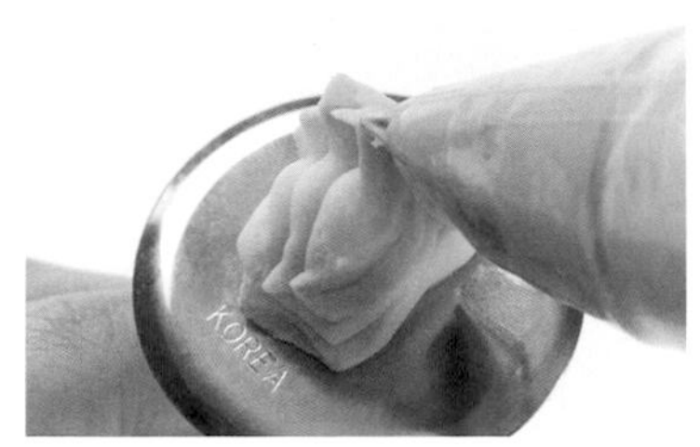

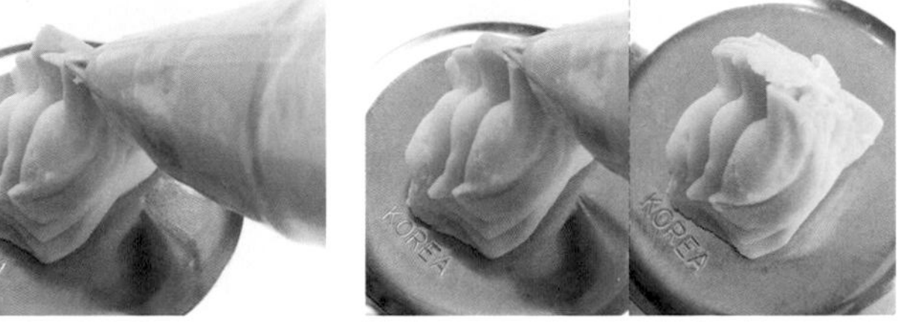

04 承步驟 3，將花嘴往上擠出弧形後往內傾倒包覆底座，即完成第一片花瓣。

05 重複步驟 3-4，將花嘴往上擠出弧形後，往內傾倒包覆底座，即完成第二片花瓣。

06 重複步驟 3-5，依序向下疊加花瓣。

07 重複步驟 3-5，依序往下疊加花瓣，呈現層層疊疊的花苞型態。

08 如圖，花苞完成。

• 花萼製作

09 將 #123 花嘴在 3 點鐘方向，由下往上製作花萼。

10 承步驟 9，到達花苞上方時，順著花苞弧度往內靠以切斷豆沙霜，為花萼。

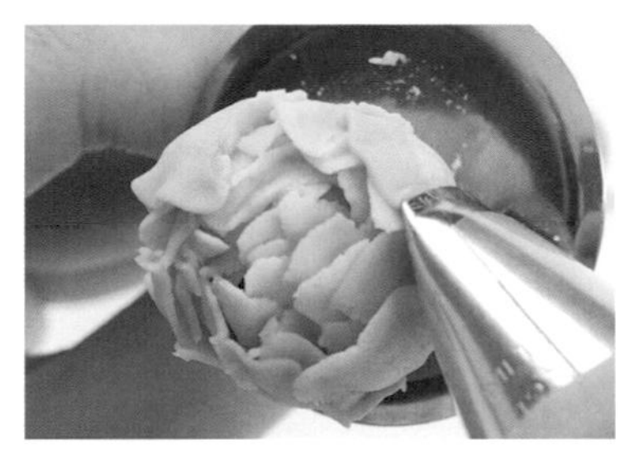

11 重複步驟 9-10，共完成三片花萼。

12 如圖，牡丹（花苞）完成。

花瓣開合角度

牡丹（花苞）
製作影片 QRcode

牡丹

花苞

PEONY BUD

牡丹全開　牡丹花苞

繡球花　木蓮花

製作說明

胖胖的牡丹花苞甚是可愛，因為這種圓胖的型態，讓牡丹花苞不管在捧花、花圈、或者是月牙造型的擺放上都很適合，而且牡丹花苞的層次豐富，會讓整顆蛋糕提升華麗的感覺。惟須注意的是，很多初學牡丹花苞的同學容易將每朵都裱的過大，甚至超過了全開牡丹的大小，這樣反而會有頭重腳輕的感覺，因此建議不要超過全開牡丹的大小為基準。

此外，也可試試製作大小不一的牡丹花苞尺寸，這樣在最後組裝的時候能夠依照蛋糕不同的空隙填入，而不會有一邊比較突出的突兀感。

配色

牡丹 半 開
HALF-OPEN PEONY

牡丹 ㊥半 開

HALF-OPEN PEONY

DECORATING TIP 花嘴

底座｜#123
花瓣｜#123（花嘴凹面朝內）

COLOR 顏色

花瓣色｜● 淺粉色、○ 白色、● 膚色

步驟説明 STEP BY STEP

• 底座製作

01 以 #123 花嘴在花釘上擠出長約 1 公分長條形的豆沙霜。

02 承步驟 1，將豆沙霜在同一位置繼續向上疊加，在花釘上擠出長約 1 公分 × 高約 1.5 公分的豆沙霜後，將花嘴向底座輕壓並靠上花釘，以切斷豆沙霜。

03 如圖，底座完成。

• 花瓣製作

04 將 #123 花嘴以 2 點鐘方向放在底座側邊。

05 承步驟 4，將花嘴往上擠出弧形後往內傾倒包覆底座，即完成第一片花瓣。

06 重複步驟 4-5，依序向下疊加花瓣，直至包覆底座。

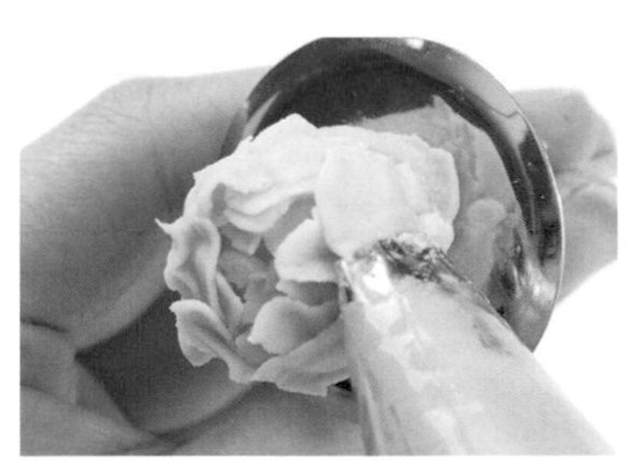

07 重複步驟 4-5，依序往下疊加花瓣，呈現層層疊疊的花苞型態以呈現花苞的型態。

• 外層花瓣製作

08 將 #123 花嘴以 4 點鐘方向插入花苞側邊。

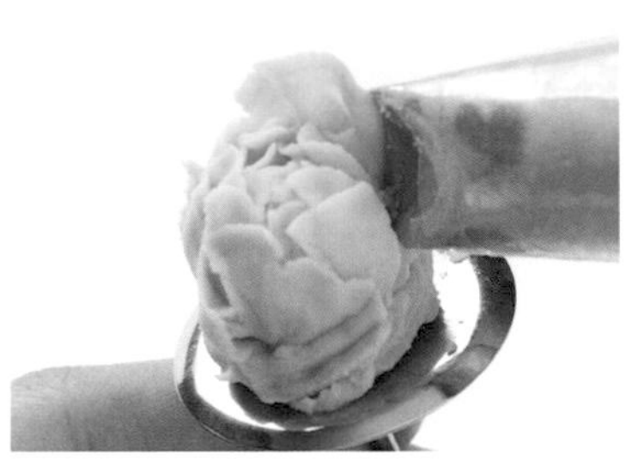

09 承步驟 8，在任一側邊使用花嘴由下往上製作一倒 U 弧形，結尾時將花嘴向側邊輕壓並靠上花釘，以切斷豆沙霜。

10 重複步驟 8-9，在同一花瓣後方依序擠出二～三片花瓣。

11 如圖，一側花瓣完成。

12 將花嘴以 4 點鐘方向插入步驟 11 花瓣右側，與前一區花瓣側邊保持 0.5 公分距離。

13 重複步驟 9，擠出另一側第一片花瓣。

14 重複步驟 8-9，依序擠出兩片花瓣。

15 如圖，另一側花瓣完成。

16 重複步驟 8-9，依序在另一側擠出三片花瓣。

17 如圖，第一層花瓣完成，為外層花瓣的基本主體。

18 將花嘴以 4 點鐘方向插入上一層花瓣間的空隙，並呈現 90 度角。

19 承步驟 18，擠出倒 U 形花瓣。

20 重複步驟 18-19，依序在其後重疊擠出倒 U 形花瓣，完成第二層的第一組花瓣。

21 將花嘴以 3 點鐘方向插入另一花瓣間的空隙中。

22 將花釘逆時針轉、花嘴順時針往右下角滑出擠出倒 U 形花瓣，將花嘴向底座輕壓並靠上花釘，以切斷豆沙霜。

23 重複步驟 21-22，依序在其後擠出倒 U 形花瓣，完成第二層的第二組花瓣。

24 將花嘴以反手姿態由 11 點鐘方向插入剩下的第三個花瓣的空隙中。

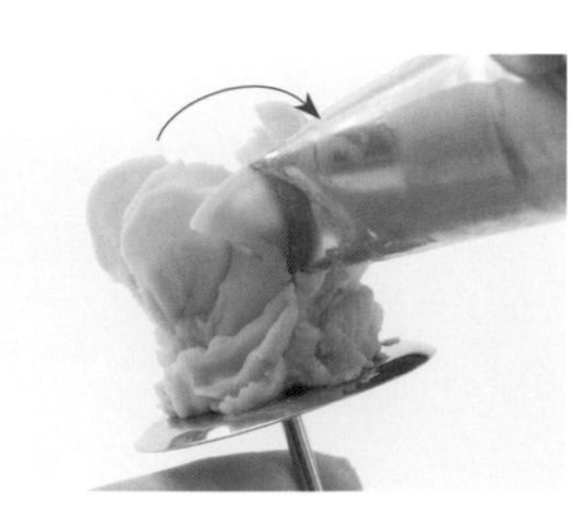
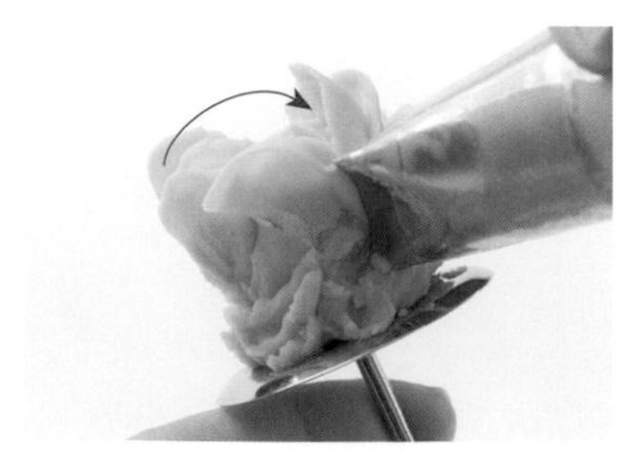

25 承步驟 24，將花釘順時針轉，花嘴逆時針由左至右擠出倒 U 形花瓣，將花嘴向底座輕壓並靠上底座，以切斷豆沙霜。

26 重複步驟 24-25，依序在其後疊加兩～三片花瓣。

27 如圖，第二層的第三組花瓣完成。

28 重複步驟 8-26，將倒 U 形花瓣隨機以不同方向交錯擠出。

29 如圖，牡丹（半開）完成。

牡丹（半開）
製作影片 QRcode

牡丹

半開

HALF-OPEN PEONY

牡丹
半開

製作說明

牡丹身為花中之王，喜愛蛋糕裝飾的人一定聽過此花，在各種牡丹的成長階段，每個姿態都有令人驚豔的地方，一出場就氣勢逼人。同學們可以細細觀察牡丹在花苞、半開、全開等等不同細微狀態下的變化，將其組裝在蛋糕上並搭配一些飄落的花瓣點綴，會讓蛋糕更具有自然風格的感覺。

若想在蛋糕上添加自然飄落的花瓣有兩種做法，一種是直接在蛋糕組裝完成後使用擠花袋中剩餘的豆沙或豆沙霜將花嘴貼附在蛋糕上擠出片片花瓣做裝飾，另外一種方法為事先在烘焙紙上擠上一些單片花瓣冰至冷凍，待冰硬後，有需要時，隨時能夠取出裝飾。

配色

牡丹 全開
PEONY

牡丹 全 開

PEONY

DECORATING TIP 花嘴

底座｜ #123
雌蕊｜平口花嘴
雄蕊｜平口花嘴
花瓣｜ #123（花嘴上窄下寬）

COLOR 顏色

雌蕊色｜●橄欖綠
雄蕊色｜●橘黃色
花瓣色｜●粉色
花粉色｜●紅色

步驟說明 STEP BY STEP

・底座製作

01 以 #123 花嘴在花釘上以逆時針轉、花嘴順時針擠出直徑約 2.5 公分的圓形豆沙霜。

02 承步驟 1，將豆沙霜在同一位置繼續向上疊加，在花釘上擠出高約 1.5 公分的豆沙霜。

03 承步驟 2，將花嘴向底座輕壓，以切斷豆沙霜，即完成底座。

・雌蕊製作

04 以平口花嘴先在底座中心擠出球狀後，順勢往上拉後往內，形成胖水滴狀。

05 重複步驟 4，以底座中心為基準，環狀擠出胖水滴狀。

06 如圖，雌蕊完成。

• 雄蕊製作

07 以平口花嘴在雌蕊側邊擠出細絲狀，為雄蕊。

08 重複步驟 7，完成雄蕊。

• 花瓣製作

09 將 #123 花嘴以 4 點鐘方向垂直插入雄蕊側邊。

10 承步驟 9，將花釘逆時針轉、花嘴順時針擠出片狀小花瓣。

花瓣間須留一些空隙，以免花瓣過近而黏在一起。

11 重複步驟 9-10，在距離第一片花瓣側邊 0.2 公分處擠出第二片與第三片花瓣。

12 重複步驟 9-10，共擠出五片花瓣。

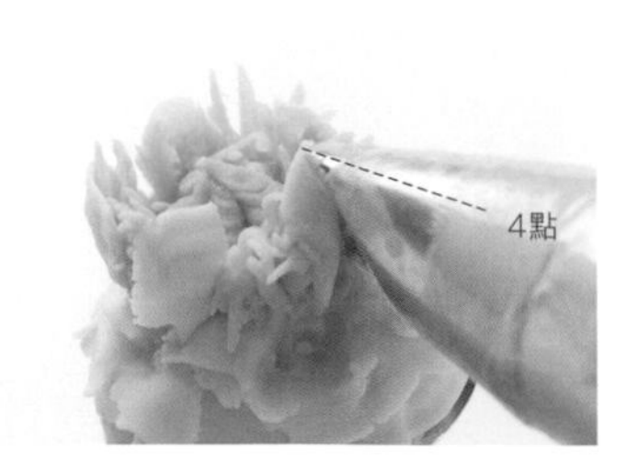

13 將花嘴以 4 點鐘方向放在任一片花瓣上，由上往下重疊花瓣。

14 重複步驟 13，繼續重疊兩～三片花瓣。

15 接著在剩下的四片花瓣上，重複步驟 13-14 疊加花瓣。

16 如圖，第一層花瓣完成。

17 將花嘴插入第一層任一片花瓣空隙中。

18 承步驟 17，擠出倒 U 形花瓣，並重複疊加相同花瓣在其後。

19 如圖，第二層第一組花瓣完成。

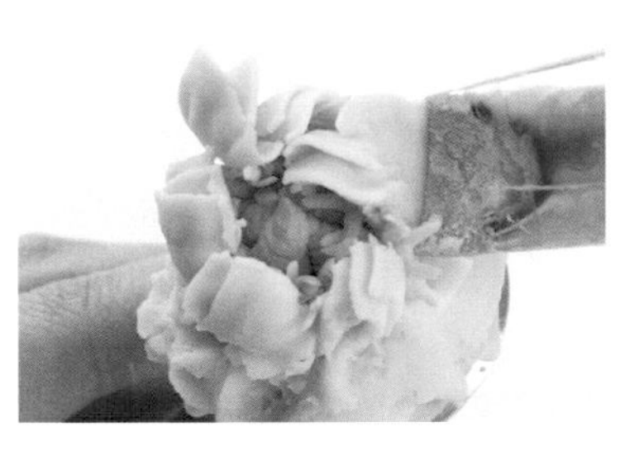

20 將花嘴插入第一層另一花瓣空隙中。

21 重複步驟 18，擠出疊加的倒 U 形花瓣，完成第二層的第二組花瓣。

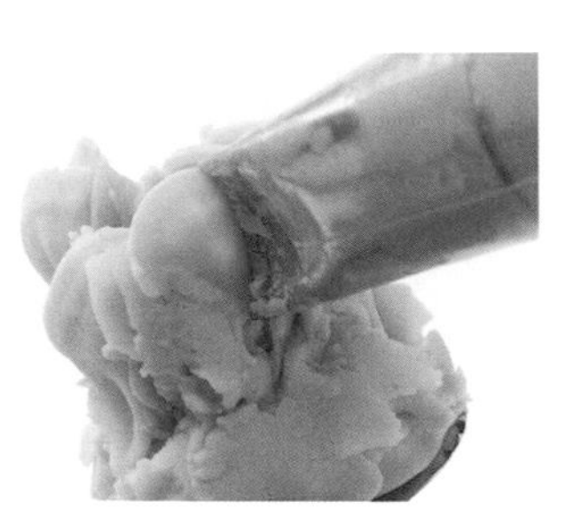

22 將花嘴插入第一層任一片花瓣空隙中，擠出倒 U 形花瓣後，順勢將花嘴向底座輕壓，以切斷豆沙霜。

23 重複步驟 22，依序疊加花瓣，完成第二層花瓣的第三組花瓣。

24 如圖，第二層花瓣完成。

25 重複步驟 17-23，隨機疊加花瓣。

26 如圖，牡丹主體完成。

27 以牙籤沾取紅色顏料。

28 承步驟 27，將紅色顏料點在雄蕊上。

29 如圖，牡丹（全開）完成。

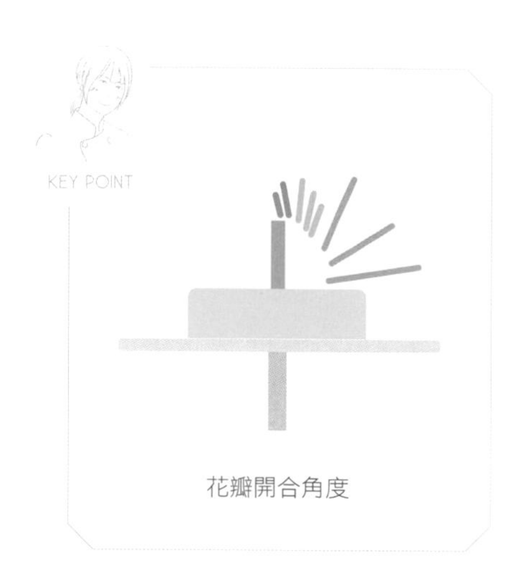

牡丹（全開）
製作影片 QRcode

牡丹
全開
PEONY

牡丹全開　梔子花　繡球花　雪果　松蟲草

製作說明

全開的牡丹花無疑是蛋糕上的吸睛焦點，若是以全開牡丹作為主花，這時候配角的顏色就很重要了，既不能搶了主角的風采，又要能襯托主花牡丹的美，配角須迎合主花做顏色上的選擇，以圖片來說，若是希望柔和一點的感覺，配花可以選擇飽和度較低的杏色、白色、淺灰色等元素作同色系的變化。若是希望能夠豐富一點的感覺，配花的顏色可以挑上幾個對比色系做變化，例如藍色、綠色、藍綠色等相關色。

記得不要只專注在主花的顏色，配花一旦有所改變，整個蛋糕的風貌也會隨之不同喔！

配色

迷你繡球花
MINI HYDRANGEA

DECORATING TIP 花嘴

底座｜平口花嘴
花瓣｜ #59S（花嘴凹面朝內）
花蕊｜平口花嘴

COLOR 顏色

花瓣色｜●藍綠色、●深紫色
花蕊色｜●橘黃色

步驟說明 STEP BY STEP

• 底座製作

01 以平口花嘴在花釘上以繞圈方式擠出豆沙霜。

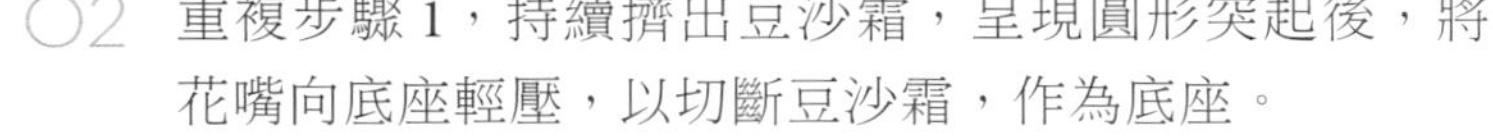

02 重複步驟 1，持續擠出豆沙霜，呈現圓形突起後，將花嘴向底座輕壓，以切斷豆沙霜，作為底座。

• 花瓣製作

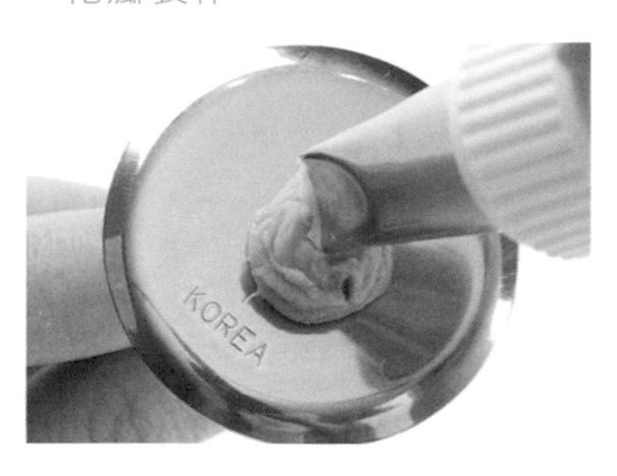

03 將 #59S 花嘴根部插入底座中心。

04 承步驟 3，將花嘴根部往右上角移動後，接著往右下角返回起始點製作，即完成菱形花瓣。

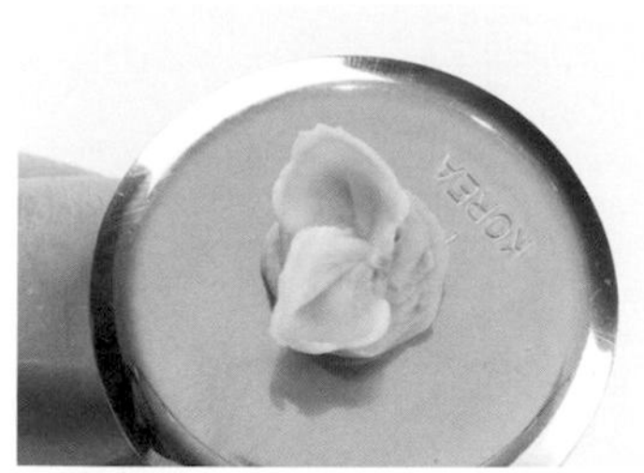

05 如圖，第一片花瓣完成。

06 重複步驟 3-4，將花嘴插入第一片花瓣側邊，擠出第二片花瓣。

◆ 花蕊製作

07 重複步驟 3-6，完成共四片花瓣。

08 以平口花嘴在花朵中心擠出小球狀。

09 如圖，迷你繡球花完成。

迷你繡球花製作
影片 QRcode

迷你繡球花

MINI HYDRANGEA

進階繡球　牡丹

製作說明

進階繡球相較基礎版本的不同之處在於，須掌握小花嘴的移動速度與擠壓裱花袋的力道，使兩者互相配合，通常易犯的錯誤為擠出的力道太大，導致繡球花偏離底座不成花型，另外就是擠出力道不夠時，因為花瓣過於薄透，擠出的花瓣無法完整的依附在底座上，以上為初次擠花較易犯錯的重點。在裝飾的部分，花叢是最經典的的擺放方式，一朵朵的拼在底座上後，記得在縫隙間使用 #352 花嘴擠上葉子，鮮活的花叢就完成了。

配色

進階陸蓮
RANUNCULUS

DECORATING TIP 花嘴

底座 | 平口花嘴
花心 | 平口花嘴
內層花瓣 | #104（花嘴上窄下寬）
外層花瓣 | #125（花嘴上窄下寬）

COLOR 顏色

花心色 | ●橄欖綠
內層花瓣色 | ●橄欖綠
外層花瓣色 | ●粉色、●深紫色
花粉色 | ●咖啡色

步驟説明 STEP BY STEP

• 底座製作

01 以平口花嘴在花釘上以繞圈方式擠出豆沙霜。

02 重複步驟 1，持續擠出豆沙霜，呈現高約 1 公分的圓形後，將花嘴向底座輕壓，以切斷豆沙霜，作為底座。

• 花心製作

03 以平口花嘴在底座上以繞圈方式疊加豆沙霜，呈現小山丘後，將花嘴向底座輕壓，以切斷豆沙霜，即為花心。

04 先以牙籤沾取咖啡色顏料後，沾上花心周圍。

05 將 #104 花嘴以 4 點鐘方向插入花心側邊。

• 內層花瓣製作

06 承步驟 5，將花釘逆時針轉、花嘴順時針繞著花心擠出豆沙霜後，將花嘴向下輕壓以切斷豆沙霜，即完成花心。

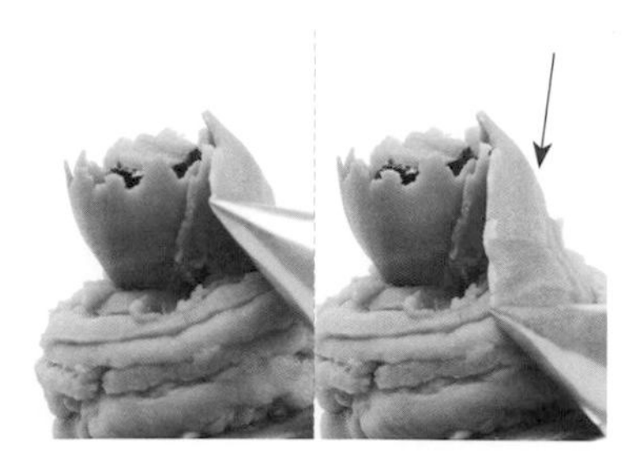

07 使用反手姿勢將 #104 花嘴由上往下方向擠出片狀花瓣，即完成第一片花瓣。

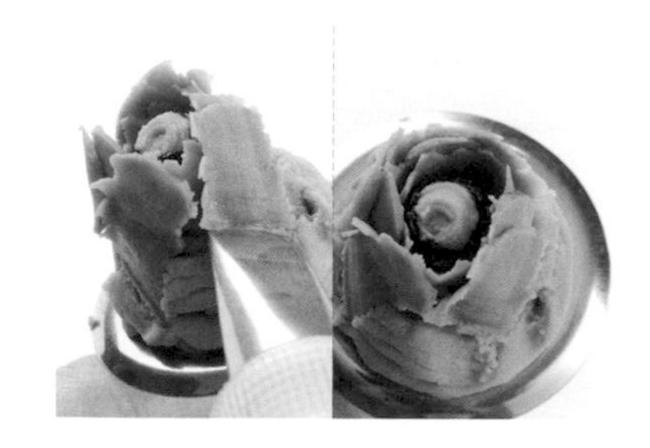

08 重複步驟 7，以花心為中心，依序擠出花瓣。

09 重複步驟 7-8，順著第一層花瓣依序擠出花瓣並包覆花心。

10 如圖，內層花瓣完成。

• 外層花瓣製作

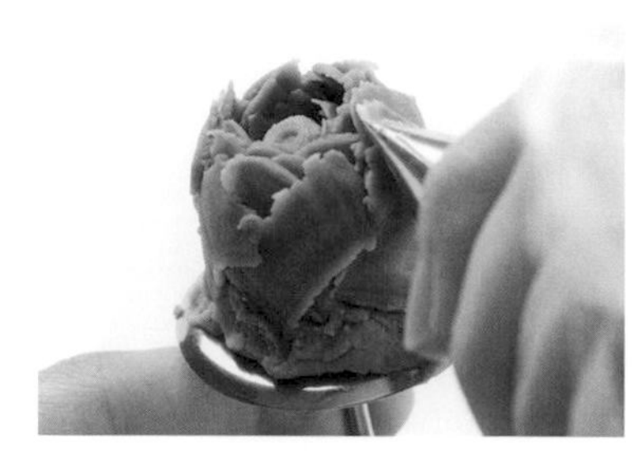

11 重複步驟 7，使用反手姿勢將 #125 花嘴由上往下方向擠出片狀花瓣，即完成外層第一片花瓣。

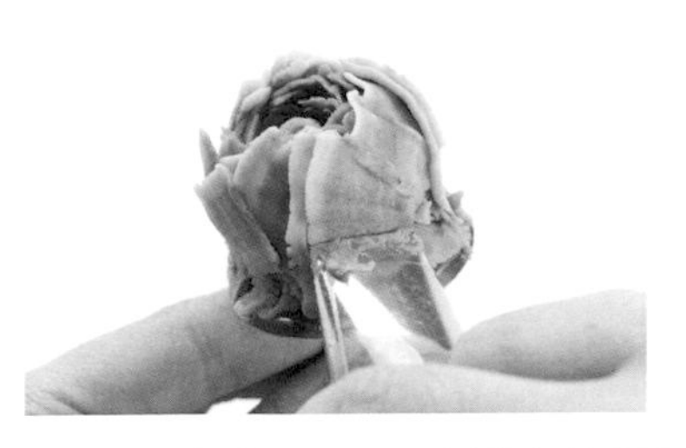

12 重複步驟 11，隨機在後疊加花瓣，完成外層第一圈花瓣。

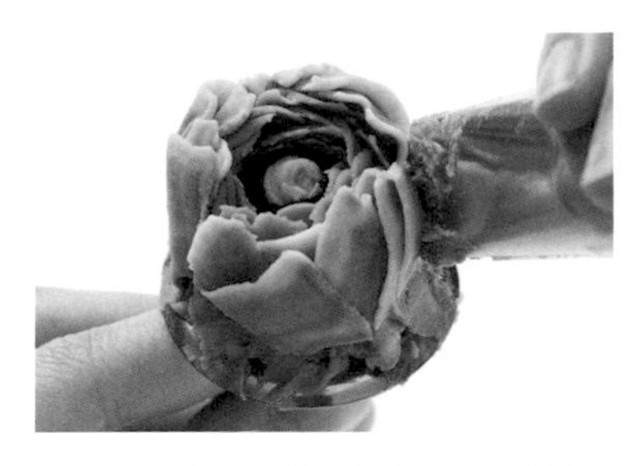

13 將花嘴插入外層第一圈花瓣側邊。

14 承步驟 13，將花釘逆時針轉、花嘴順時針製作倒 U 形花瓣，即完成第二圈第一片花瓣。

15 如圖，外層第二圈第一片花瓣完成。

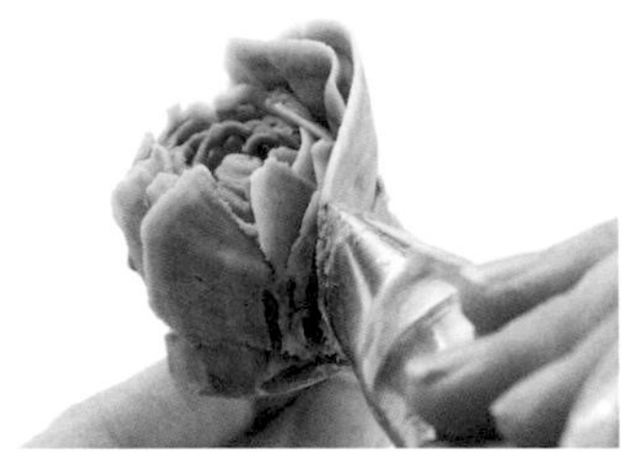

16 將花嘴插在步驟 15 的花瓣後方，疊加同樣的花瓣在後方。

17 重複步驟 13-16，依序隨機擠出倒 U 形花瓣，有時可製作大 U 形花瓣，有時製作小 U 形花瓣，穿插在花型中。

18 在最後結尾時，可反手使用花嘴，以由左至右的方式製作較底的倒 U 形花瓣。

19 如圖，進階陸蓮完成。

花瓣開合角度

進階陸蓮製作
影片 QRcode

進階陸蓮

RANUNCULUS

進階陸蓮　玫瑰　桔梗
聖誕玫瑰　朝鮮薊　木蓮花

製作說明

進階陸蓮較基礎版本的不同之處在於，進階陸蓮在花瓣的裱法上更靈活一點，原本按部就班一片後接著一片的花瓣，在進階的花朵上我們開始嘗試以組為單位的製作花瓣，進階的方法會讓陸蓮的花瓣更自然一點，雖然擺脫了一片接一片的方法可能會有些不習慣，但是進階的方法可以讓花朵不呆板。此次主圖的配置選擇了月牙造型的擺放，並選一種顏色做為主色調的變化，這種方式其實也是色彩上很好的練習，可以讓我們知道顏色中如何「同中求異」，而非局限於只能調出一種紫色。

配色

進階松蟲草

SCABIOSA

DECORATING TIP 花嘴

底座｜#102
花瓣｜#102（花嘴上窄下寬）
花蕊｜平口花嘴
小花｜#13

COLOR 顏色

花瓣色｜草綠色、白色
花蕊色｜綠色
花藥色｜咖啡色
小花色｜白色

步驟說明 STEP BY STEP

• 底座製作

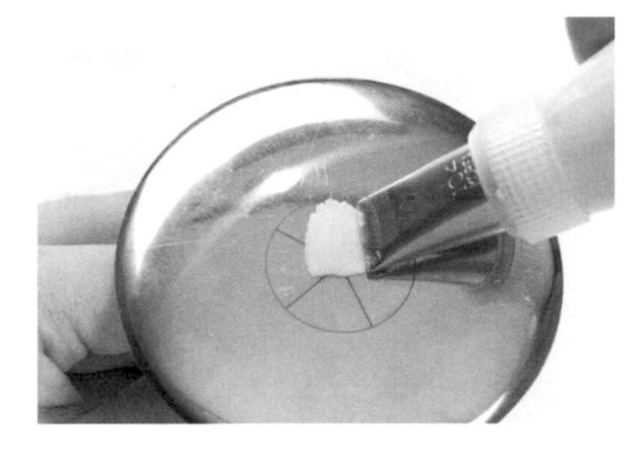

01 在花釘中心擠一點豆沙霜。

02 將方型烘焙紙放置在花釘上，並用手按壓固定。

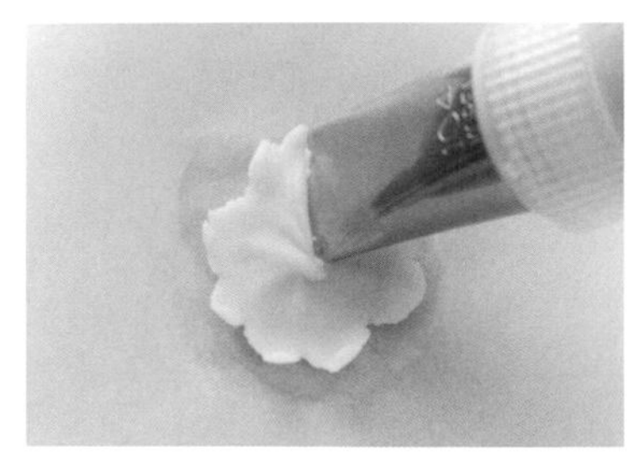

03 以 #102 花嘴在花釘上擠出直徑約 1.5 公分的圓形片狀豆沙霜後，將花嘴向底座輕壓，以切斷豆沙霜，即完成底座。

• 花瓣製作

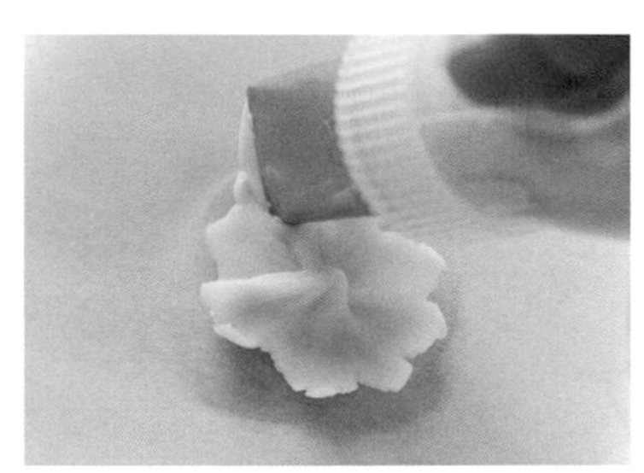

04 將 #102 花嘴以 12 點鐘方向插入底座邊緣。

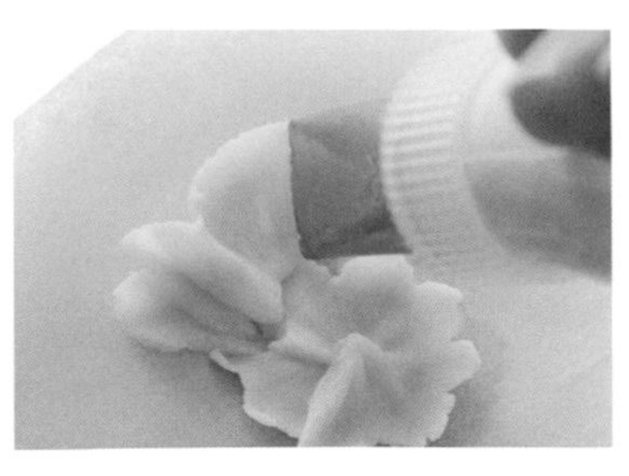

05 承步驟 4，將花釘逆時針轉、花嘴順時針向外抖動擠出波浪形片狀豆沙霜。

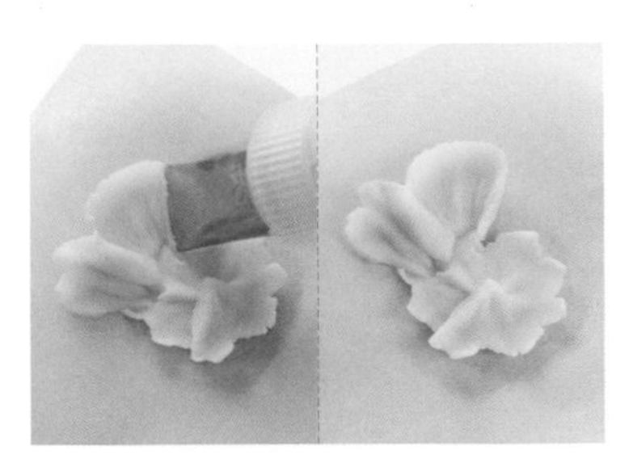

06 承步驟 5，將花嘴往底座輕靠以切斷豆沙霜後，即完成第一片花瓣。

07 重複步驟 4-6，在距離第一片花瓣右側約 0.3 公分處擠出短波浪形，即完成第二片花瓣。

08 重複步驟 4-6，在第二片花瓣側邊擠出第三片花瓣。

09 重複步驟 4-8，完成第一層花瓣。

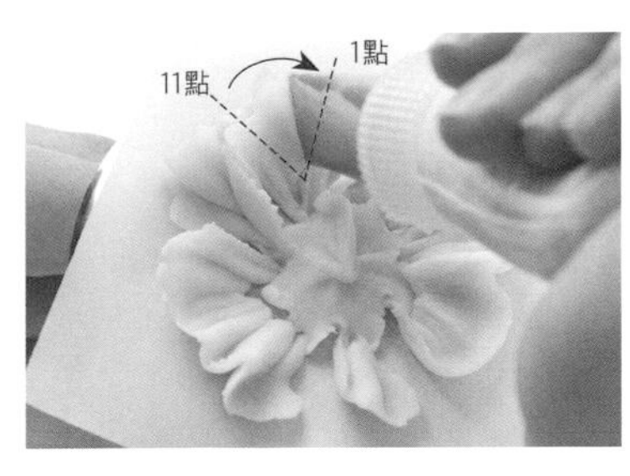

10 將花嘴以 11 點鐘方向插入第一層花瓣上方後，重複步驟 4-6 擠出波浪形花瓣。

11 重複步驟 10，完成第二層花瓣。

12 重複步驟 10-11，將花嘴以 11 點鐘方向插入兩片花瓣間隙處後，擠出波浪形花瓣。

• 花蕊製作

13 重複步驟 12，完成第三層花瓣。

14 以平口花嘴在花瓣中心，以繞圈方式擠出豆沙霜至呈現高約 1 公分小山丘後，將花嘴向底座輕壓，以切斷豆沙霜。

15 以平口花嘴在山丘形豆沙霜上擠出小球狀。

16 重複步驟 15，在圓圈內擠出立體小球狀，即完成花蕊。

17 以牙籤沾取咖啡色顏料，並點在花蕊上。

・白色小花製作

18 如圖，花蘂完成。

19 以 #13 花嘴在花蕊上擠出小球狀，為白色小花。

20 重複步驟 19，沿著側邊隨機擠出白色小花。

21 如圖，進階松蟲草完成。

進階松蟲草製作影片 QRcode

進階松蟲草

SCABIOSA

松蟲草　牡丹花

繡球花　紫羅蘭

製作說明

對於松蟲草這種整體較平面的花型，可以將一朵擺在下方，上方再疊加一朵做互相交疊的擺放，如果能夠做成一大朵與一小朵相互映襯，會讓整體視覺更有立體感，或是在花與花的空隙之間，放上一朵點綴，既不會讓蛋糕忽然有凸起的突兀感，也能夠填補空隙，松蟲草是非常好做此功用的花型。一旁擺上可愛的繡球花與紫羅蘭等小花可以更凸顯松蟲草作為主花的角色，且因為松蟲草飄逸而輕盈的姿態，所以很適合自然花圈型這種仙氣的擺放方式。

配色

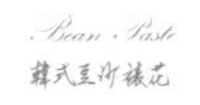

奧斯丁玫瑰

AUSTIN ROSE

奧斯丁玫瑰

AUSTIN ROSE

DECORATING TIP 花嘴

底座｜#125
花瓣｜#125（花嘴上窄下寬）

COLOR 顏色

花瓣色｜●紅色、●深紫色、○白色

步驟説明 STEP BY STEP

• 底座製作

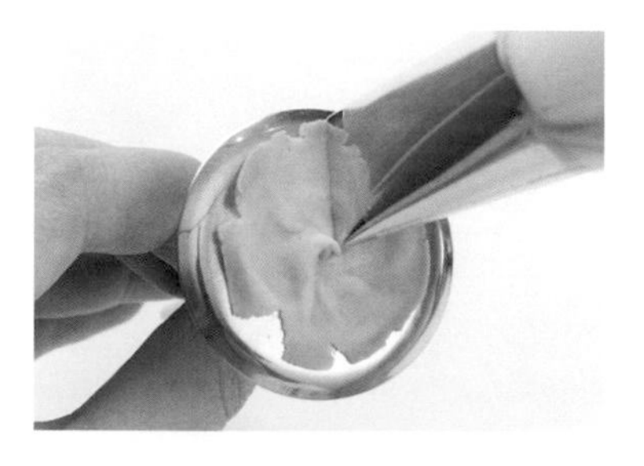

01 以#125將花釘逆時針轉、花嘴順時針擠出直徑約3公分的圓形豆沙霜。

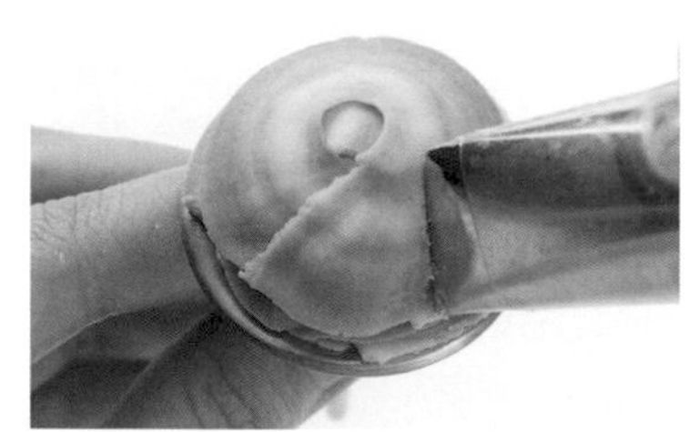

02 承步驟1，將豆沙霜在同一位置繼續向上疊加，在花釘上擠出高約1.5公分的豆沙霜，即完成底座。

• 內層花瓣製作

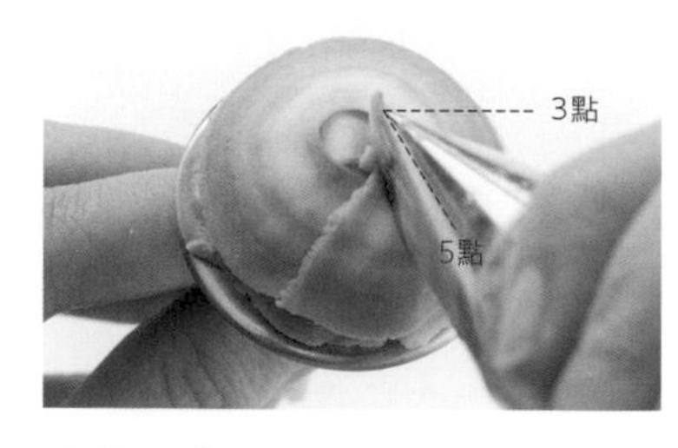

03 將#125花嘴垂直立起以5點鐘方向插入底座中心。

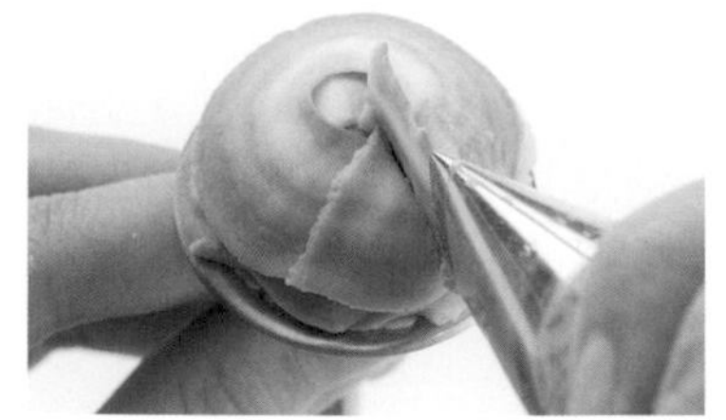

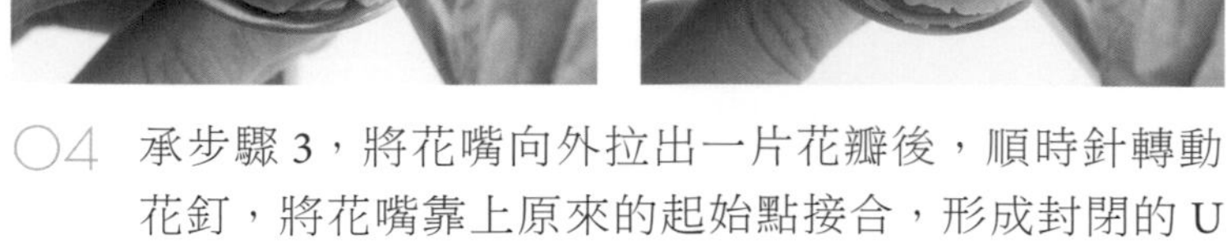

04 承步驟3，將花嘴向外拉出一片花瓣後，順時針轉動花釘，將花嘴靠上原來的起始點接合，形成封閉的U形。

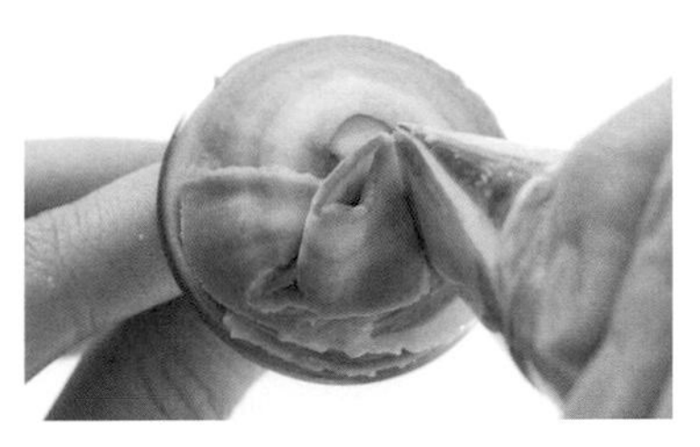

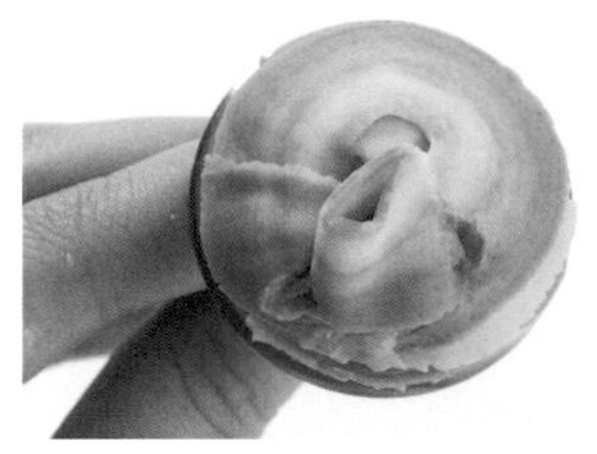

05 承步驟 4，將花嘴向底座輕壓，以切斷豆沙霜，即完成第一片花瓣。

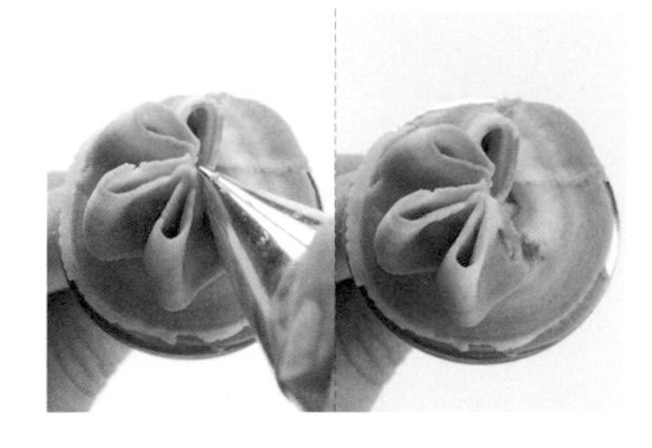

06 重複步驟 3-5，繼續往右完成花瓣。

07 重複步驟 3-5，完成第一圈內側花瓣。

08 將花嘴插入上一層其中一封閉 U 形左側間擠出片狀花瓣，接著插入此封閉 U 形右側間擠出片狀花瓣。

09 重複步驟 8，完成所有花瓣間的片狀花瓣。

10 如圖，第二層內側花瓣完成。

11　接著順時針轉動花釘，花嘴逆時針在第二層花瓣外圍由左至右製作較高的倒 U 形花瓣。

12　如圖，第三層第一片花瓣完成。

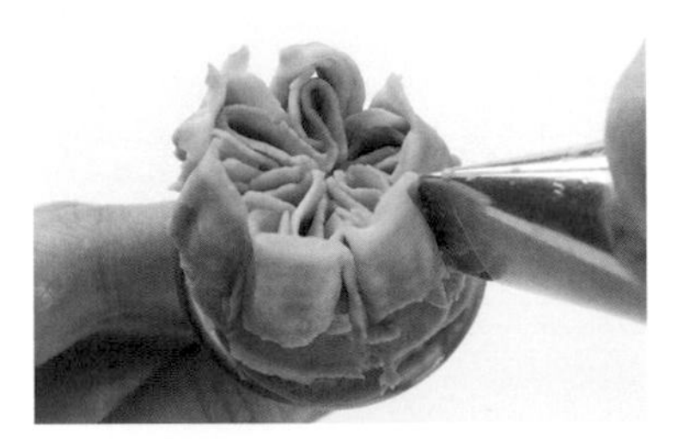

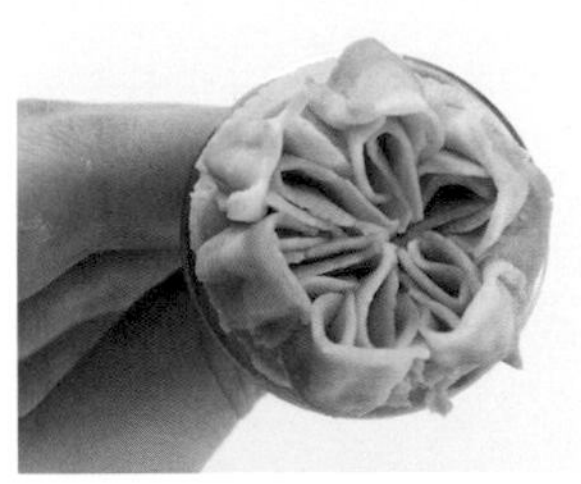

13　重複步驟 11-12，完成第三層花瓣。

・外層花瓣製作

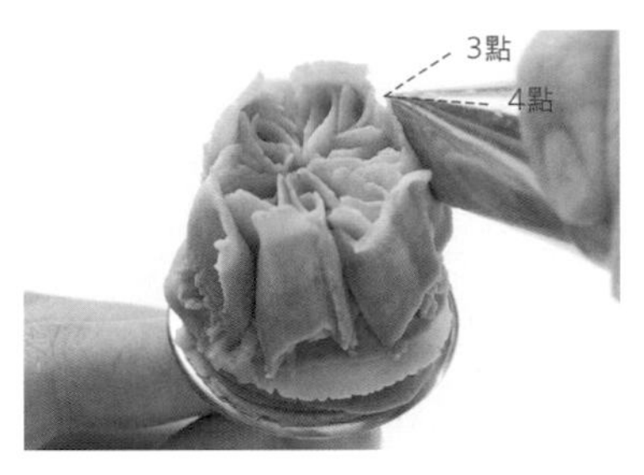

14　將花嘴以 4 點鐘方向插入第三層花瓣側邊。

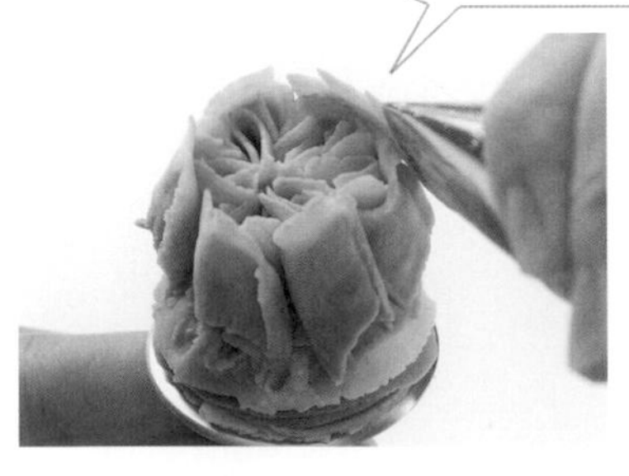

15　承步驟 14，將花釘逆時針轉、花嘴順時針擠出倒 U 形花瓣後，將花嘴向側邊輕壓，以切斷豆沙霜。

16　如圖，第四層第一片花瓣完成。

17　重複步驟 15-16，依序向下堆疊花瓣。

18　重複步驟 15-16，完成共五層花瓣。

19　如圖，奧斯丁玫瑰完成。

奧斯丁玫瑰製作
影片 QRcode

奧斯丁玫瑰

AUSTIN ROSE

奧斯丁　牡丹　聖誕玫瑰

海芋　玫瑰　進階繡球

製作說明

奧斯丁玫瑰裱花成敗的關鍵在於中心的多層次花瓣是否能夠分明，在裱花的時候須注意花嘴的角度與花釘轉動時的互相搭配，若是花嘴還未擠完時花釘就提早轉動，反而會增加破壞中間層次的機會。此外，裱花的力道上也須注意不要施力太強，否則整朵花容易扭曲變形而有過多的皺褶。

裝飾的部分可以仔細觀察花面的方向，以能夠看到整體花芯為基準去做擺放，可以讓奧斯丁玫瑰美麗的那一面綻放在蛋糕上。

配色

棉花
COTTON

棉花

COTTON

DECORATING TIP 花嘴

底座｜大平口花嘴
花瓣｜大平口花嘴
花萼｜ #349

COLOR 顏色

花瓣色｜○白色
花萼色｜●咖啡色

步驟説明 STEP BY STEP

◆ 底座製作

01 以大平口花嘴在花釘上以繞圈方式擠出豆沙霜。

02 重複步驟 1，持續擠出豆沙霜，呈現小山丘後，將花嘴向底座輕壓，以切斷豆沙霜，作為底座。

◆ 花瓣製作

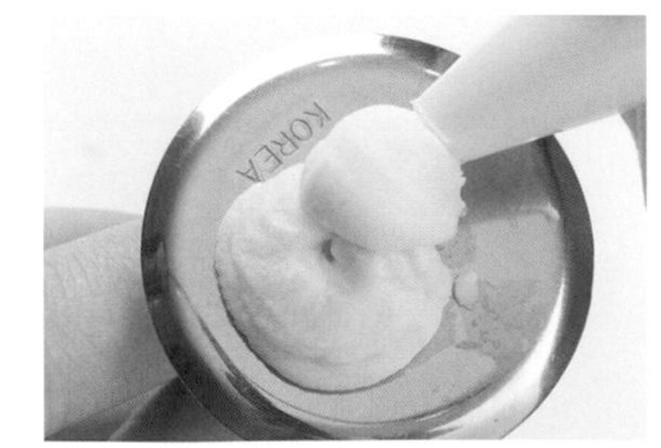

03 以平口花嘴在底座側邊擠出球狀豆沙霜。

04 承步驟 3，待膨脹至適當大小後，將花嘴向下斷開，即完成第一顆棉花瓣。

• 棉籽製作

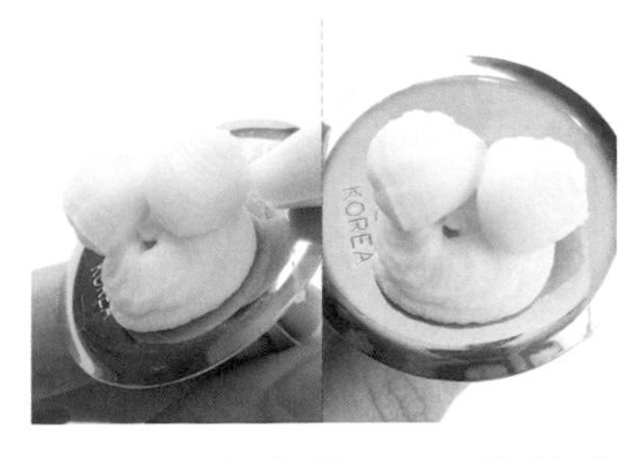

05 重複步驟 3-4，將花嘴插入第一顆花瓣側邊，擠出第二顆花瓣。

06 重複步驟 3-5，共完成五顆花瓣。

07 將 #349 花嘴插入兩顆花瓣的側邊間隙處。

08 承步驟 7，由下往上垂直拉擠出豆沙霜至頂端處後，順勢拉斷豆沙霜，即完成第一瓣花萼。

09 重複步驟 7-8，共完成五個花萼。

10 如圖，棉花完成。

棉花製作
影片 QRcode

棉花

COTTON

棉花　聖誕紅

雪果　松果

製作說明

　　一想到棉花，彷彿聖誕夜的畫面馬上浮現眼前，棉花搭配著聖誕紅、松果、雪果，經典的款式永恆不變，利用白、綠、紅的元素點亮整個聖誕的氛圍。由於棉花是屬於圓胖的型態所以在擺放時須注意不要一下子疊加的太多，盡量平均的分散開來擺放，才不會有一端特別的集中突出。如果在初學時較難掌握擺放的技巧，可以先從聖誕花圈開始擺放，將聖誕紅、松果、棉花等素材平均分散開來擺放後，並於花圈的空隙間擠上葉子，是最好的練習。

配色

松果
PINECONE

松果

PINECONE

DECORATING TIP 花嘴

底座｜ #102

鱗片｜ #102（花嘴上窄下寬）

COLOR 顏色

鱗片色｜●咖啡色、●黑色

步驟説明 STEP BY STEP

• 底座製作

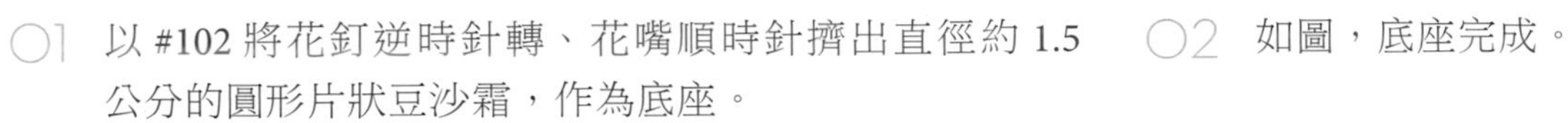

01 以 #102 將花釘逆時針轉、花嘴順時針擠出直徑約 1.5 公分的圓形片狀豆沙霜，作為底座。

02 如圖，底座完成。

• 鱗片製作

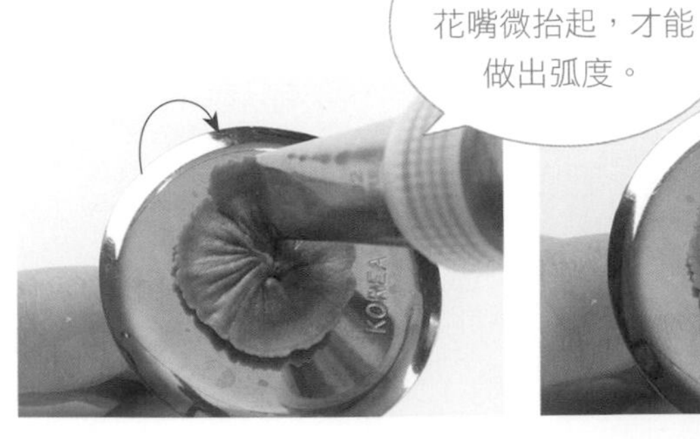

03 將 #102 花嘴以 11 點鐘方向插入底座中心。

04 承步驟 3，將花釘逆時針轉、花嘴順時針擠出倒 U 形短瓣，即完成第一片鱗片。

鱗片的起點須在同一中心點。

05 重複步驟 4，將花嘴放置上一片右側，依序擠出鱗片。

06 如圖，第一層鱗片完成。

07 以 #102 花嘴在正中心擠上高約 0.5 公分的豆沙霜，作為第二層鱗片的底座。

08 將 #102 花嘴插入底座中心，並在相同的位置擠出第二層第一片鱗片。

09 重複步驟 4-6，完成第二層鱗片。

10 重複步驟 7-9，繼續往上疊加，為第三層鱗片。

11 重複步驟 7-9，繼續往上完成第四層鱗片。

12 最後尖端收尾時，將頂端隨意填入鱗片即可。

13 如圖，松果完成。

松果製作
影片 QRcode

松果

PINECONE

松果　棉花　松蟲草

雪果　多肉植物

製作說明

一想到松果，在大家腦中馬上喚起了聖誕節的氣氛，紅色的聖誕紅搭配松果、棉花等等點綴，讓過節的感覺很濃厚，也是一道經典聖誕蛋糕款式。而主圖的示範蛋糕我想稍微跳脫一般的框架，來點不一樣的聖誕氛圍，結合咖啡、杏色、暗橘色、白色等等木質色調，是否讓聖誕的風味變得不一樣了呢？

正因為松果這種木質感的配色沈穩，所以能夠跟不同的色系搭配，所以不管是紅色聖誕、木質感聖誕、藍色聖誕、白色聖誕風，都能駕馭自如。

配色

洋桔梗
LISIANTHUS

DECORATING TIP 花嘴

底座｜ #125
花蕊｜平口花嘴
花瓣｜ #125（花嘴上窄下寬）

COLOR 顏色

花蕊色｜金黃色
花瓣色｜淺紫色、白色

步驟說明 STEP BY STEP

• 底座製作

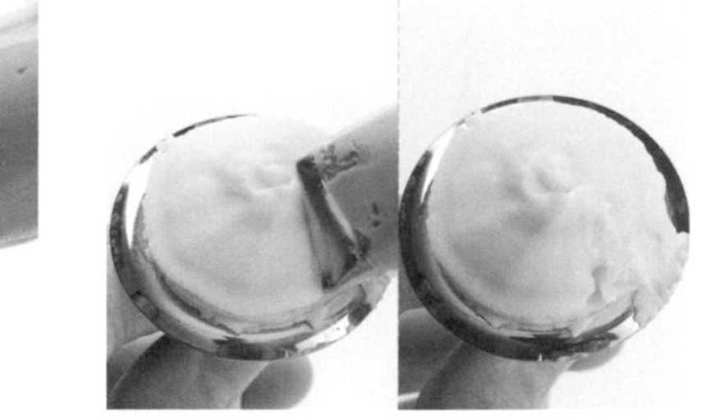

01 以 #125 將花釘逆時針轉、花嘴順時針擠出直徑約 1.5 公分的圓形豆沙霜。

02 承步驟 1，將豆沙霜在同一位置繼續向上疊加至少三層以上厚度，作為底座。

• 花蕊製作

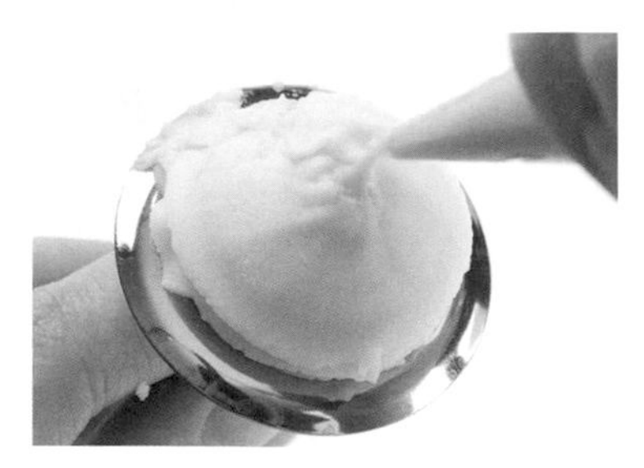

03 以平口花嘴在底座中心擠出長條狀，為花蕊。

04 重複步驟 3，依序在底座中心堆疊並擠出花蕊。

◆ 花瓣製作

05 如圖，花蕊完成。

06 將 #125 花嘴以 4 點鐘方向插入花蕊側邊。

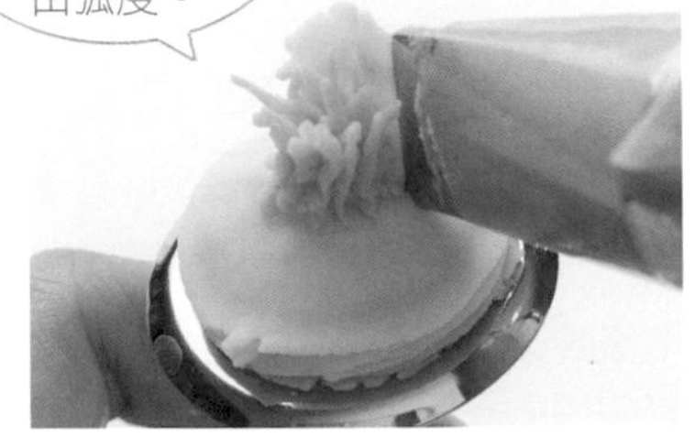

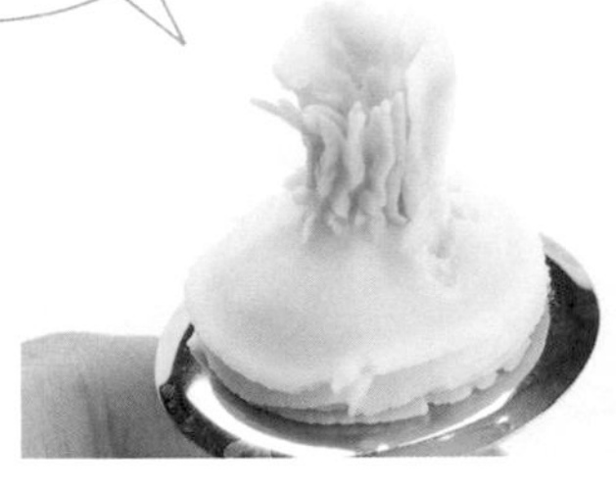

07 承步驟 6，將花釘逆時針轉、花嘴順時針並上下擺動，擠出波浪形花瓣後，將花嘴向底座輕壓以切斷豆沙霜。

08 如圖，第一片花瓣完成。

09 重複步驟 6-7，將花嘴直立插入底座中，隨機製作花瓣。

10 如圖，第一層花瓣完成。

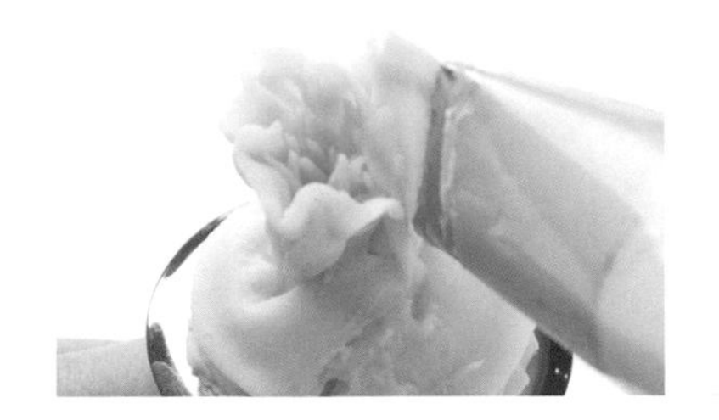
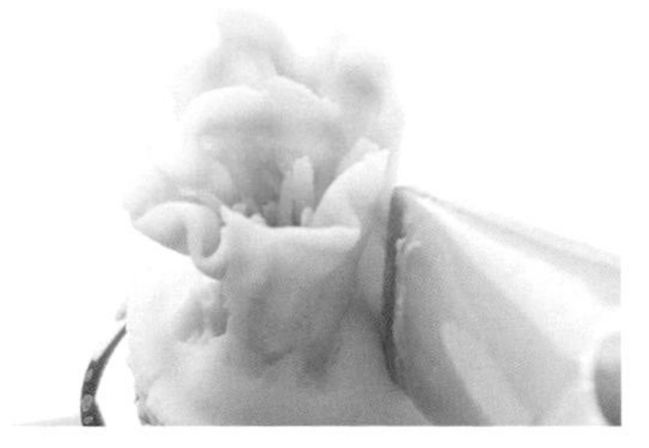

11 重複步驟 6-7，繼續製作波浪形花瓣，可隨機變化花瓣的大小，會使花型更自然些。

12 結尾時，可稍微傾倒花嘴，以製作盛開感的花瓣。

13 如圖，洋桔梗完成。

花瓣開合角度

洋桔梗製作
影片 QRcode

洋桔梗

LISIANTHUS

桔梗　木蓮花　五瓣花

製作說明

製作白色系的蛋糕有時候不比顏色豐富的蛋糕簡單，缺少了顏色的包裝，花朵本身的細緻度要夠才能帶出蛋糕的美感，此時建議可以挑選一些帶有花蕊的花型作點綴，讓整個擺放的重點有細節而不會是一坨白色的色塊。白色在色彩學來說屬於中性色，不會受其他色系影響，所以配花的部分看個人想要濃或淡都可以。

製作白色系蛋糕的另一個重點是葉子，如主圖所示範，葉子可以在顏色上做一些變化，例如使用不同的綠色點綴，由淺到深的變化也能讓蛋糕美感提升。

配色

鬱金香
TULIP

鬱金香

TULIP

DECORATING TIP 花嘴

底座｜ #120　　花瓣｜ #120（花嘴上寬下窄）

COLOR 顏色

花瓣色｜ ●金黃色、●紅色、○白色

步驟說明 STEP BY STEP

・底座製作

01 以 #120 花嘴在花釘上擠出長約 2 公分長條形的豆沙霜。

02 承步驟 1，將豆沙霜在同一位置繼續向上疊加成山丘形後，將花嘴往底座輕靠，以切斷豆沙霜。

03 如圖，底座完成。

・花瓣製作

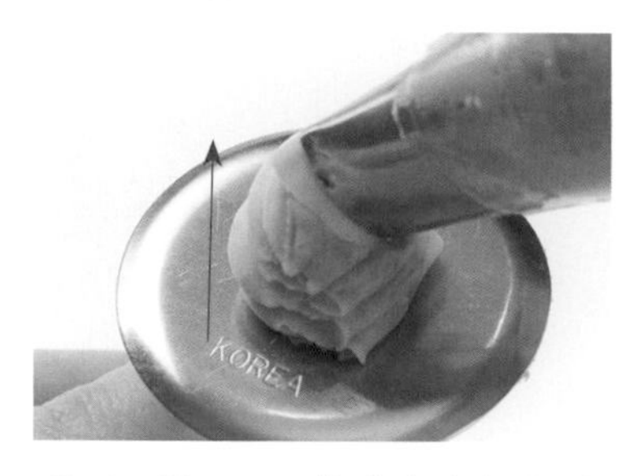

04 將 #120 花嘴上半部往左傾斜，由底座的上 1/3 處開始，由下往上製作菱形花瓣。

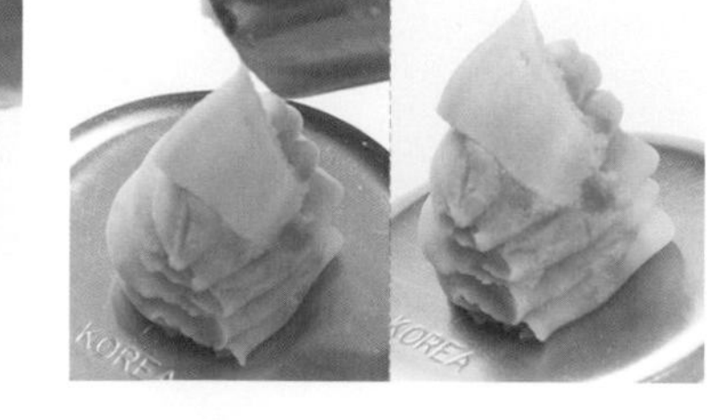

05 承步驟 4，將花嘴往右上擠出菱形豆沙霜後，將花嘴向上移動以切斷豆沙霜，即完成第一片花瓣。

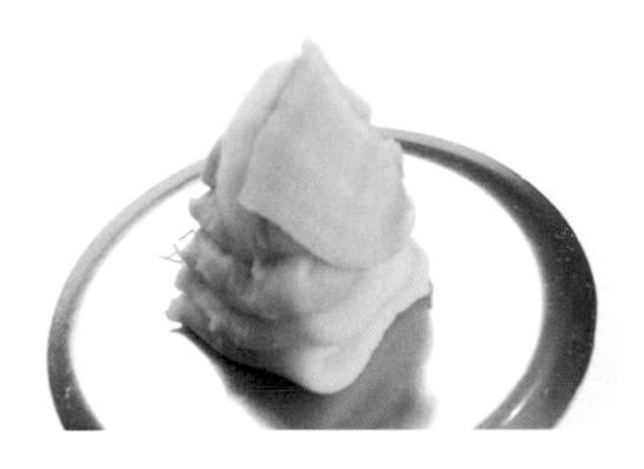

06 重複步驟 5，將花嘴插入第一片花瓣右側，擠出第二片花瓣。

07 重複步驟 5-6，擠出第三片花瓣，須包覆住上方底座。

08 如圖，第一層花瓣完成。

09 將 #120 花嘴上半部往左傾斜，從底座側邊由下往上製作菱形花瓣。

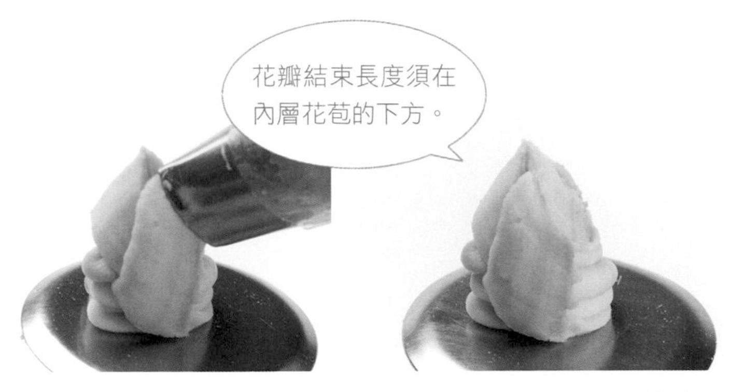

10 承步驟 9，將花嘴往右上擠出菱形豆沙霜後，將花嘴靠上花朵以切斷豆沙霜，即完成第二層第一片花瓣。

11 重複步驟 9-10，將花釘轉至另一側花瓣中間，擠出第二片花瓣。

12 重複步驟 9-11，擠出第三片花瓣，呈三角狀結構。

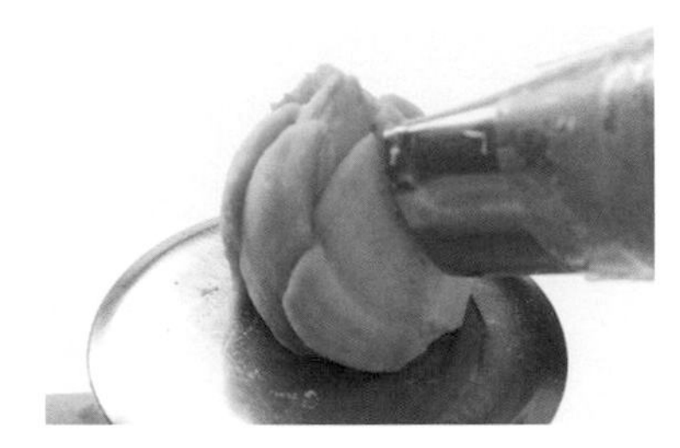

13 重複步驟 9-10，依序在上一層花瓣中間分別製作三片花瓣。

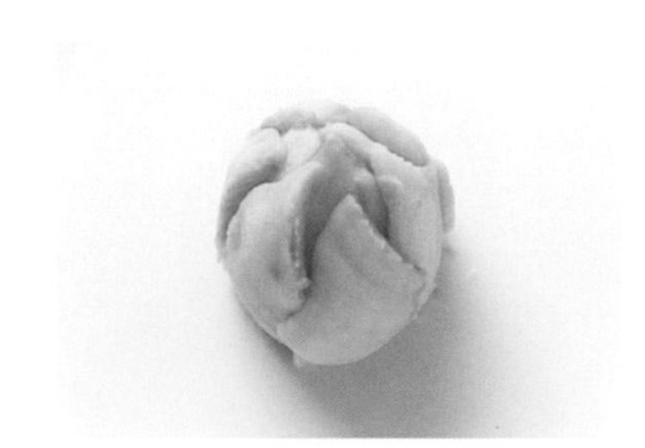

14 如圖，鬱金香完成。

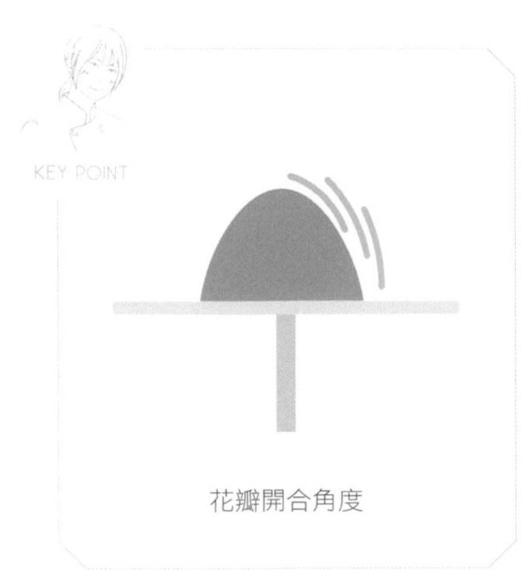

鬱金香製作
影片 QRcode

鬱金香

TULIP

鬱金香　陸蓮　牡丹

玫瑰　小菊花　紫羅蘭

製作說明

鬱金香立體又優雅的型態很適合在各種不同的蛋糕造型中出沒，不管是單朵或是多朵，在捧花的一隅擺上鬱金香，會讓整個氛圍跟著高雅了起來。在製作鬱金香時雖然步驟跟瓣數較一般花型少，但是也正因為如此，反而使新手在裱花時容易暴露缺點，須注意右手在製作花瓣時，移動的速度要與擠花的力道互相配合，否則容易使得花瓣產生不必要的皺褶，也切忌右手勿移動的過快而導致花瓣的邊緣產生不規則的缺口。

配色

Bean Paste
韓式豆沙裱花

朝鮮薊
ARTICHOKE

DECORATING TIP 花嘴

底座｜ #60
鱗片｜ #60（花嘴上寬下窄）

COLOR 顏色

鱗片色｜●咖啡色、●綠色

步驟說明 STEP BY STEP

• 底座製作

01 以 #60 花嘴在花釘上擠出豆沙霜。

02 承步驟 1，將豆沙霜在同一位置繼續向上疊加，在花釘上擠出高約 1.5 公分的豆沙霜。

03 承步驟 2，將花嘴向底座輕壓，以切斷豆沙霜，即完成底座。

• 鱗片製作

04 將 #60 花嘴上半部往左傾斜，由底座的上 1/3 處開始，由下往上製作菱形花瓣。

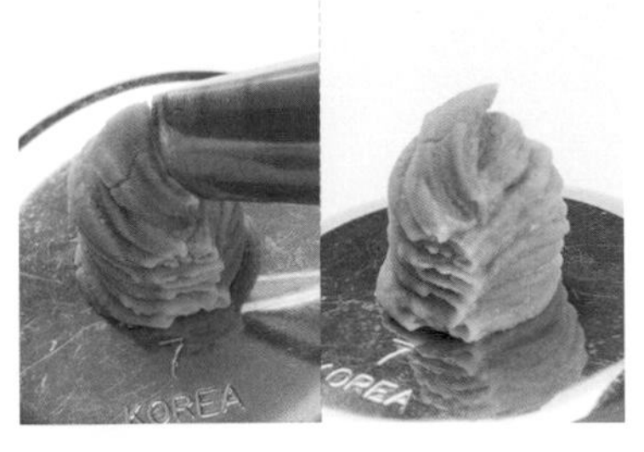

○5 承步驟 4，將花嘴向上移動靠上尖端以切斷豆沙霜，即完成第一片鱗片。

○6 重複步驟 5，將花嘴插入第一片鱗片右側，擠出第二片鱗片。

○7 重複步驟 4-6，共完成三片鱗片（須包覆住底座尖端），為第一層鱗片。

○8 將花嘴往左斜插入比上一層低一點的區域，以下往上的方向在兩瓣間製作第二層第一片鱗片。

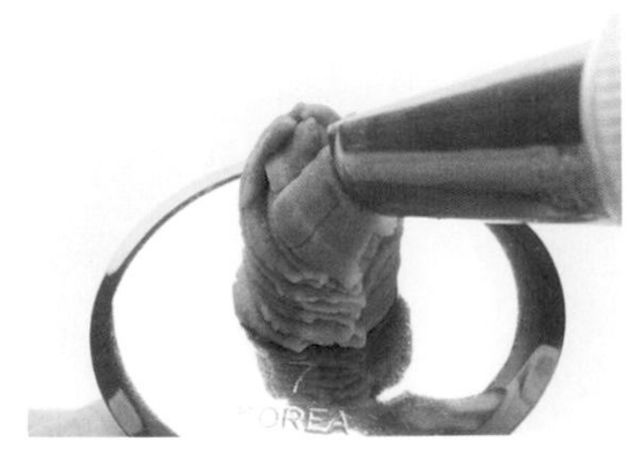

○9 重複步驟 8，完成第二層共三片鱗片。

10 重複步驟 8-10，繼續向下依序擠出鱗片。

11 如圖，共完成四層鱗片。

12 如圖，朝鮮薊完成。

朝鮮薊製作
影片 QRcode

朝鮮薊

ARTICHOKE

朝鮮薊　玫瑰　大理花

梔子花　聖誕玫瑰

製作說明

朝鮮薊和松果一樣是屬於果實類的型態，在製作裱花蛋糕時擺上一兩顆朝鮮薊，可以讓滿是花朵的蛋糕增添可愛的氛圍。關於朝鮮薊的顏色表現，一般以綠色為主色調呈現，也可以在綠色中添加一點紅色或者是咖啡色，讓整顆朝鮮薊更有層次。

在擺放的部分，朝鮮薊主要以群聚式的擺放居多，兩顆或三顆為一叢，有時也可在一叢朝鮮薊旁單放一顆拉出距離感也很不錯。而由於朝鮮薊側邊的鱗片明顯，所以不管是側倒著放置，或是直立的擺放，都能夠呈現出不錯的立體效果。

配色

羊耳葉
LAMB'S EAR

羊耳葉

LAMB'S EAR

DECORATING TIP 花嘴

底座｜ #125　　葉子｜ #125（花嘴上窄下寬）

COLOR 顏色

葉子色｜●咖啡色、●橄欖綠

羊耳葉製作
影片 QRcode

步驟說明 STEP BY STEP

• 底座製作

01 以 #125 花嘴在花釘上擠出長約 2 公分長條形的豆沙霜後，將花嘴輕靠花釘，以切斷豆沙霜。

02 承步驟 1，將豆沙霜在同一位置繼續向上疊加，在花釘上擠出長約 2 公分 × 高 0.5 公分的豆沙霜，作為底座。

• 葉子製作

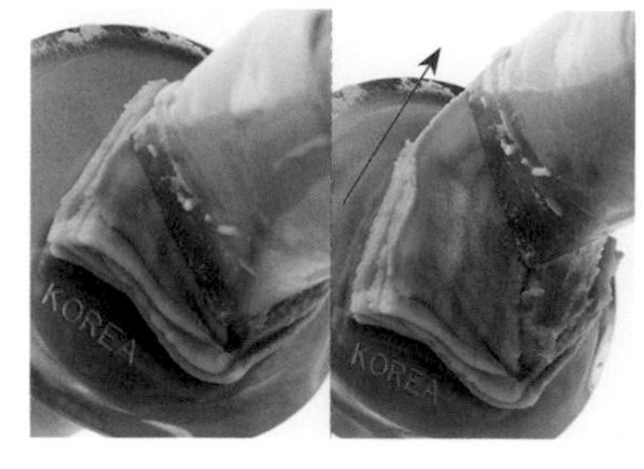

03 將 #125 花嘴以 11 點鐘方向插入底座中心，並向右上擠出片狀豆沙霜。

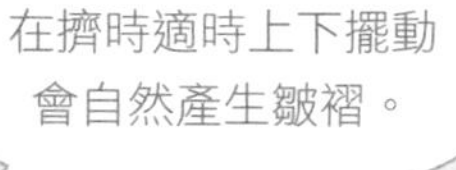

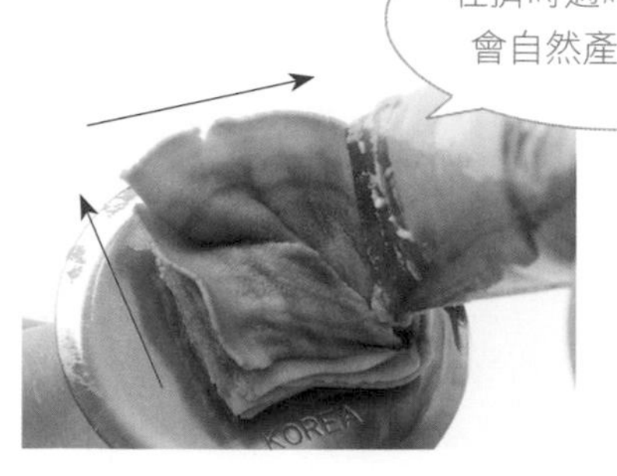

04 承步驟 3，接著往右下角方向擠出片狀豆沙霜，並將花嘴向底座輕壓，以切斷豆沙霜。

05 如圖，羊耳葉完成。

羊耳葉

LAMB'S EAR

羊耳葉

木蓮花

聖誕玫瑰

繡球花

製作說明

羊耳葉的立體度非常好，可以作為主角進行飄落式的花圈擺放，好似微風吹拂一般飛揚。在蛋糕組裝中，如果可以搭配 #352 花嘴擠出的葉子與羊耳葉一起襯托花朵，這兩種不同葉子的擠法能夠讓蛋糕整體的視覺層次更豐富一些，不要小看葉子的魅力喔！隨著葉子的脈絡、顏色、大小、方向等等不同，能夠讓你的花朵更擬真、更加分！

圖片中示範的花圈風格非常受到小清新愛好者的歡迎，有時候，花朵不必多，蛋糕上的空隙不用太滿，淡淡的仙女風格也很雋永耐看！

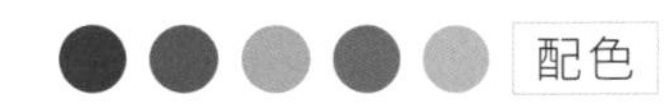

配色

紫羅蘭
STOCK FLOWER

DECORATING TIP 花嘴

底座｜平口花嘴
花瓣｜ #59S（花嘴凹面朝內）

COLOR 顏色

花瓣色｜◯白色

步驟說明 STEP BY STEP

• 底座製作

01 以平口花嘴在花釘上以繞圈方式擠出豆沙霜。

02 重複步驟 1，持續擠出豆沙霜，呈現小山丘後，將花嘴向底座輕壓，以切斷豆沙霜。

03 如圖，底座完成。

• 花瓣製作

04 將 #59S 花嘴以 11 點鐘方向插入底座中心。

05 承步驟 4，將花釘逆時針轉、花嘴順時針擠出扇形片狀。

06 承步驟 5，將花嘴往底座輕壓以切斷豆沙霜，即完成第一片花瓣。

07 重複步驟 4-6，將花嘴插入距離第一片花瓣右側擠出第二片花瓣。

08 重複步驟 4-6，共完成五片花瓣。

09 如圖，第一層花瓣完成。

10 將花嘴往內靠以 11 點鐘方向插入前層花瓣中間，並將花釘逆時針轉、花嘴順時針擠出扇形片狀。

11 承步驟 10，將花嘴往底座輕壓以切斷豆沙霜，即完成第二層第一片花瓣。

12 重複步驟 10-11，完成共三或四片花瓣。

13 如圖，第二層花瓣完成。

14 將花嘴直立插入前層花瓣中心，由下往上擠出往內包覆的花瓣。

15 重複步驟 14，在小花瓣對側擠出另一瓣，形成包覆貌。

16 如圖，紫羅蘭完成。

紫羅蘭製作
影片 QRcode

紫羅蘭

STOCK FLOWER

進階陸蓮　鬱金香

牡丹花　紫羅蘭

製作說明

捧花蛋糕的擺放方式擁有大器而華麗的外表，在求婚、婚禮等各種重要場合非常適合。如同手捧花的方式，讓正中心有一個焦點，花朵的角度呈現放射狀往外的方向擺放，並須注意在組裝花朵的時候，依照每種花朵的大小來維持半圓球形的弧度。

在花型的選擇上會挑選 3 種左右的大花為主角，去統整整個視覺上的重點，才不至於因為花的朵數過多而雜亂無章，並以大花作為中間主視覺擺放，最後以小花與葉子來點綴之間的空隙，才不會讓整體視覺顯得笨重，這是捧花造型非常需要注意的一點。

  配色

聖誕紅
POINSETTIA

聖誕紅
POINSETTIA

DECORATING TIP 花嘴

底座｜#352
花瓣｜#352
花蕊｜平口花嘴

COLOR 顏色

花瓣色｜●紅色、●咖啡色
花蕊色｜●橘黃色

步驟說明 STEP BY STEP

・底座製作

01 以#352花嘴在花釘上以逆時針轉、花嘴順時針擠出直徑約2.5公分的圓形豆沙霜後，將花嘴向底座輕壓，以切斷豆沙霜。

02 如圖，底座完成。

・花瓣製作

03 將#352花嘴以2點鐘方向插入底座中心後，向外擠出倒三角豆沙霜，結尾處順勢將花嘴往外拉起，形成三角形。

04 如圖，第一片花瓣完成。

05 重複步驟 3-4，共完成四片花瓣。

06 重複步驟 3-4，在前層兩片花瓣間，擠出第二層第一片花瓣。

07 重複步驟 6，共完成四片花瓣。

・花蕊製作

08 如圖，第二層花瓣完成。

09 以平口花嘴在花朵中心擠出小球狀，即完成花蕊。

10 如圖，聖誕紅完成。

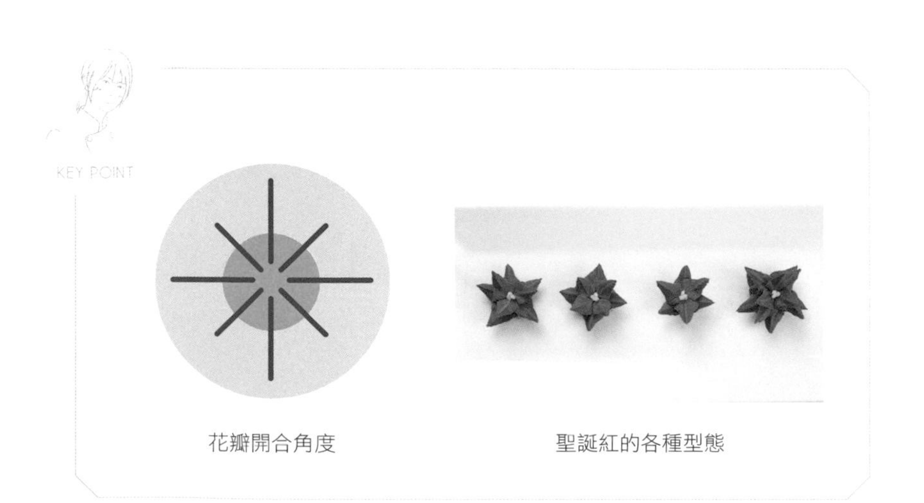

花瓣開合角度

聖誕紅的各種型態

聖誕紅製作
影片 QRcode

聖誕紅

POINSETTIA

聖誕紅　桔梗

松果　棉花

製作說明

相信大家對聖誕紅並不陌生，顧名思義相信是聖誕節大家用來妝點的素材之一，聖誕紅要製作的好並不難，關鍵在於裱花時結束的力道要掌握得宜，不可有太長的拖尾導致花瓣過長，因此在快結尾時，記得提前將手部的力量放掉抽離，才能製作出可愛的花瓣尖端造型。在蛋糕裝飾上，聖誕紅常有的夥伴：棉花、松果等等經典花型都是很好的素材。如果想來點不一樣的風格，可以添加幾種大花來增添華麗感，例如主圖中採用的白色桔梗，既不會蓋過聖誕紅的風采，也能跳脫出不同的聖誕氛圍。

配色

多肉植物
SUCCULENT PLANTS

仙人球 1

CACTUS I

DECORATING TIP 花嘴

底座｜平口花嘴
仙人球｜ #104（花嘴上窄下寬）
仙人球刺｜平口花嘴

COLOR 顏色

仙人球色｜●綠色、●墨綠色
仙人球刺色｜○白色

步驟説明 STEP BY STEP

• 底座製作

01 以平口花嘴在花釘上擠出球狀豆沙霜。

02 重複步驟 1，將豆沙霜在同一位置繼續向上疊加，呈現小山丘後，將花嘴向底座輕壓，以切斷豆沙霜。

• 仙人球 1 製作

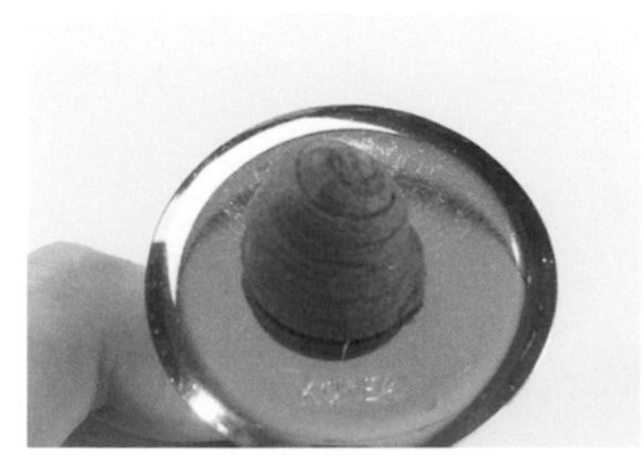

03 如圖，底座完成。

04 將 #104 花嘴直立插入底座側邊。

05 承步驟 4，邊前後動花嘴，一邊向下擠出條狀的豆沙霜，為單側多肉。

06 重複步驟 4-5，擠出另一側的多肉，使兩側多肉上方連接。

07 重複步驟 4-5，依序完成第三、四瓣多肉，形成十字結構。

08 將花嘴插在兩個多肉瓣間，再擠出一瓣多肉。

09 重複步驟 8，依序擠出剩下的多肉，形成放射狀結構。

• 仙人球刺製作

10 以平口花嘴在多肉上擠出小刺。

11 承步驟 9，完成一排仙人球刺。

12 重複步驟 9，完成所有仙人球刺。

13 如圖，仙人球 1 完成。

仙人球 1 製作
影片 QRcode

仙人球 2

CACTUS II

DECORATING TIP 花嘴

底座｜平口花嘴
仙人球｜ #349
仙人球刺｜平口花嘴
花瓣｜ #59S（花嘴凹面朝內）
花蕊｜平口花嘴

COLOR 顏色

仙人球色｜●墨綠色、●綠色
仙人球刺色｜○白色
花瓣色｜○白色
花蕊色｜●鵝黃色

步驟說明 STEP BY STEP

• 底座製作

01 以平口花嘴在花釘上擠出豆沙霜。

02 重複步驟 1，將豆沙霜在同一位置繼續向上疊加，呈現小山丘後，將花嘴向底座輕壓，以切斷豆沙霜。

03 如圖，底座完成。

• 仙人球 2 製作

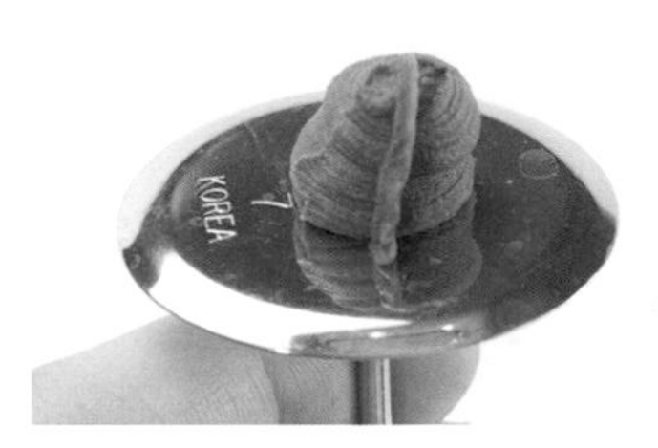

04 將 #349 花嘴放在底座側邊後，擠出條狀直立的豆沙霜，為單側仙人球瓣。

05 重複步驟 4，在步驟 4 仙人球瓣側邊擠出另一條的仙人球瓣。

06 重複步驟 4-5，完成所有仙人球瓣。

07 以平口花嘴在其中一瓣仙人球上擠出小刺，為仙人球刺。

08 在步驟 7 仙人球刺的同一地方再擠出另一根小刺，即完成雙刺型態。

09 重複步驟 7-8，繼續往下添上小刺。

10 有時也可穿插單刺型態擠出。

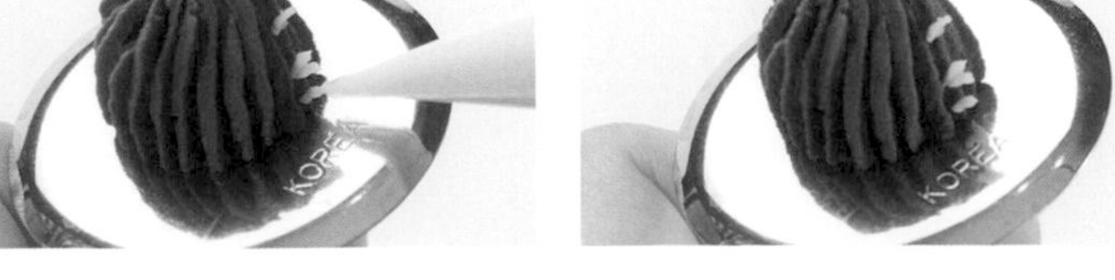

11 重複步驟 7-10，完成單瓣仙人球刺。

12 重複步驟 7-11，完成所有仙人球上的小刺。

13 如圖，仙人球 2 主體完成後備用。

・小花製作

14 在花釘中心擠一點豆沙霜。

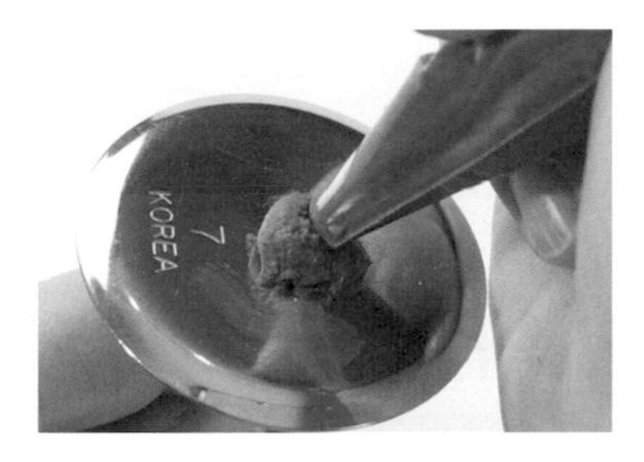

15 重複步驟 14，持續擠出豆沙霜，呈現小山丘後，將花嘴向底座輕壓，以切斷豆沙霜，作為底座。

16 將 #59S 花嘴以 12 點鐘方向插入底座中心。

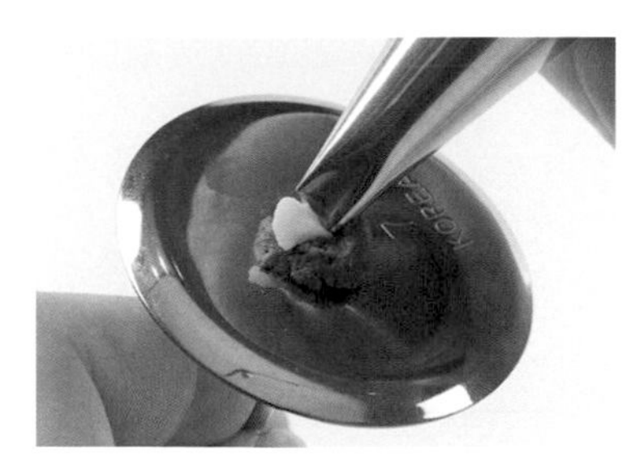

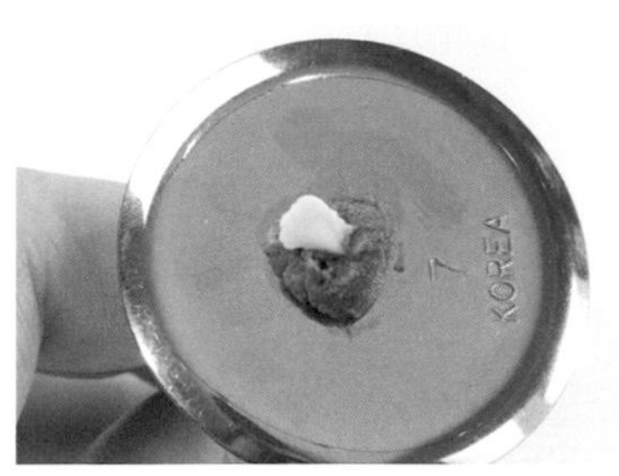

17 承步驟 16，將花釘逆時針轉、花嘴順時針擠出扇形豆沙霜後，結尾時將花嘴靠上底座以切斷豆沙霜，即完成第一片花瓣。

18 重複步驟 16-17，將花嘴插入第一片花瓣右邊，擠出第二片花瓣。

19 重複步驟 16-17，完成共五片花瓣。

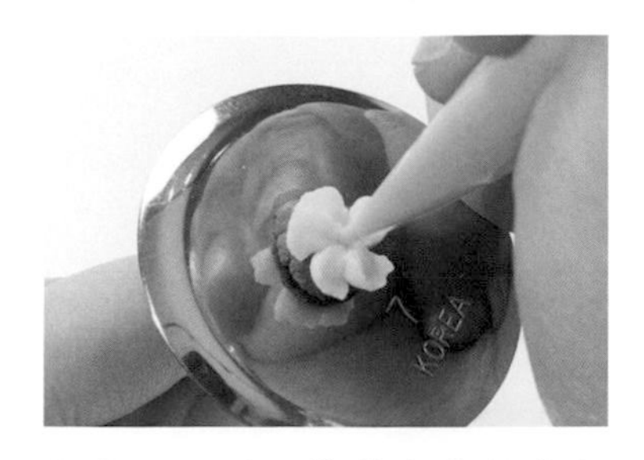

20 以平口花嘴在花朵中心擠出小球狀，為花蕊。

・組合

21 如圖，小花完成。

22 以花剪夾取小花。

23 將小花放在仙人球 2 主體上方。

24 如圖，仙人球 2 完成。

仙人球 2 製作
影片 QRcode

球松

SEDUM MULTICEPS

DECORATING TIP 花嘴

底座｜平口花嘴
球松｜平口花嘴

COLOR 顏色

球松色｜●草綠色、●橄欖綠

步驟說明 STEP BY STEP

・底座製作

01 以平口花嘴在花釘上以繞圈方式擠出豆沙霜。

02 重複步驟 1，持續擠出豆沙霜，呈現小山丘後，將花嘴向底座輕壓，以切斷豆沙霜，作為底座。

・葉子製作

03 將平口花嘴直立插入底座中心。

04 承步驟 3，擠出尖頭水滴形豆沙霜，為第一瓣球松。

05 將平口花嘴往下插入第一瓣球松下側，擠出第二瓣球松。

06 重複步驟 3-5，完成所有葉子，直到看不見底座。

07 如圖，球松完成。

球松製作
影片 QRcode

錢串

CASSULA PERFORATA

DECORATING TIP 花嘴

底座｜ #352
錢串｜ #352

COLOR 顏色

錢串色｜草綠色、橄欖綠、紅色

步驟説明 STEP BY STEP

• 底座製作

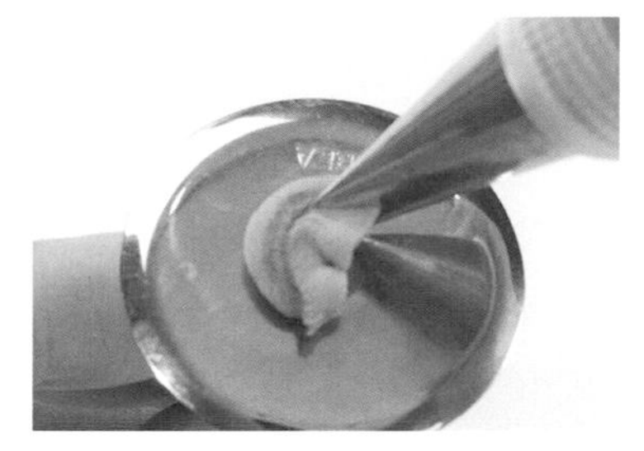

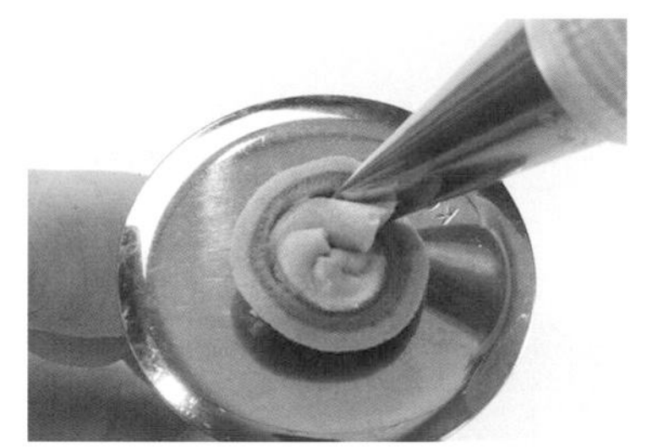

01 以 #352 花嘴在花釘上以逆時針轉、花嘴順時針擠出直徑約 1.5 公分的圓形豆沙霜後，將花嘴向底座輕壓，以切斷豆沙霜。

02 如圖，底座完成。

• 花瓣製作

03 將 #352 花嘴以 2 點鐘方向插入底座中心。

04 承步驟 3，擠出倒三角形豆沙霜後，將花嘴順勢往上拉起，即完成第一片花瓣。

05 重複步驟 3-4，將花嘴插入第一片花瓣側邊，擠出第二片花瓣。

06 重複步驟 3-5，共完成四片花瓣。

07 如圖，第一層花瓣完成。

08 重複步驟 3-4，在前層兩片花瓣間，擠出第二層第一片花瓣。

09 重複步驟 8，共完成四片花瓣。

10 如圖，第二層花瓣完成。

11 重複步驟 8-9，往上堆疊擠出四片花瓣，為第三層花瓣。

12 重複步驟 8-9，結尾以直立朝上方向擠出兩片對稱花瓣，為第四層花瓣。

13 如圖，錢串完成。

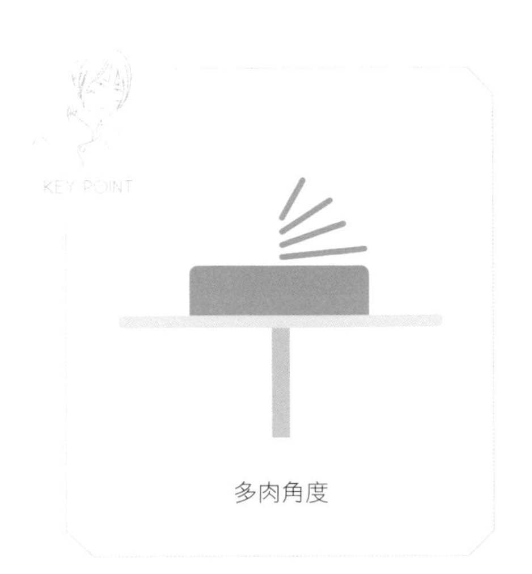

錢串製作
影片 QRcode

觀音蓮

HOUSELEEK

DECORATING TIP 花嘴

底座｜ #104　　觀音蓮｜ #104（花嘴上窄下寬）

COLOR 顏色

觀音蓮色｜●草綠色、●綠色、●藍綠色

步驟說明 STEP BY STEP

◆ 底座製作

01 將花釘逆時針轉、花嘴順時針擠出直徑約 3 公分 × 高 0.5 公分的圓形豆沙霜後，將花嘴向底座輕壓，以切斷豆沙霜，即完成底座。

◆ 觀音蓮製作

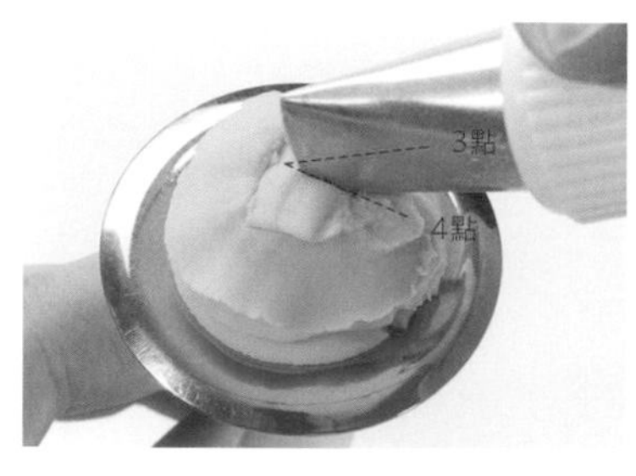

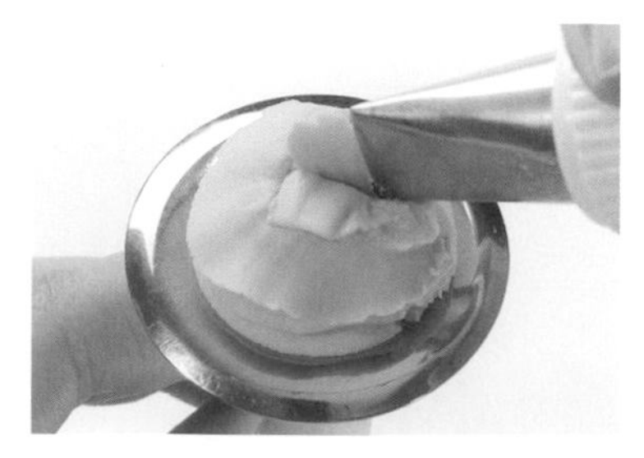

02 將 #104 花嘴直立以 4 點鐘方向插入底座中心後，平行擠出片狀豆沙霜，接著向底座輕壓以切斷豆沙霜。

03 如圖，第一片花瓣完成。

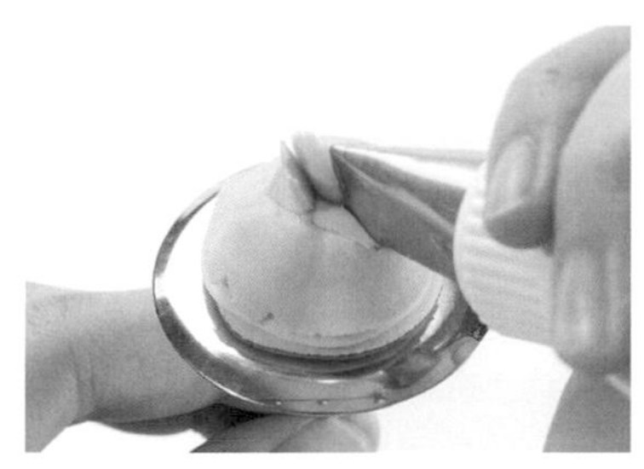

04 重複步驟 2，同一層的後面兩片花瓣以與第一片三角形方式擠出。

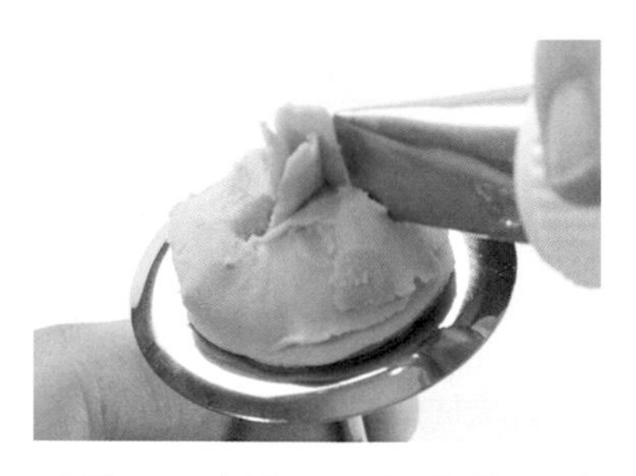

05 承步驟 4，完成共三片花瓣，形成三角形結構。

06 如圖，第一層花瓣完成。

07 將花嘴在第一層花瓣交界處的後方插入。

08 承步驟 7，將花釘逆時針轉、花嘴順時針擠出菱形豆沙霜後，向底座輕壓以切斷豆沙霜，即完成第二層第一片花瓣。

09 重複步驟 7-8，將花嘴插入另一側花瓣後方，擠出第二片花瓣。

10 重複步驟 7-8，完成共五片花瓣。

11 如圖，第二層花瓣完成。

12 重複步驟 7-8，往外繼續擠出五片花瓣，為第三層花瓣。

13　重複步驟 7-8，以 2 點鐘方向擠出花瓣，為第四層花瓣。

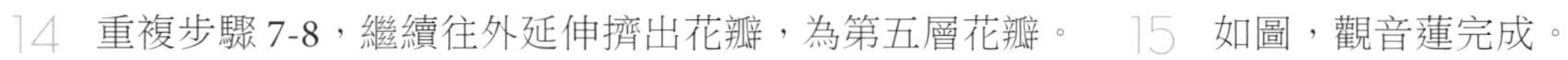

14　重複步驟 7-8，繼續往外延伸擠出花瓣，為第五層花瓣。

15　如圖，觀音蓮完成。

觀音蓮製作
影片 QRcode

月影

ECHEVERIA ELEGANS

DECORATING TIP 花嘴

底座｜ #60　　月影｜ #60（花嘴上窄下寬）

COLOR 顏色

月影色｜●草綠色、●綠色、●藍綠色

步驟説明 STEP BY STEP

・底座製作

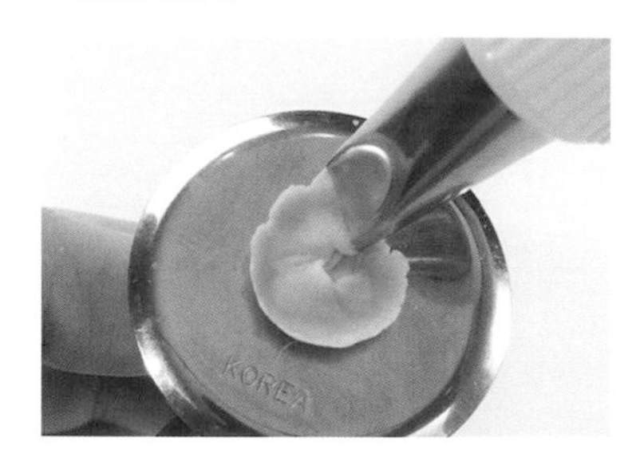

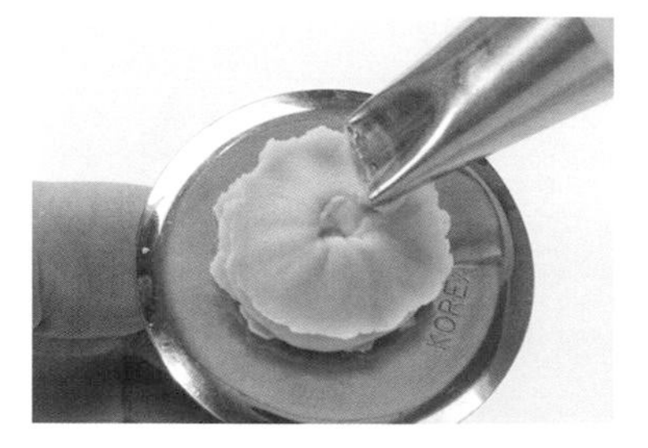

01 以#60將花釘逆時針轉、花嘴順時針擠出直徑約1.5公分的圓形豆沙霜。

02 承步驟1，將豆沙霜在同一位置繼續向上疊加至少三層，作為底座。

・月影製作

03 將#60花嘴以11點鐘方向插入底座中心。

04 承步驟3，先往右上擠出豆沙霜後停止，接著再往右下角回到起始點製作胖水滴型態。

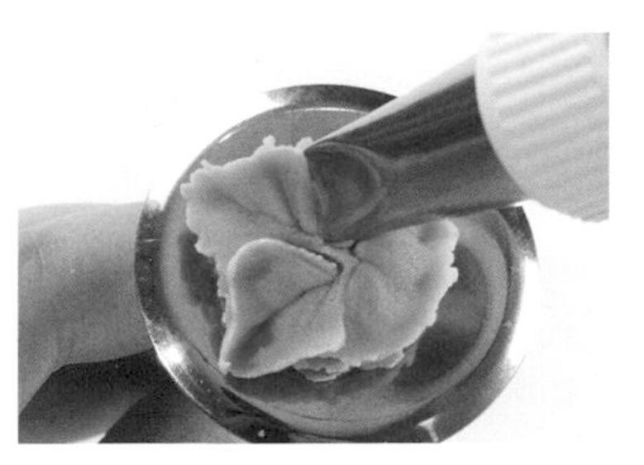

05 重複步驟 3-4，將花嘴插入第一片花瓣右側，擠出第二片花瓣。

06 重複步驟 3-4，完成共六片花瓣。

07 如圖，第一層花瓣完成。

08 將花嘴以 11 點鐘方向插入底座後，先往右上擠出豆沙霜後停止，接著再往右下回到起始點形成胖水滴狀態。

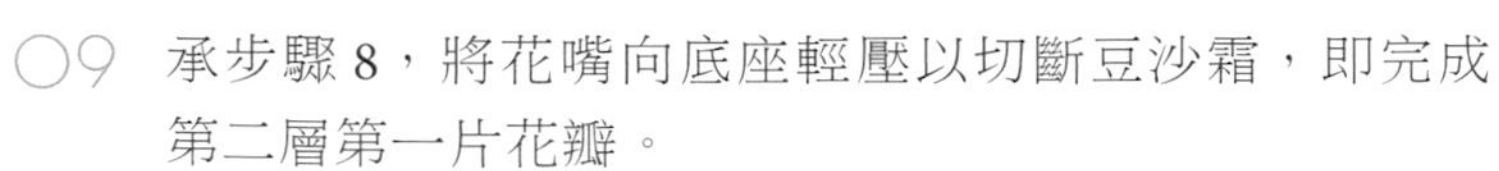

09 承步驟 8，將花嘴向底座輕壓以切斷豆沙霜，即完成第二層第一片花瓣。

10 重複步驟 8-9，完成共五片花瓣。

愈往上層擠花瓣，花嘴須立起，以免碰傷其他花瓣。

11 如圖，第二層花瓣完成。

12 重複步驟 8-9，完成第三層花瓣。

13 重複步驟 8-9，繼續往上疊加，完成第四層花瓣。

14 重複步驟 8-9，完成兩片面對面相對稱花瓣，為第五層花瓣。

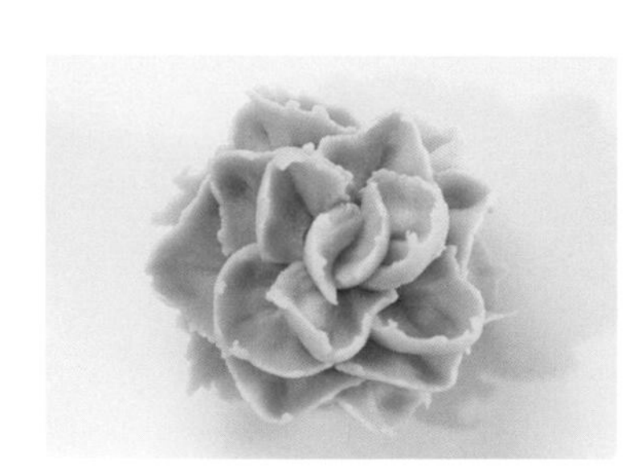

15 如圖，月影完成。

月影製作
影片 QRcode

山地玫瑰

GREENOVIA AUREA

DECORATING TIP 花嘴

底座｜ #104
花瓣｜ #104（花嘴上寬下窄）

COLOR 顏色

花瓣色｜●紅色、●草綠色、●橄欖綠

步驟說明 STEP BY STEP

• 底座製作

01 以 #104 花嘴在花釘上擠出長約 2 公分長條形的豆沙霜後，將花嘴輕壓花釘，以切斷豆沙霜。

02 承步驟 1，將豆沙霜在同一位置繼續向上疊加，在花釘上擠出長約 2 公分 × 高 1 公分的豆沙霜，作為底座。

03 重複步驟 2，將花釘轉向，將底座另一側疊加更高的豆沙霜，來穩固底座。

• 花瓣製作

04 將 #104 花嘴直立插入底座中心。

05 承步驟 4，擠出片狀豆沙霜後，將花嘴向底座輕壓以切斷豆沙霜，即完成第一片花瓣。

06 重複步驟 4-5，將花嘴插入第一片花瓣側邊，擠出第二片與第三片花瓣，使花瓣形成三角形結構，即完成第一層花瓣。

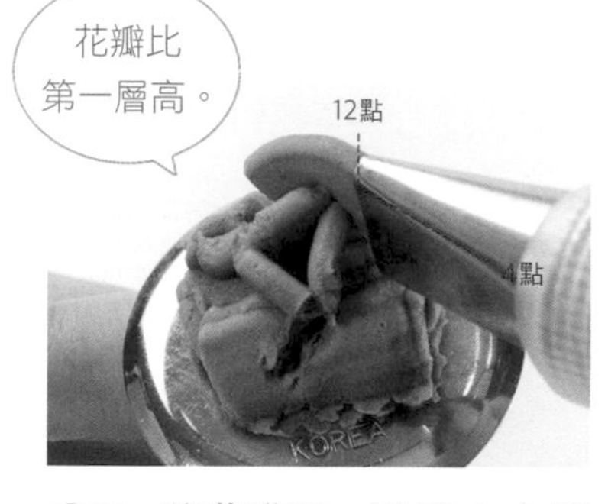

07 將花嘴以 4 點鐘方向插入前層花瓣間隙，並將花釘逆時針轉、花嘴順時針擠出拱形豆沙霜。

08 承步驟 7，將花嘴向底座輕壓以切斷豆沙霜，即完成第二層第一片花瓣。

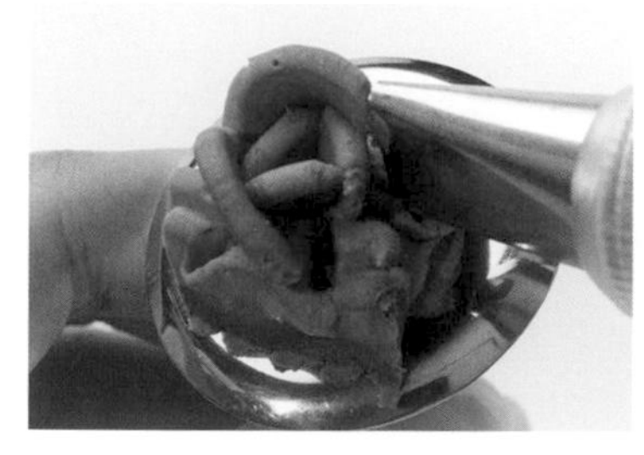

09 重複步驟 7-8，將花嘴插入第一片花瓣側邊底座，擠出第二片花瓣。

10 重複步驟 7-8，完成共三片花瓣。

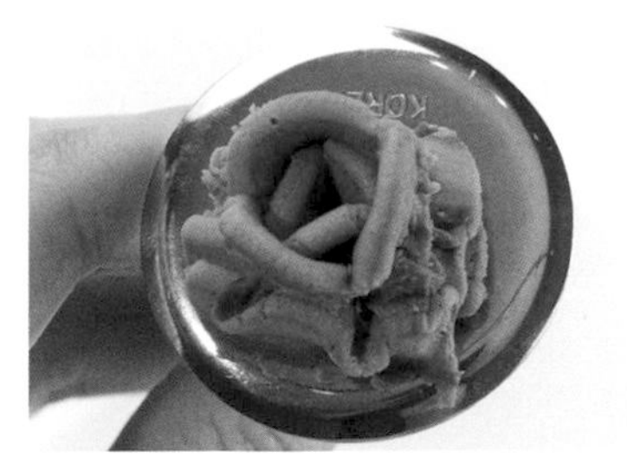

11 如圖，第二層花瓣完成，為另一三角形結構。

12 重複步驟 7-10，擠出五片花瓣，為第三層花瓣。

13 繼續往下重複步驟 7-10，擠出花瓣，為第四層花瓣。

14 重複步驟 7-10，以花嘴往外傾倒方式，擠出花瓣，為第五層花瓣。

15 如圖，山地玫瑰完成。

山地玫瑰製作
影片 QRcode

多肉植物
SUCCULENT PLANTS

製作說明

　　除了花朵之外，多肉植物也是受到眾多粉絲的喜愛喔！花型對於初學者來說簡單上手，在裱花過程中可以加強花釘轉動與擠花力道上的控制，調色上也可以練習製作出不同層次的綠意，是非常適合作為剛起步裱花又對多肉植物有熱愛的同學們打好基礎。

　　擺放方式盡量彼此靠近集中在一區，會更有多肉植物擬真的感覺，基底鋪上可可粉或是一些碎餅乾屑製造出土壤盆栽的感覺，是不是很療癒呢？趕快動手製作看看吧！

裱花×蛋糕 組合配置運用

Flower Piping & Cake COMBINATION

CHAPTER

04

裱花蛋糕配件製作

DECORATING CAKE ACCESSORIES

STEP BY STEP 步驟說明

花嘴使用　#352（葉子）

» 製作葉子裝飾

01 以 #352 花嘴擠出片狀的奶油霜。

02 承步驟 1，花嘴以左右擺動方式持續擠出奶油霜。

03 重複步驟 1-2，呈現出葉脈後順勢抽離，製造出倒三角型態。

04 如圖，葉子完成。

TIP 葉子大小可依擺動幅度決定。

» 玫瑰上花萼擠法

01 取備好的裱花，插入裱花側邊（欲擠花萼處）。

02 由下往上貼著花朵側邊製作花萼，於結尾時向上抽離。

03 如圖，第一片花萼完成。

04 重複步驟 3，將花嘴放在花朵另一側。

05 重複步驟 1-2，呈現花萼形狀後，將花嘴稍微向上拿起後往外抽離。

06 如圖，第二片花萼完成。

07 重複步驟 1-2，共完成三片花萼。

08 如圖，花萼完成。

裱花×蛋糕組合配置運用

杯子蛋糕組合配置

CUP CAKE COMBINATION

花圈型 Wreath

STEP BY STEP 步驟說明

» 花型製作

木蓮花（P.143）

» 花嘴使用

#352（葉子）、#13（小花）

» 葉子製作

01

取已抹面的杯子蛋糕，並將花嘴插入杯子蛋糕外緣。

TIP 杯子蛋糕抹面方法請參考 P.32。

02 承步驟 1，使用 #352 花嘴先擠出片狀後左右擺動製造葉脈，再將花嘴向外拉以切斷奶油霜，使葉子呈倒三角形，即完成第一片葉子。

03 如圖，第一片葉子完成。

04 重複步驟 1-2，將花嘴插入第一片葉子右側，往不同方向擠出第二片葉子。

TIP 葉子擠出的方向與大小可依照個人喜好調整。

» 裱花裝飾

05 重複步驟 1-4，順著蛋糕的輪廓，依序在周邊擠出葉子，為花圈基底。

06 使用花剪夾取木蓮花放置在葉子上，花剪輕輕下壓後即可平行移開。

TIP 任選一片葉子即可。

07 如圖，第一朵木蓮花擺放完成。

08 重複步驟 6，將第二朵木蓮花放在第一朵木蓮花側邊，為兩朵花的配置。

TIP 互相倚靠的方向會更具立體感。

09 重複步驟 6-8，完成三朵花的配置。

10 重複步驟 6-8，完成單朵花的配置。

11 重複步驟 6-8，完成木蓮花擺放， 形成花圈。

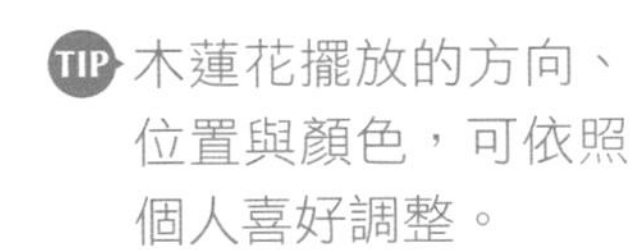

TIP 木蓮花擺放的方向、位置與顏色，可依照個人喜好調整。

12 如圖，木蓮花花圈完成。

13 將花嘴以 3 點鐘方向插入木蓮花中間，擠出葉子。

TIP 可在花圈的空隙處擠出更高角度葉子，增加花圈的層次感。

14 重複步驟 13，完成木蓮花的葉子。

TIP 葉子擠出的方向、位置與大小，可依照個人喜好調整。

15 將 #13 花嘴在花朵間擠出小球狀，為白色小花。

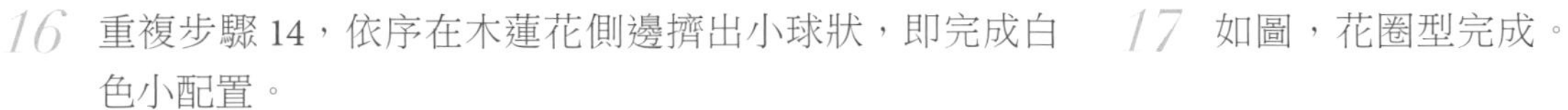

16 重複步驟 14，依序在木蓮花側邊擠出小球狀，即完成白色小配置。

TIP 白色小花擠出的位置與大小，可依照個人喜好調整。

17 如圖，花圈型完成。

KEY POINT

單朵花在杯子蛋糕上的葉子擺法，左為葉子在左側；右為三角結構。

捧花型

Bouquet

STEP BY STEP 步驟說明

» 花型製作

康乃馨（P.124）

» 花嘴使用

#352（葉子）、#13（小花）

» 底座製作

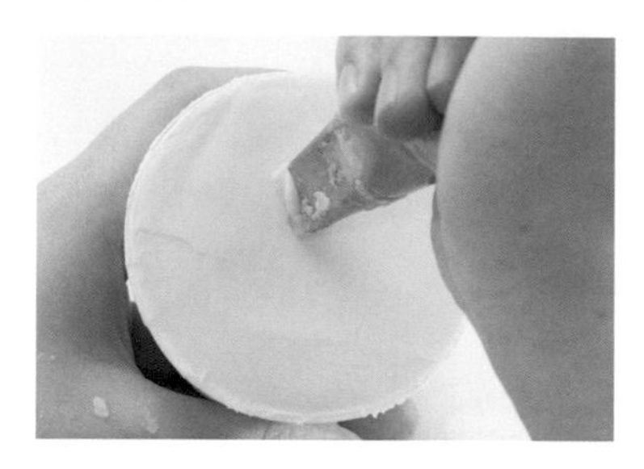

01

取已抹面的杯子蛋糕，並將花嘴放置杯子蛋糕中心。

TIP 杯子蛋糕抹面方法請參考P.32。

02 承步驟 1，依序堆疊並擠出奶油霜，使底座呈三角形。

03 如圖，底座完成。

» 裱花裝飾

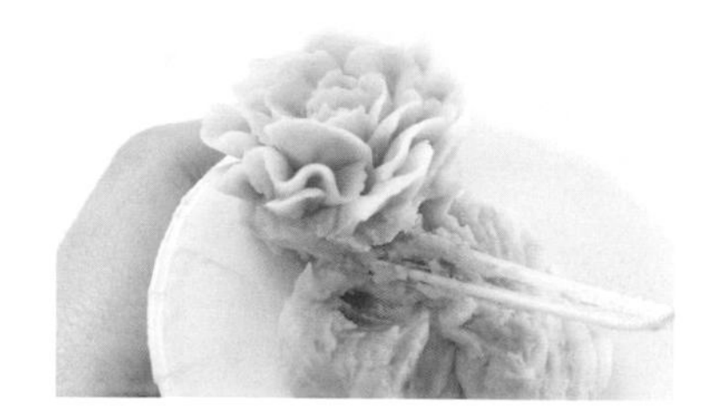

04 以花剪夾取，將康乃馨放在底座外緣黏上固定。

05 如圖，第一朵康乃馨擺放完成。

06 重複步驟 4，將第二朵康乃馨放在第一朵康乃馨同一外圈基準點的位置。

07 重複步驟 4-6，順著蛋糕的外緣，依序擺放康乃馨，使其呈放射狀。

08 如圖，康乃馨擺放完成。

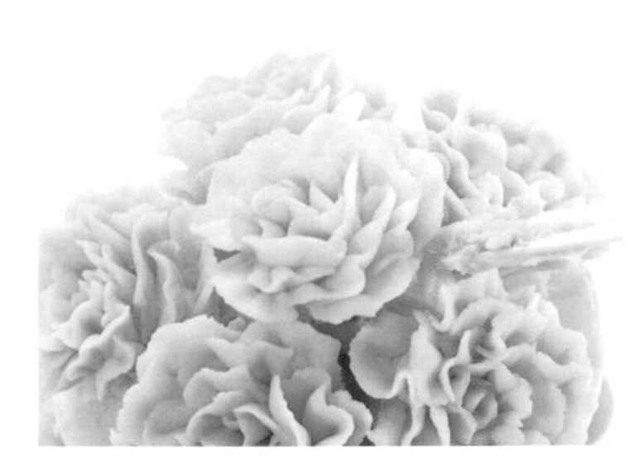

09 將花嘴以 12 點鐘方向插入康乃馨中間擠出，為底座。

TIP 底座高度約外圈花朵的 1/2 高。

10 承步驟 9，以花剪夾取康乃馨後，固定在底座上。

11 將 #352 花嘴插入兩朵康乃馨間。

12 承步驟 11，擠出片狀葉子後，左右擺動製作葉脈，於結尾時抽離，使葉子呈倒三角形，即完成第一片葉子。

13 重複步驟 11-12，完成外圈下層葉子。

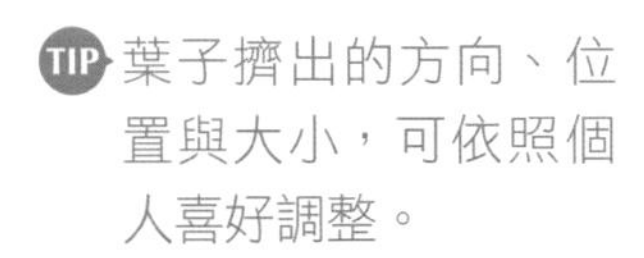

TIP 葉子擠出的方向、位置與大小，可依照個人喜好調整。

14 重複步驟 11-12，完成上層葉子。

15 將 #13 花嘴隨意插入捧花間隙中，擠出小球狀。

16 重複步驟 15，依序在康乃馨側邊擠出小球狀，即完成淺紫色小花。

TIP 淺紫色小花擠出的位置與大小，可依照個人喜好調整。

17 如圖，捧花型完成。

多肉植物

STEP BY STEP 步驟說明

» 花型製作

仙人球 2（P.265）、球松（P.269）

» 底座製作

01 取已抹面的杯子蛋糕，並灑上可可粉。

TIP 杯子蛋糕抹面方法請參考 P.32。

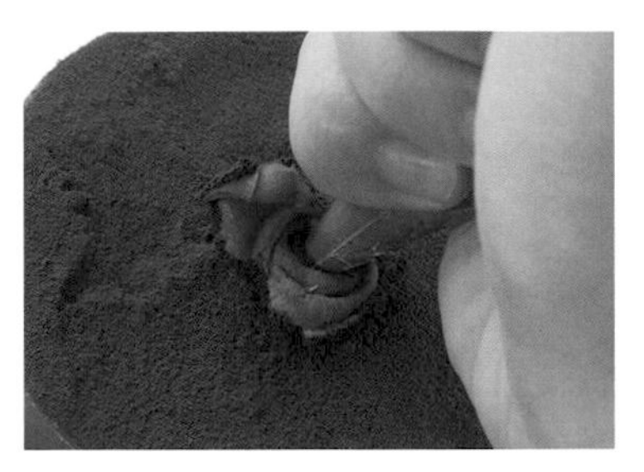

02 以平口花嘴在杯子蛋糕上以繞圈方式擠出豆沙霜。

03 重複步驟 1，持續擠出豆沙霜，呈現小山丘後，將花嘴稍微向下壓，以固定豆沙霜，作為底座。

» 裱花裝飾

04 以花剪為輔助，將仙人球 2 放在底座上。

05 將平口花嘴以 3 點鐘方向插入仙人球 2 側邊，擠出豆沙霜，以補底座加強固定。

TIP 或可藉由補底座調整裱花位置。

06 以平口花嘴，在仙人球 2 側邊擠出圓形豆沙霜，為底座。

07 以花剪夾取球松放在豆沙霜上。

08 如圖，第一個球松擺放完成。

09 重複步驟 7，將第二個球松放在第一個球松側邊。

TIP 多肉適合擺放成小群落的感覺，非常可愛。

10 重複步驟 4-8，也可以牙籤為輔助固定，完成第三個球松擺放。

TIP 若擺放的裱花較邊緣，可使用牙籤輔助擺放。

11 重複步驟 4-8，完成第二個仙人球 2 擺放。

12 如圖，多肉植物擺放完成。

6 寸蛋糕組合配置

6 INCH CAKE COMBINATION

STEP BY STEP 步驟說明

» 花型製作

小玫瑰（P.39）、基礎陸蓮花（P.111）、秋菊（P.60）、牡丹（全開）（P.106）、牡丹（花苞）（P.95）

» 底座製作

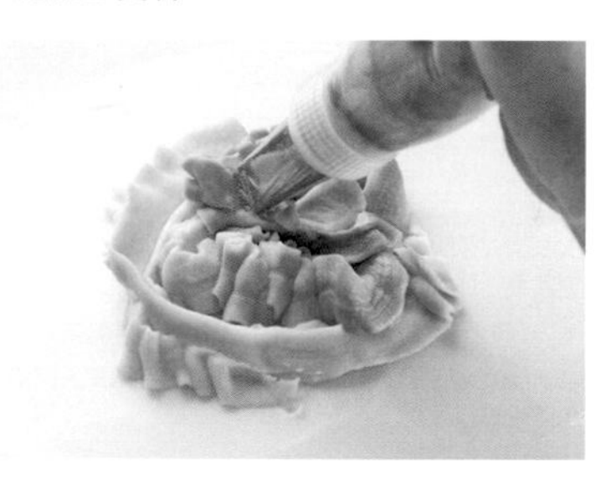

01

取已抹面好的蛋糕，並以花嘴在蛋糕體上以繞圈方式擠出豆沙霜。

» 裱花裝飾

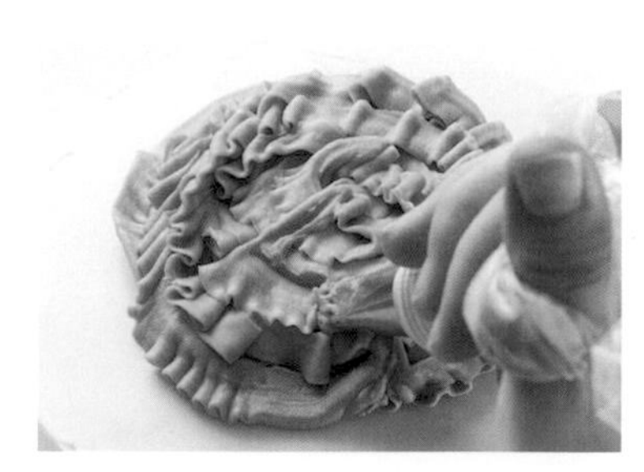

02 重複步驟 1，持續擠出豆沙霜，呈現小山丘後，將花嘴稍微向下壓，以切斷豆沙霜，作為底座。

03 以花剪夾取陸蓮花放在底座外緣一側。

TIP 任選一側即可。

04 重複步驟 3，將第二朵陸蓮花放在上一朵陸蓮花側邊。

05 重複步驟 3，將葉子放在蛋糕外緣。

06 承步驟 5，將第三朵陸蓮花放在葉子上裝飾。

07 重複步驟 5-6，依序擺放小玫瑰。

08 以花剪夾取小菊花放在底座外緣一側。

09 以花剪夾取陸蓮花放在底座外緣一側。

10 以花剪為輔助，繼續將鬱金香放在底座外緣一側。

11 如圖，外圈裱花擺放完成。

12 以花剪夾取牡丹放置在底座上固定。

13 重複步驟 12，依序排列裱花，直到填滿底座中心。

14 如圖，內層裱花擺放完成，呈現半圓形。

15 將平口花嘴插入裱花側邊，擠出球狀型態，為花苞。

16 承步驟 15，在花苞上擠出小球狀，為金杖菊。

17 將 #352 花嘴插入裱花中間擠出，為葉子。

18 重複步驟 17，繼續擠出葉子。

TIP 葉子擠出的方向、位置與大小，可依照個人喜好調整。

19 以花剪為輔助，兩朵紫羅蘭分別放在花朵間隙。

TIP 紫羅蘭的位置可依照個人喜好調整。

20 重複步驟 19，依序擠出葉子。

21 如圖，捧花型完成。

彎月型 New Moon

STEP BY STEP 步驟說明

» 花型製作

小玫瑰（P.39）、牡丹（全開）（P.106）、牡丹（花苞）（P.95）、木蓮花（P.143）

» 底座製作

01 取已抹面好的蛋糕，並以牙籤在蛋糕體上畫出彎月型的記號線。

TIP 先做記號，可在放裱花時型態不易偏離月牙造型。

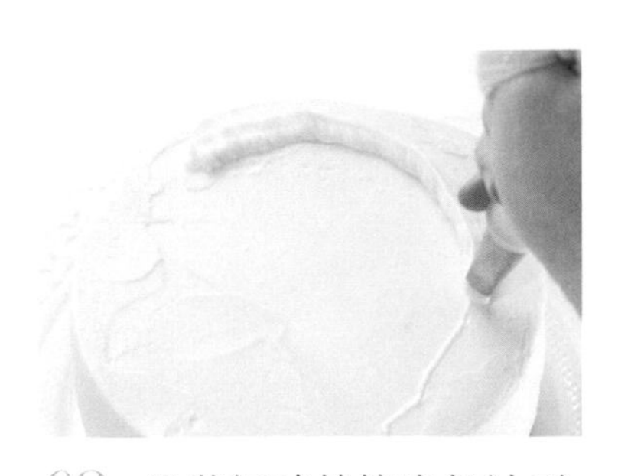

02 沿著記號線擠出奶油霜。

03 如圖，底座完成。

04 以花剪為輔助，將全開牡丹放在底座定位點。

05 在全開牡丹側邊擠出奶油霜，以補底座固定。

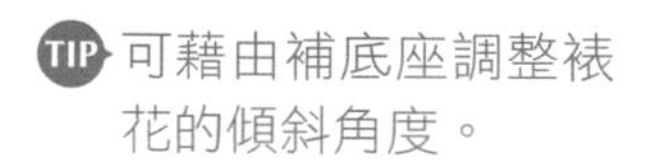

TIP 可藉由補底座調整裱花的傾斜角度。

06 以花剪夾取小玫瑰放在全開牡丹側邊。

07 重複步驟 6，將牡丹放在兩朵花對側，呈現三角形結構。

08 承步驟 7，以花剪夾取羊耳葉放在牡丹與玫瑰間隙中。

09 重複步驟 8-10，依序擺放牡丹、玫瑰、葉子。

10 重複步驟 9，依序順著底座基準點擺放花朵。

11 將花嘴在月牙尾端擠出豆沙霜底座。

12 以花剪夾取木蓮花在底座上。

13 重複步驟 12，共擺放六朵木蓮花。

14 將 #352 花嘴插入木蓮花側邊，擠出葉子。

15 承步驟 14，在蛋糕體上繼續擠出往下飛落的葉子，為裝飾。

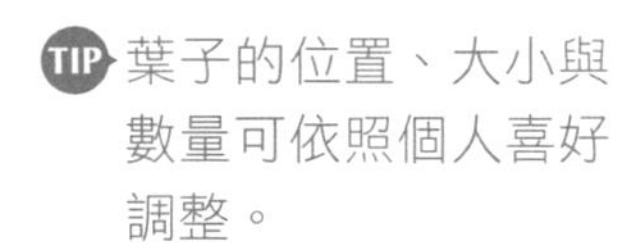

TIP 葉子的位置、大小與數量可依照個人喜好調整。

16 若有剩下的小花也可隨意裝飾在蛋糕外圍。

17 將花嘴插入蛋糕體側邊，擠出花瓣形奶油霜，為點綴花瓣飄落。

18 重複步驟 17，在盤子上也可擠出花瓣，以完成蛋糕體點綴。

19 如圖，彎月型擺放完成。

花圈型 Wreath

STEP BY STEP 步驟說明

» 花型製作

木蓮花（P.143）、蠟花（P.159）、蘋果花（P.77）、小玫瑰（P.39）、牡丹（花苞）（P.95）、牡丹（半開）（P.99）、牡丹（全開）（P.106）

» 底座製作

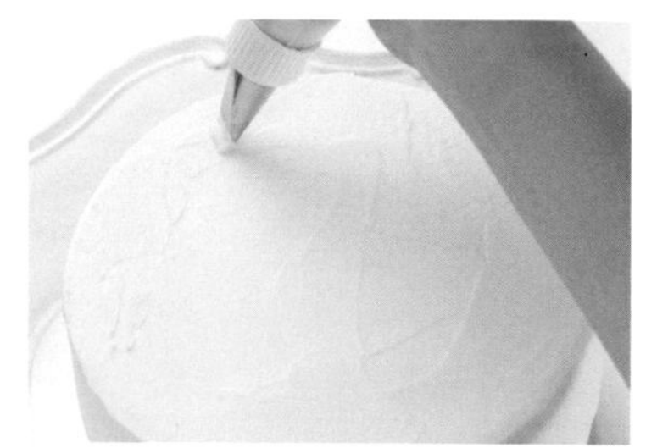

01 取已抹面好的蛋糕，順著蛋糕輪廓在外圈擠出圓圈形底座。

» 裱花裝飾

02 如圖，底座完成。

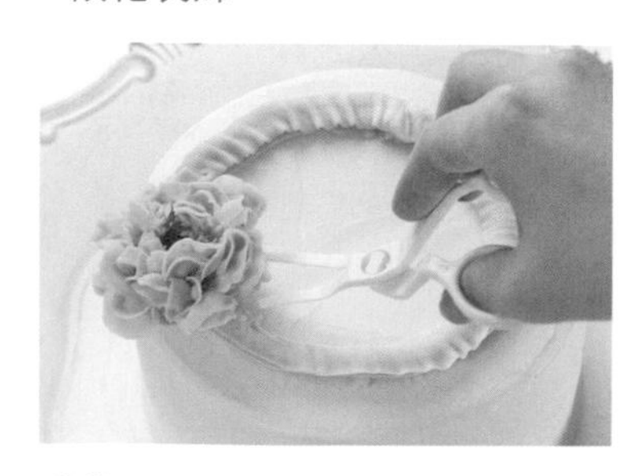

03 以花剪夾取牡丹放在底座外緣上。

04 如圖，牡丹擺放完成。

05 以花剪夾取牡丹花苞放在牡丹側邊。

06 以花剪夾取葉子放在兩朵花的中間。

07 以花剪為輔助，將牡丹花苞放在葉子上方。

08 接著，將牡丹花苞放在其前兩朵花苞中間，呈現三角形結構。

09 在牡丹花苞的空隙間放上葉子。

10 重複步驟 3-9，依序擺放牡丹、牡丹花苞、玫瑰、葉子。

11 以花剪為輔助，將繡球花擺在葉子上。

12 重複步驟 11，依序擺放堆疊繡球花。

13 重複步驟 3-12，依序擺放繡球花、牡丹花苞、葉子。

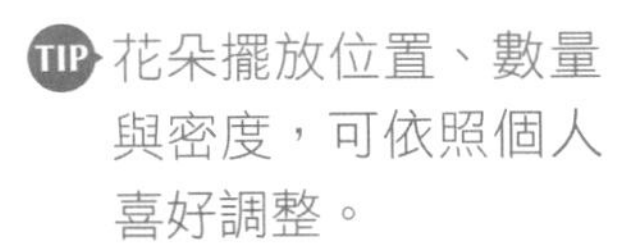

TIP 花朵擺放位置、數量與密度，可依照個人喜好調整。

14 如圖，花圈主體完成。

15 以花剪夾取小花放在空隙間。

16 以花剪繼續夾取不同小花，裝飾在花圈上。

17 將 #352 花嘴插入花瓣空隙間，擠出葉子。

TIP 葉子擠出的位置與數量，可依照個人喜好調整。

18 重複步驟 17，依序擠出外圈葉子。

TIP 可在花圈的空隙處擠出葉子，以增加畫面整體感。

19 如圖，花圈型完成。

裱花×蛋糕組合配置運用

福袋蛋糕
製作及裝飾

LUCKY BAG CAKE

TOOL & INGREDIENTS 工具材料

❶ 上新粉 60g	❽ 植物油適量	⓯ 尺	㉒ 篩網	㉙ 槳狀拌打器
❷ 白豆沙 600g	❾ 白色色膏	⓰ 小剪刀	㉓ 切刀棒	㉚ 大剪刀
❸ 攪拌盆	❿ 黃色色膏	⓱ 畫筆	㉔ 塑型推棒	㉛ 棉質手套
❹ 低筋麵粉 15g	⓫ 藍色色膏	⓲ 擀麵棍	㉕ 擠泥器	㉜ 食物用手套
❺ 酒適量	⓬ 粉色色膏	⓳ 花形切模	㉖ 海綿墊	㉝ 磅秤
❻ 金色亮粉	⓭ 葡萄糖漿 115g	⓴ 牙籤	㉗ 烘焙墊	㉞ 烘焙紙
❼ 熟粉	⓮ 保鮮膜	㉑ 錐形雕塑棒	㉘ 鋼盆	

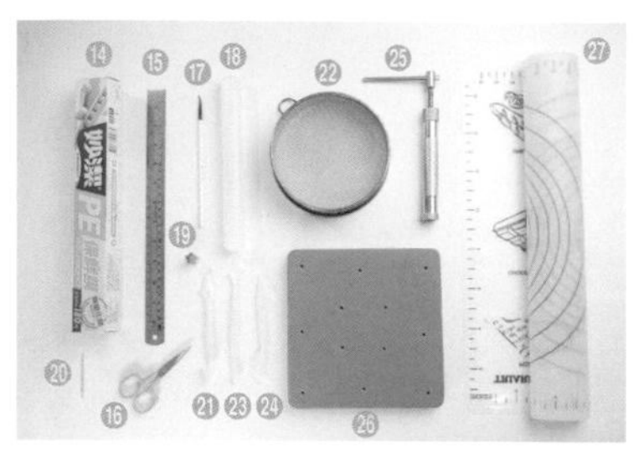
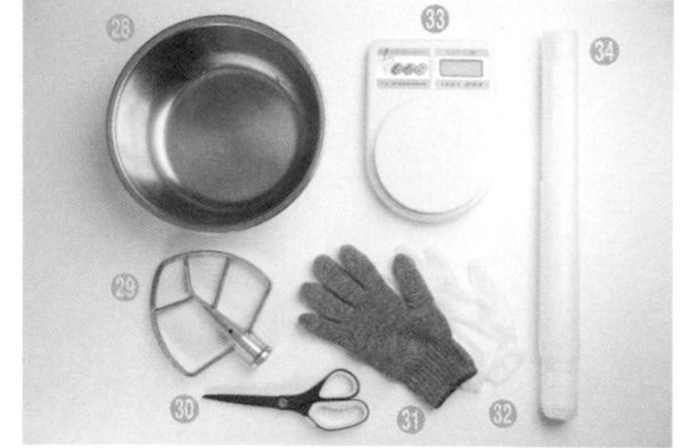

前置製作：基底製作及保存

步驟説明 STEP BY STEP

01 在攪拌盆內倒入白豆沙。

02 加入上新粉。

03 加入低筋麵粉。

04 裝入槳狀拌打器。

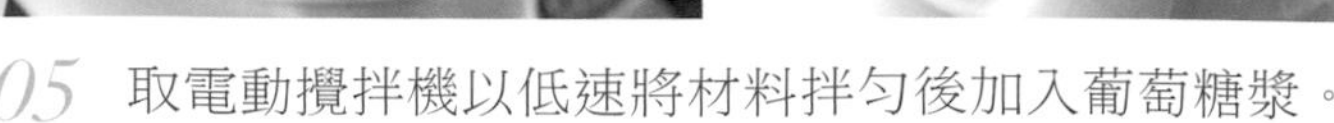
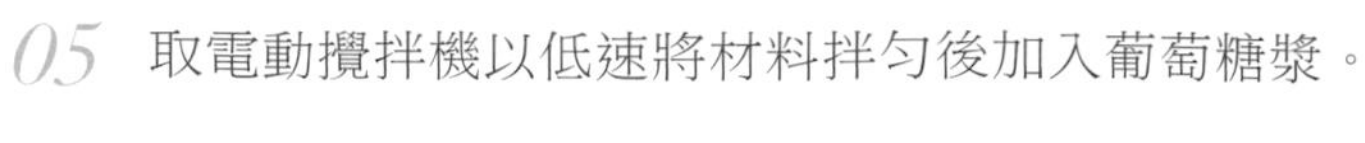

05 取電動攪拌機以低速將材料拌勻後加入葡萄糖漿。

06 確認麵團狀態是否能成團，若不能成團，則須再適量加少許葡萄糖漿繼續拌打。

TIP 加入的葡萄糖漿 g 數可因豆沙乾濕調整比例。

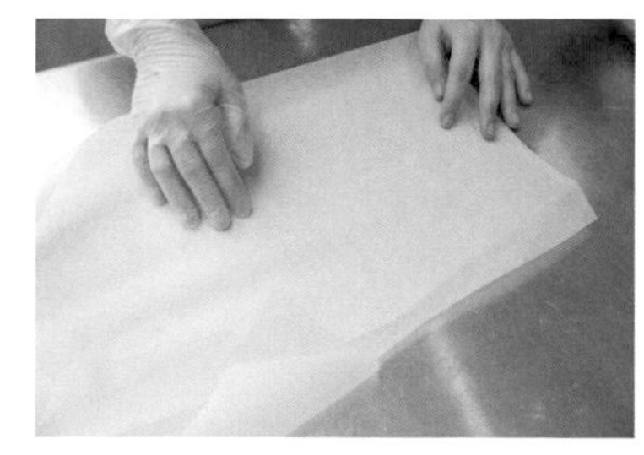

07 取烘焙紙，並將 1/3 份麵團放在烘焙紙上。

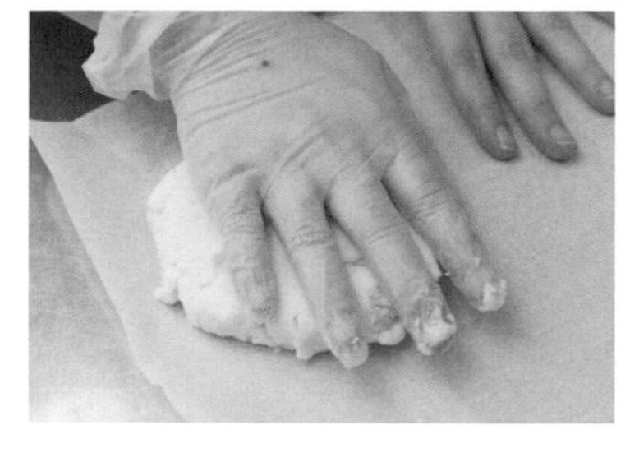

08 將麵團壓平並調整麵團形狀及厚度。

09 以尺為輔助確認麵團的厚度約在 2 公分左右。

TIP 麵團不可過厚，以免蒸時裡外熟度不均勻。

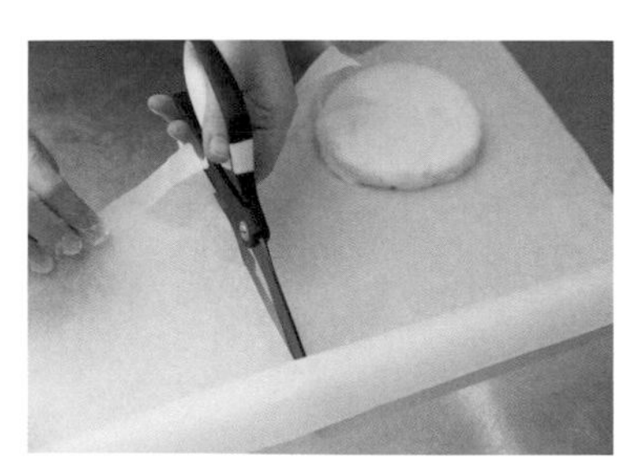

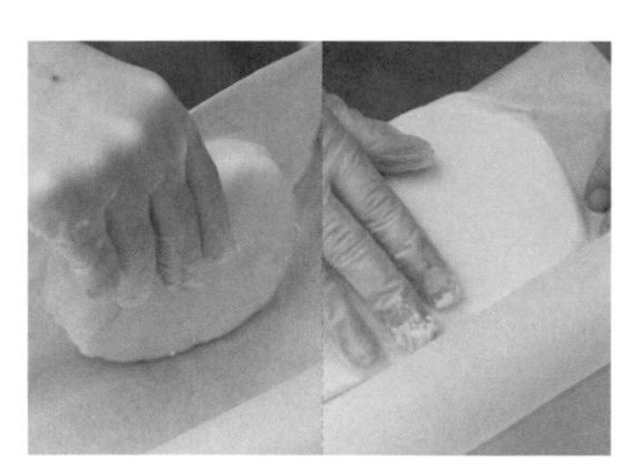

10 以剪刀剪去過多的烘焙紙，並包住麵團。

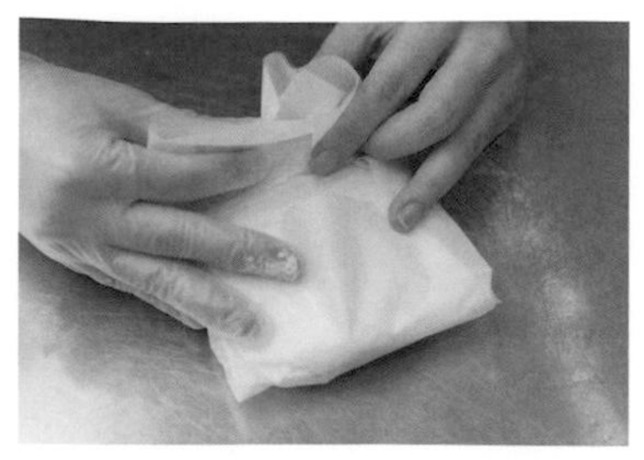

11 將烘焙紙上、下往中間摺，即完成麵團包覆。

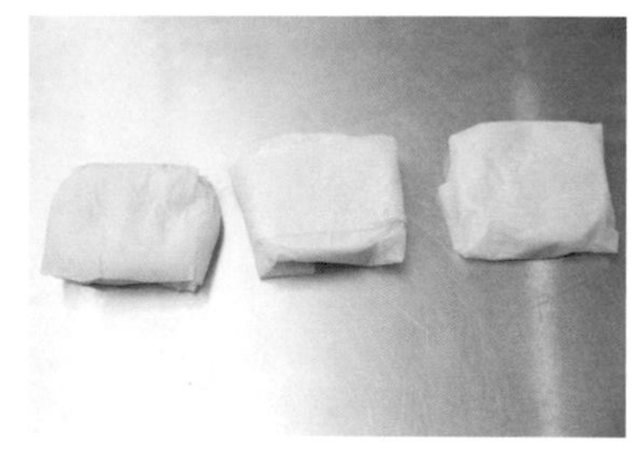

12 重複步驟 7-11，共完成三個麵團。

13 將水倒入蒸鍋中，並開火煮至滾。

14 水滾後將麵團放入蒸籠內。

15 以中大火蒸約 20 ～ 25 分鐘。

16 待加熱完成後，以隔熱手套將麵團取出，並撕下烘焙紙。

17 重複步驟 16，共取出三個麵團。

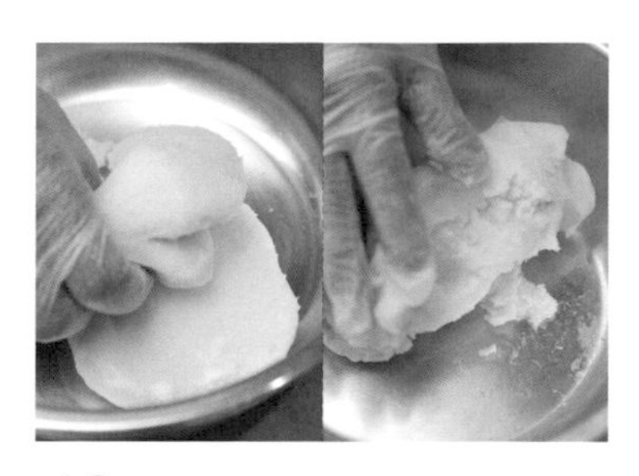

18 用手將麵團搓揉均勻。

19 若麵團偏乾，可倒入少許植物油調整。

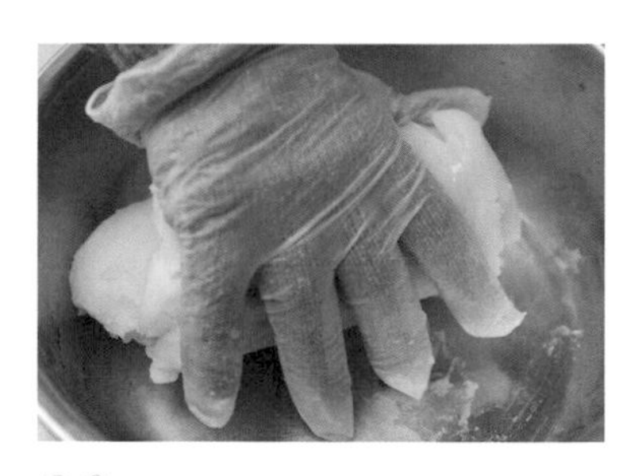

20 將麵團及植物油搓揉均勻。

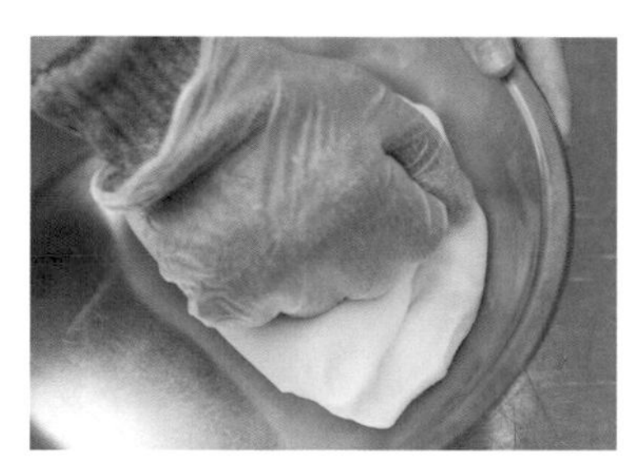

21 最後，將麵團搓揉至光滑不沾手的狀態即可。

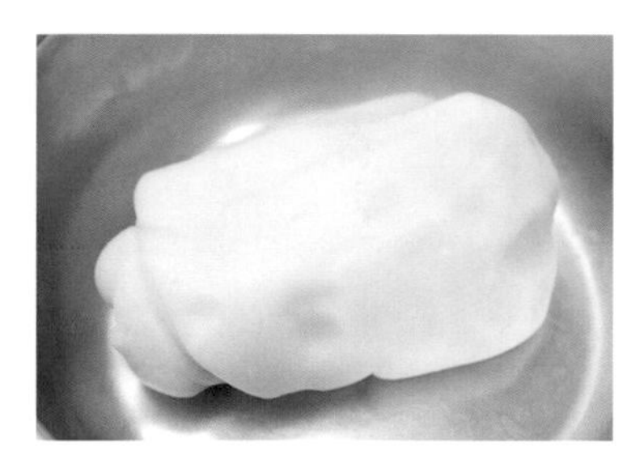

22 如圖，豆沙糖皮製作完成。

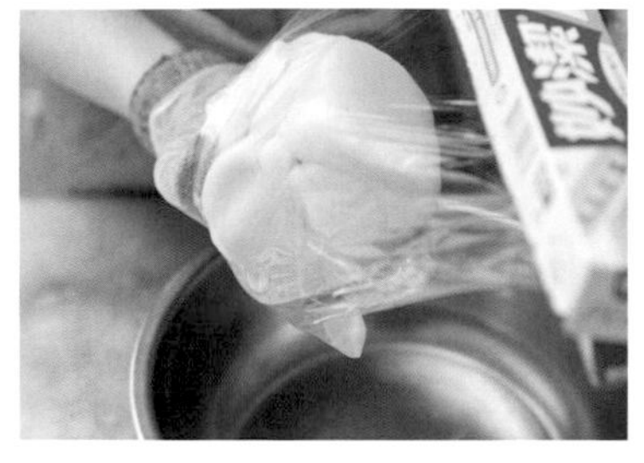

23 取保鮮膜，包覆豆沙糖皮以免乾裂。

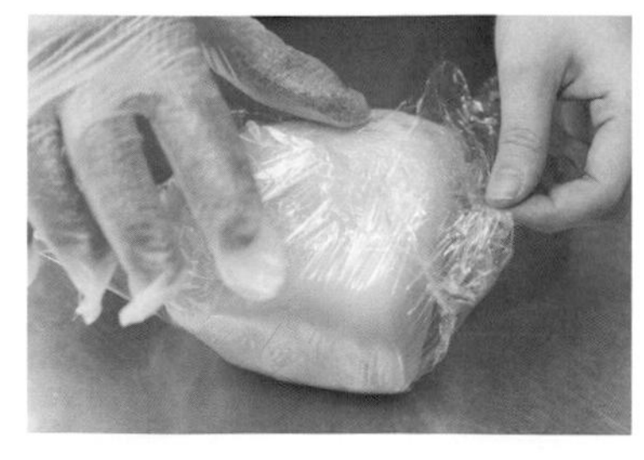

24 最後，將保鮮膜完整包覆豆沙糖皮即可備用。

前置製作：粉紅色豆沙糖皮製作

步驟說明 STEP BY STEP

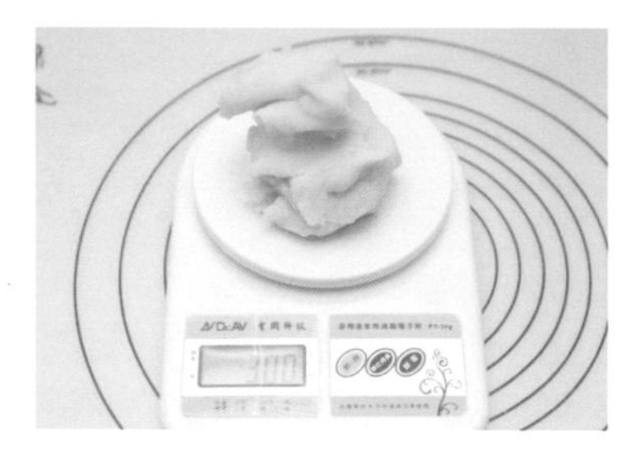

25 取 300g 豆沙糖皮。

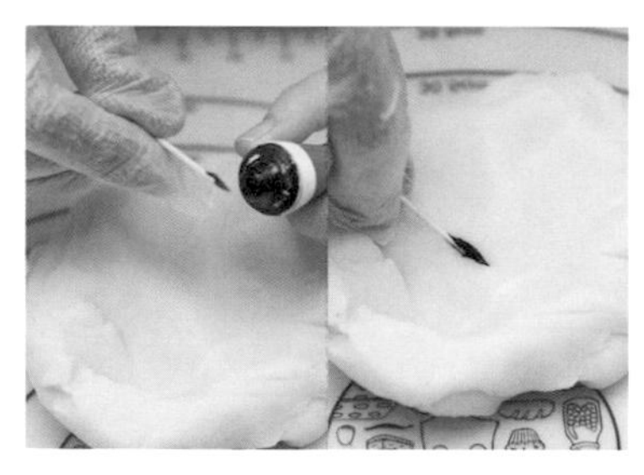

26 以牙籤沾取粉紅色色膏，並沾染在豆沙糖皮上。

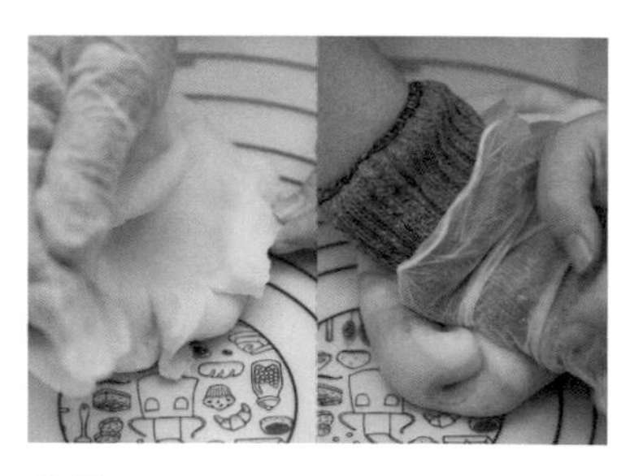

27 承步驟 26，用手搓揉麵團，使豆沙糖皮上色。

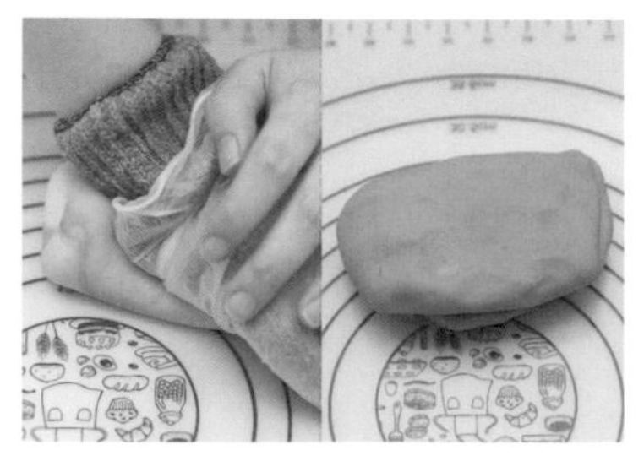

28 重複步驟 27，用手搓揉至麵團完全上色即可。

TIP 可依照個人喜好，適時添加色膏。

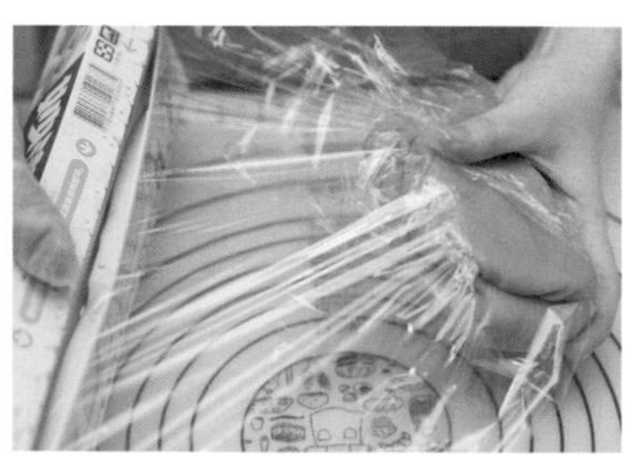

29 最後，以保鮮膜將粉紅色豆沙糖皮包覆保存即可。

前置製作：亮白色豆沙糖皮製作

步驟說明 STEP BY STEP

30 取 35g 豆沙糖皮。

31 以牙籤沾取白色色膏，並沾染在豆沙糖皮上。

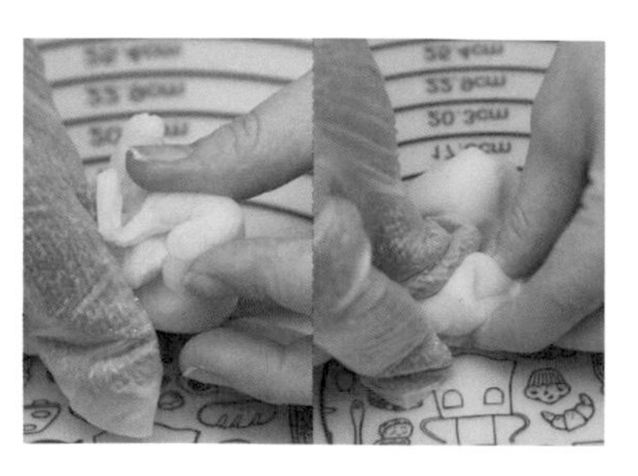

32 承步驟 31，用手搓揉麵團，使豆沙糖皮上色。

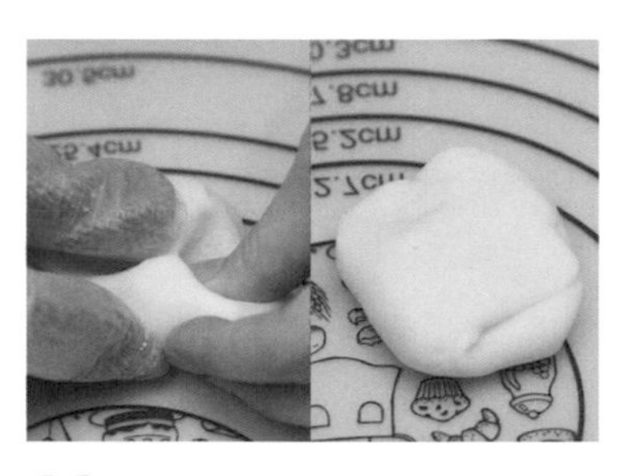

33 重複步驟 32，用手搓揉至麵團完全上色即可。

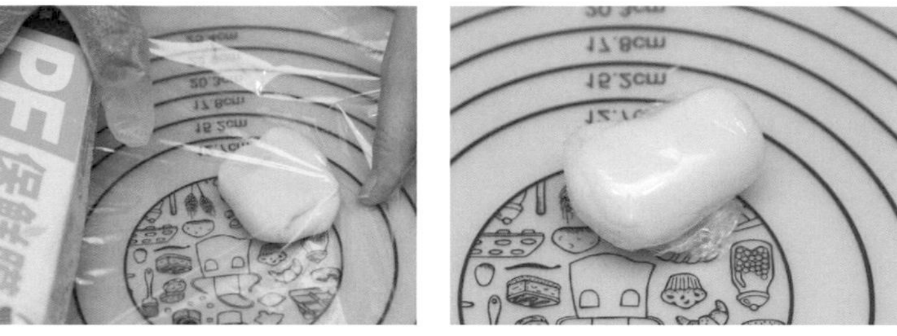
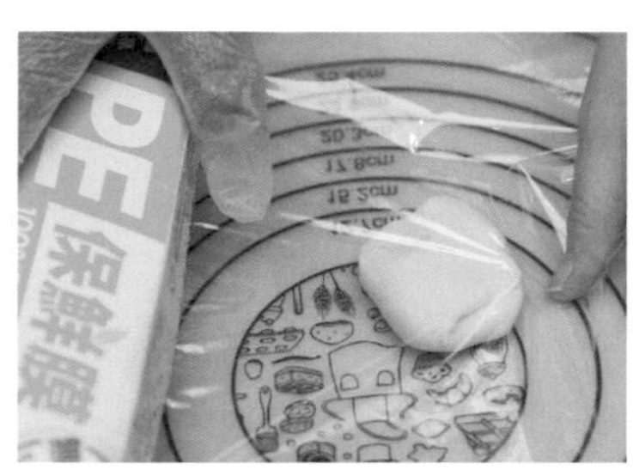

34 最後，以保鮮膜將亮白色豆沙糖皮包覆保存即可。

前置製作：藍色豆沙糖皮製作

步驟說明 STEP BY STEP

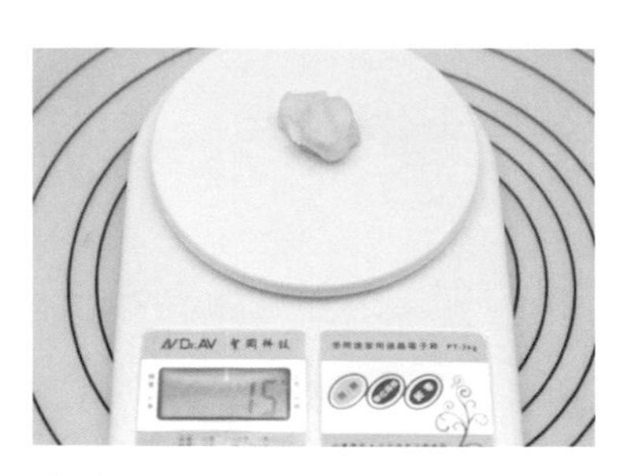

35 取 15g 豆沙糖皮。

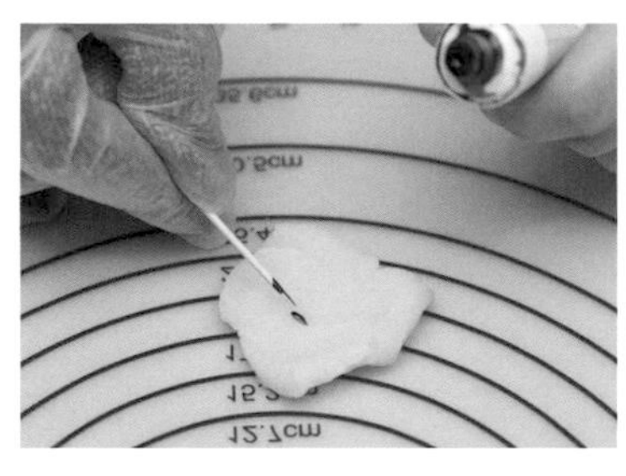

36 以牙籤沾取藍色色膏，並沾染在豆沙糖皮上。

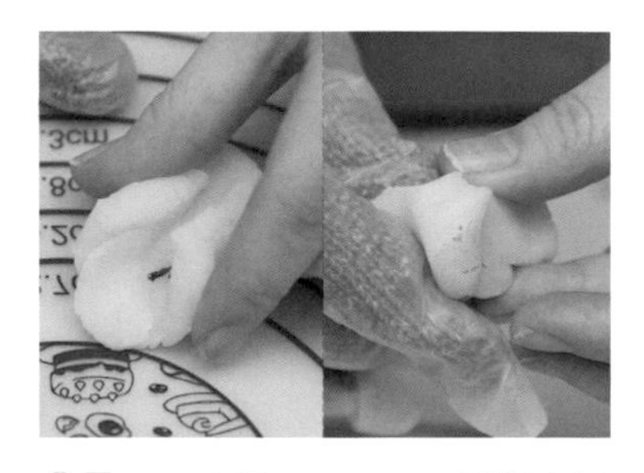

37 承步驟 36，用手搓揉麵團，使豆沙糖皮上色。

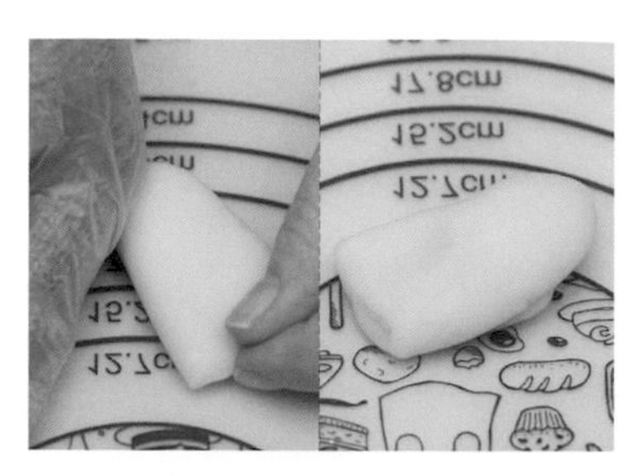

38 重複步驟 37，用手搓揉至麵團完全上色即可。

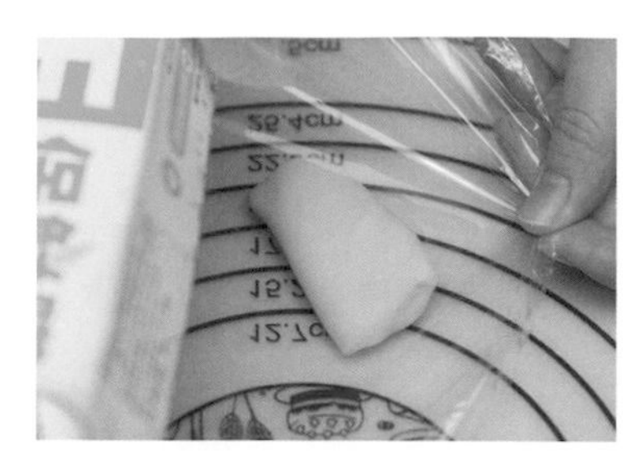

39 最後，以保鮮膜將藍色豆沙糖皮包覆保存即可。

前置製作：黃色豆沙糖皮製作

步驟說明 STEP BY STEP

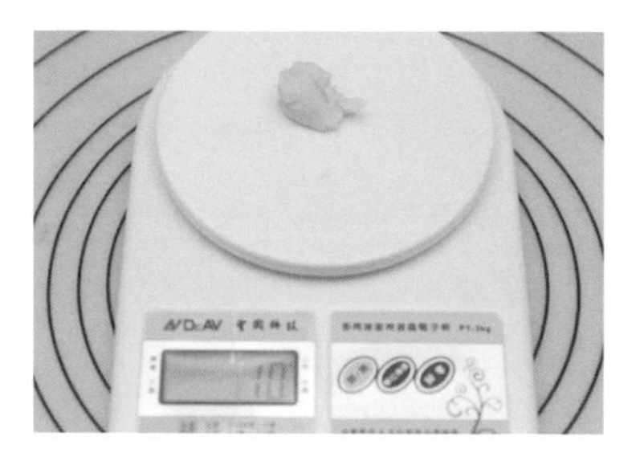

40 取 10g 豆沙糖皮。

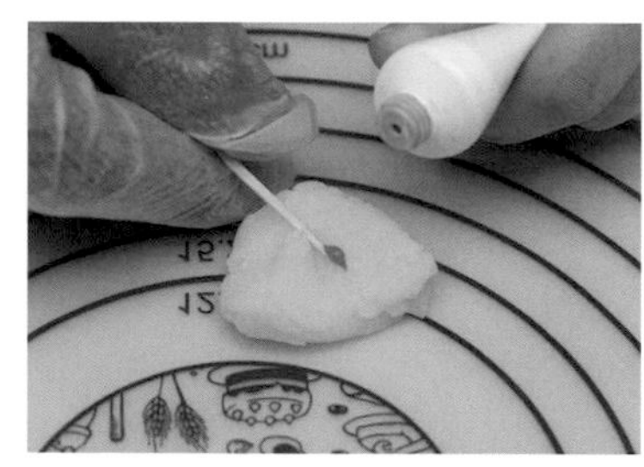

41 以牙籤沾取黃色色膏，並沾染在豆沙糖皮上。

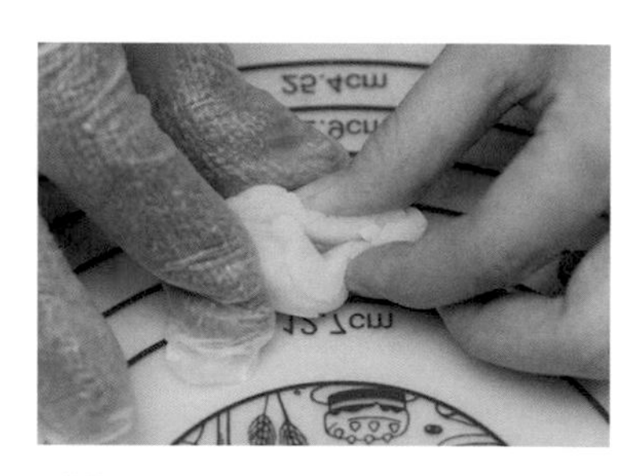

42 承步驟 41，用手搓揉麵團，使豆沙糖皮上色。

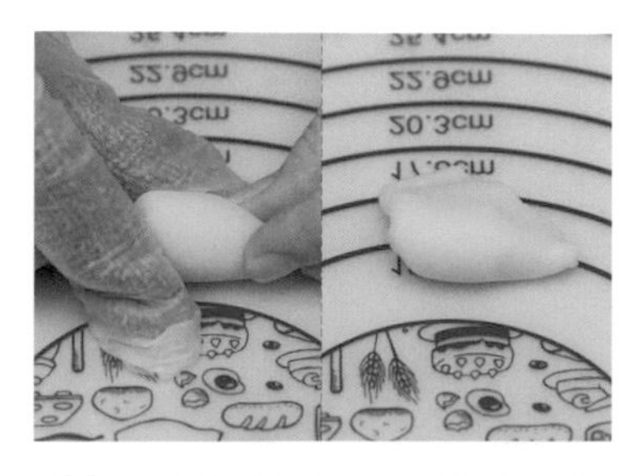

43 重複步驟 42，用手搓揉至麵團完全上色即可。

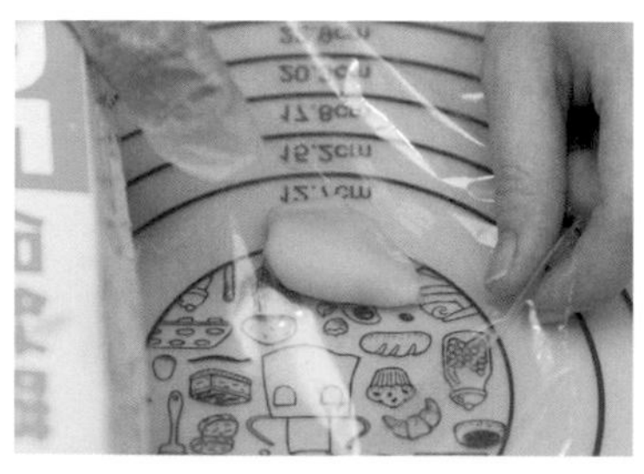

44 最後，以保鮮膜將黃色豆沙糖皮包覆保存即可。

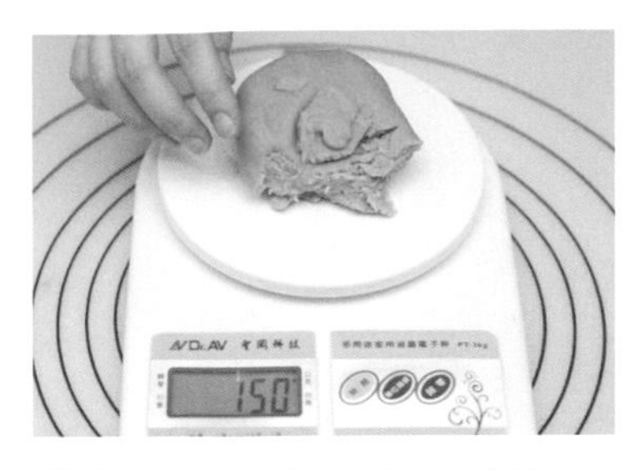

01 取 150g 粉紅色豆沙糖皮。

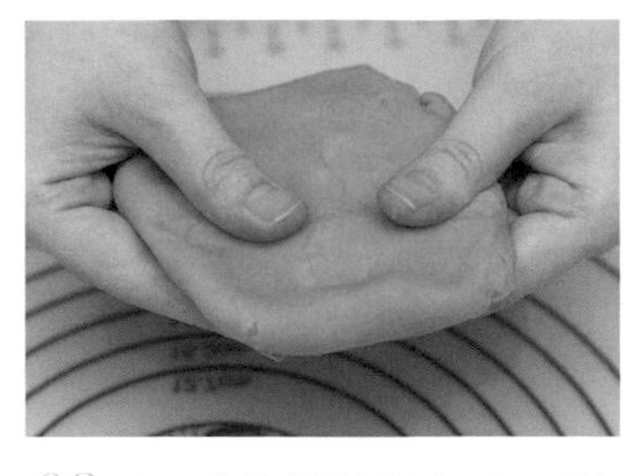

02 用手稍微將粉紅色豆沙糖皮捏平。

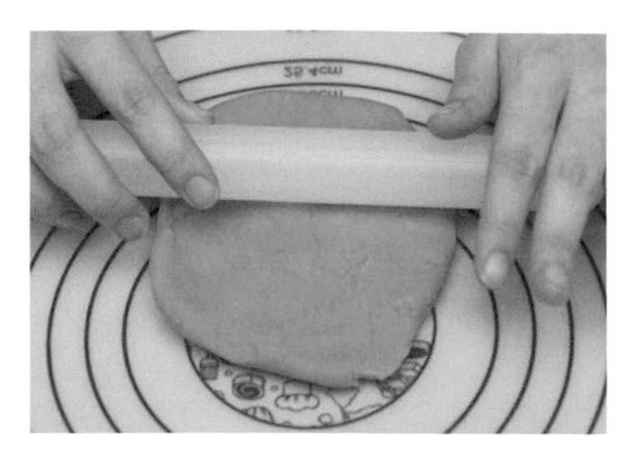

03 以擀麵棍擀平粉紅色豆沙糖皮。

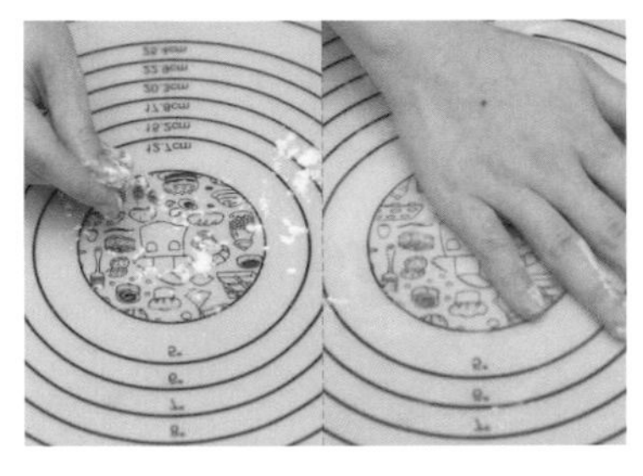

04 在烘焙墊上灑上熟粉後，用手將熟粉抹均勻。

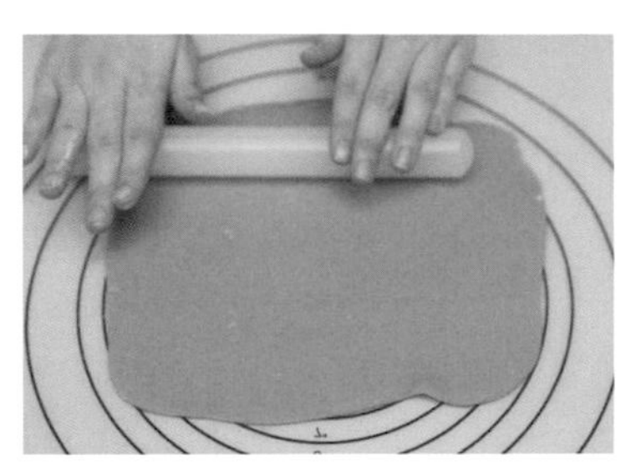

05 重複步驟 3-4，將粉紅色豆沙糖皮擀平。

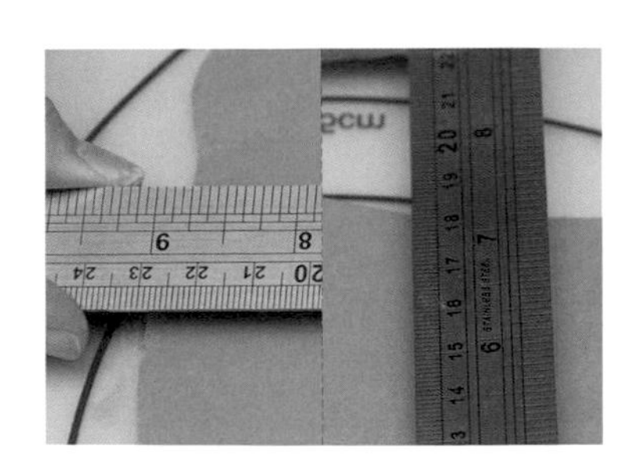

06 如圖，擀平至長 23 公分、寬約 18 公分左右即可。

TIP 可超過但不要小於此大小。

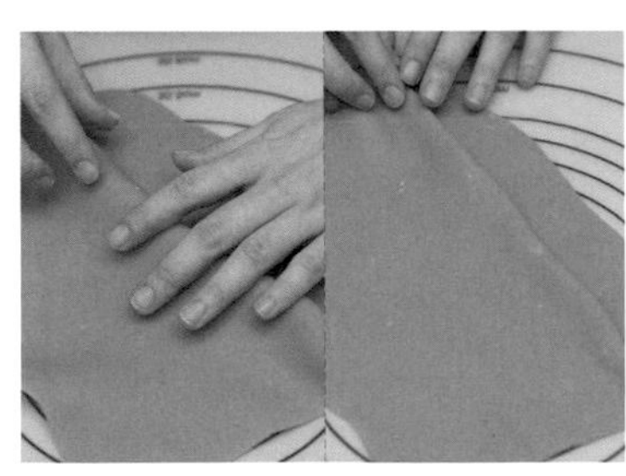

07 用手在粉紅色豆沙糖皮右側 1/4 處捏出自然皺褶。

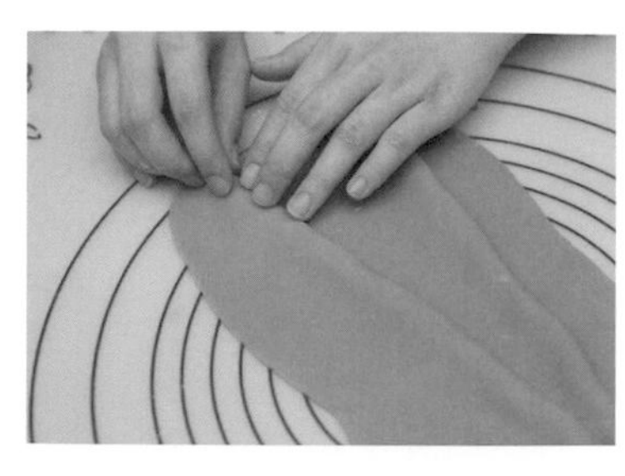

08 重複步驟 7，完成第二條皺褶，即完成粉紅色豆沙糖皮①製作。

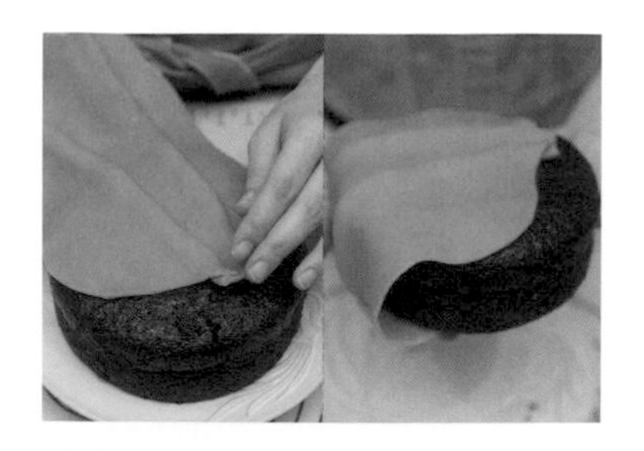

09 將粉紅色豆沙糖皮①包覆在蛋糕上。

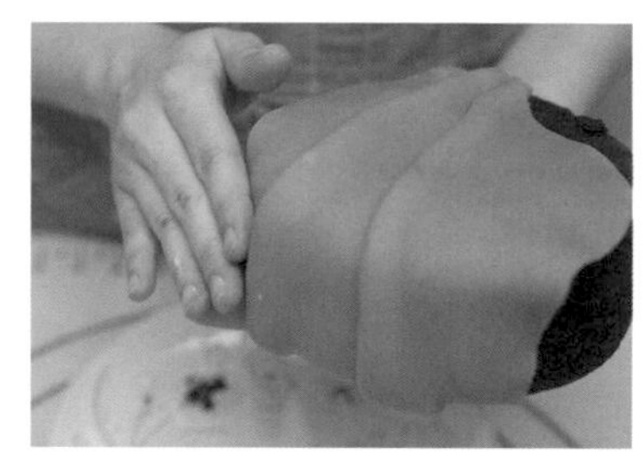

10 承步驟 9，用手將粉紅色豆沙糖皮①的底部收進蛋糕內即可，若過長可自行裁剪。

11 以保鮮膜覆蓋蛋糕備用。

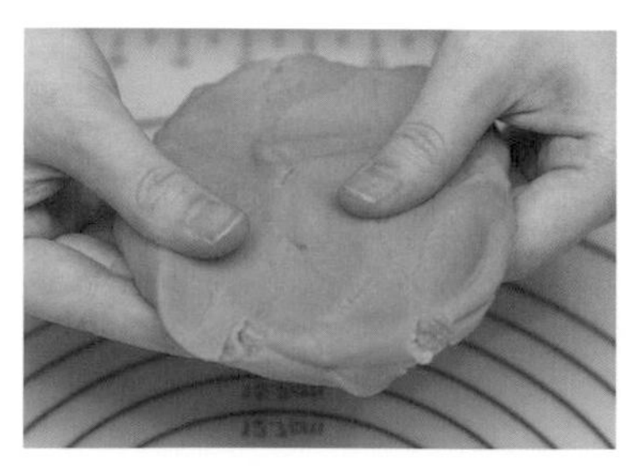
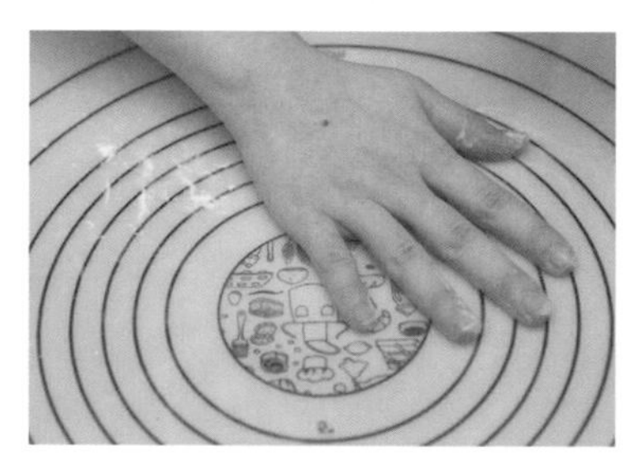
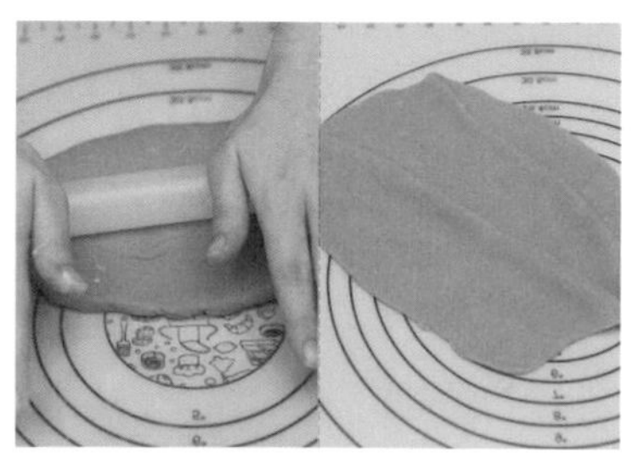

12 重複步驟 1-8，以同樣尺寸完成粉紅色豆沙糖皮②製作。

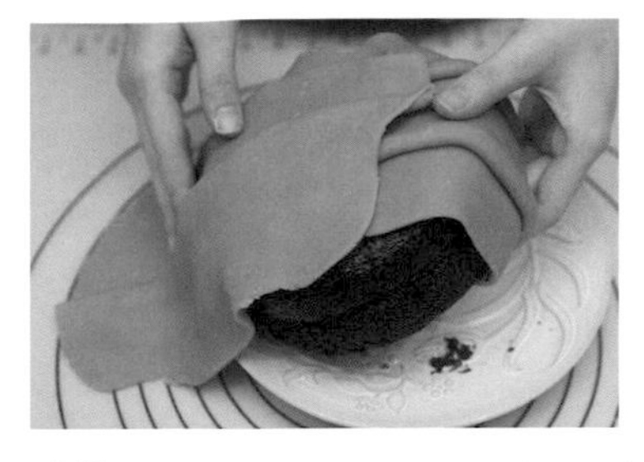
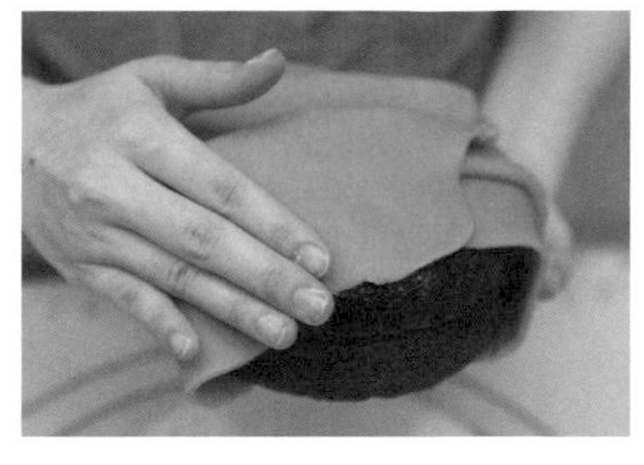
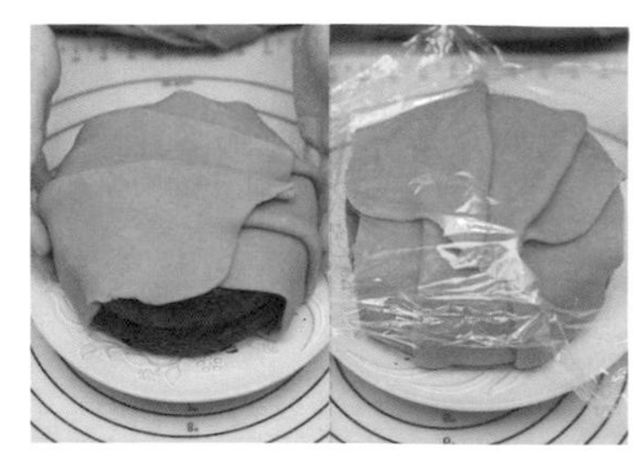

13 重複步驟 9-11，將粉紅色豆沙糖皮②包覆蛋糕。

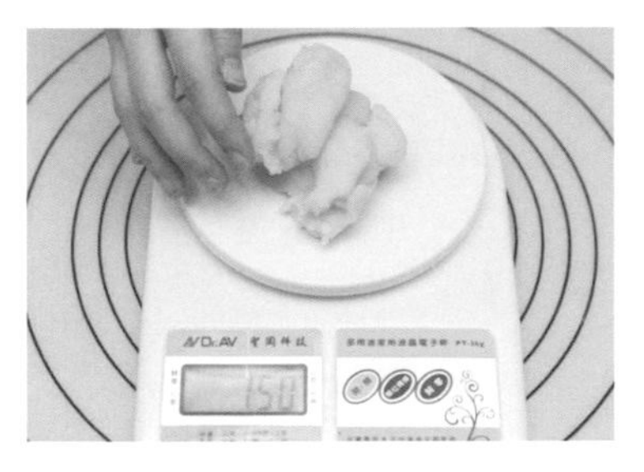

14 取 150g 原色豆沙糖皮。

15 用手稍微將原色豆沙糖皮捏平。

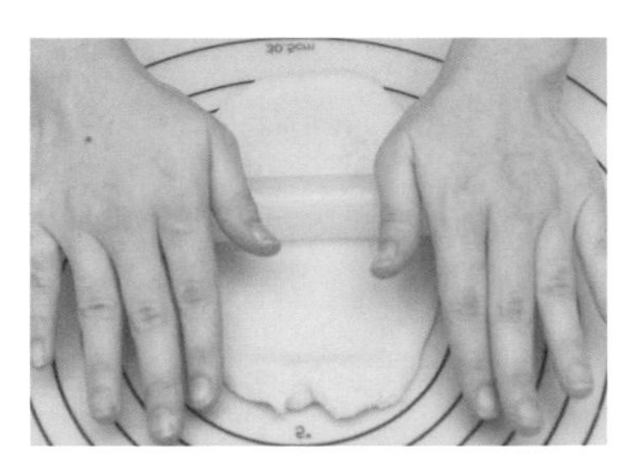

16 以擀麵棍擀平原色豆沙糖皮。

17 在烘焙墊上灑上熟粉後，用手將熟粉抹均勻。

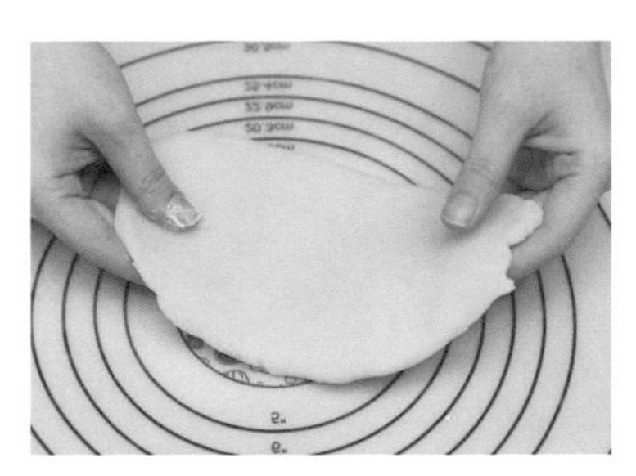

18 重複步驟 16，將原色豆沙糖皮擀平。

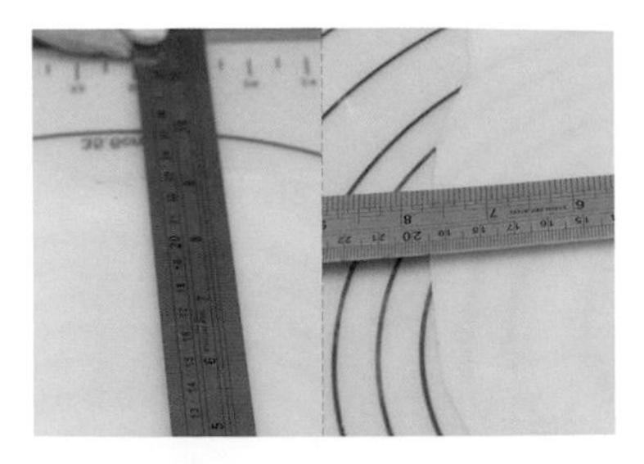

19 如圖，擀平至長 23 公分、寬約 18 公分左右即可。

TIP 可超過但不要小於此大小。

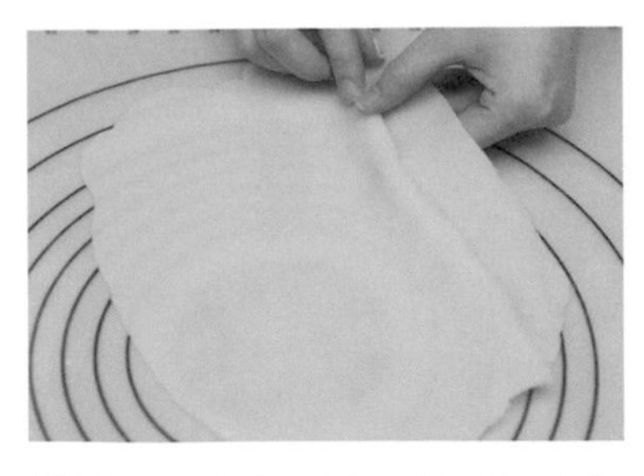

20 用手在原色豆沙糖皮右側 1/4 處捏出皺褶。

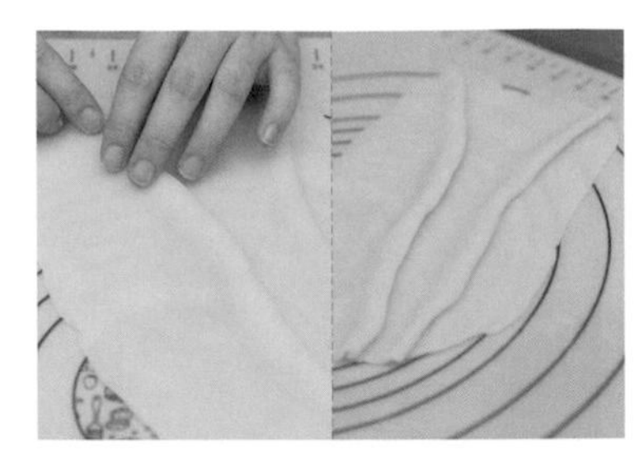

21 重複步驟 20，完成第二條皺褶。

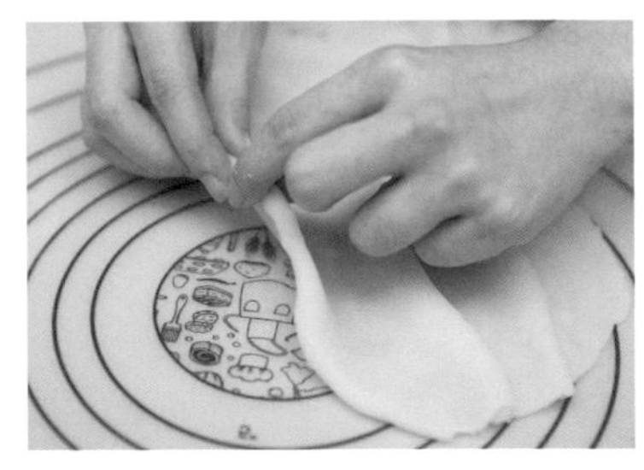

22 將原色豆沙糖皮①兩側邊緣往內收摺，即完成原色豆沙糖皮①製作。

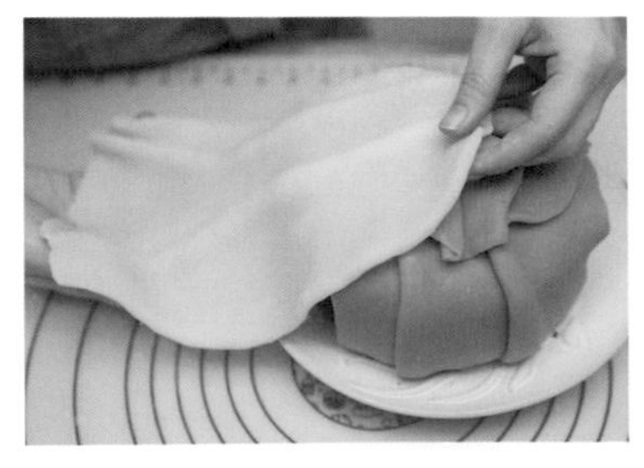

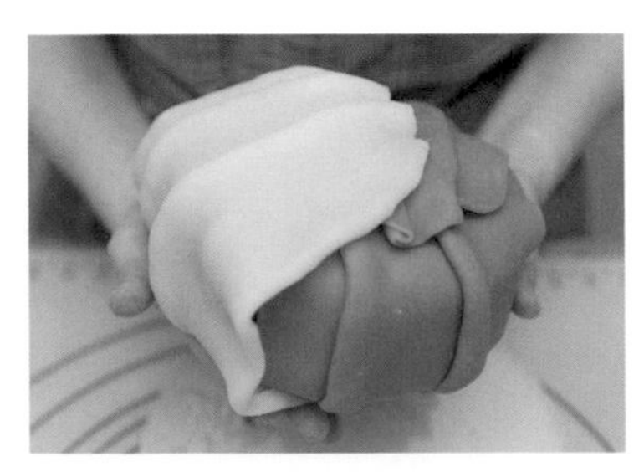

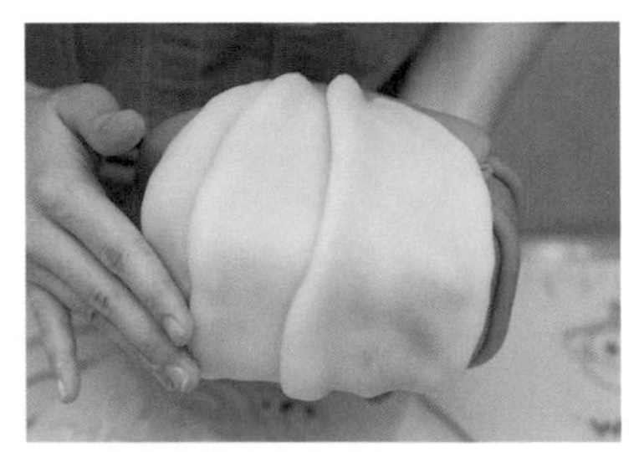

23 將原色豆沙糖皮①包覆粉紅色豆沙糖皮右側，並收入底部。

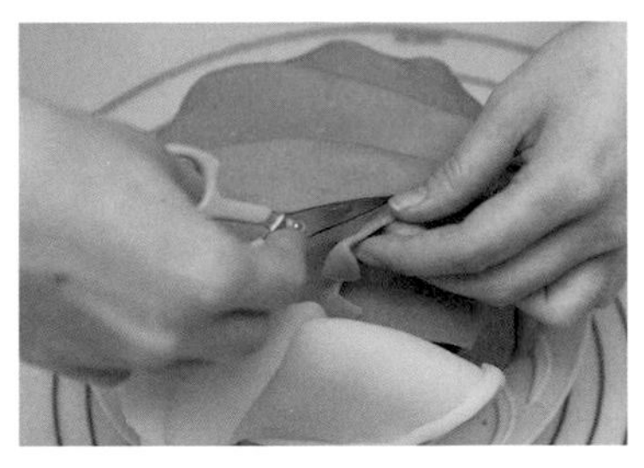

24 以剪刀修剪過長的豆沙糖皮。

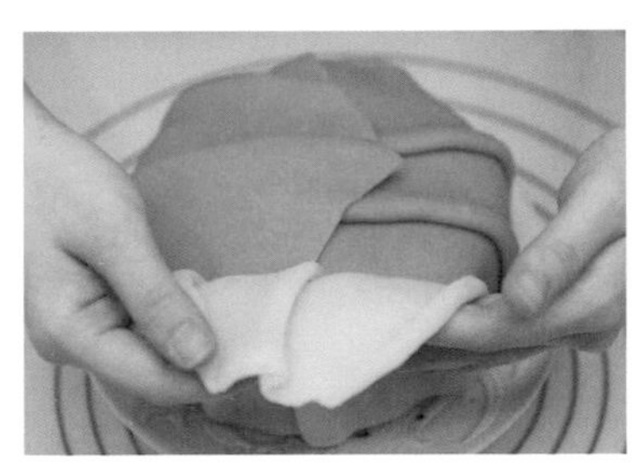

25 將原色豆沙糖皮①覆蓋住粉紅色豆沙糖皮，確認長度沒問題後，以保鮮膜包覆。

TIP 若過長可自行修剪。

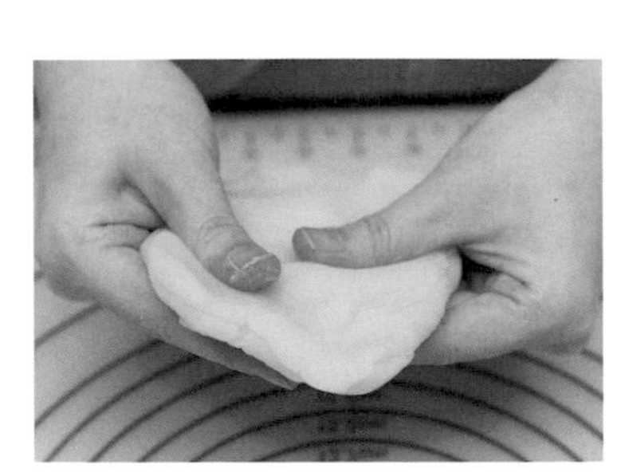

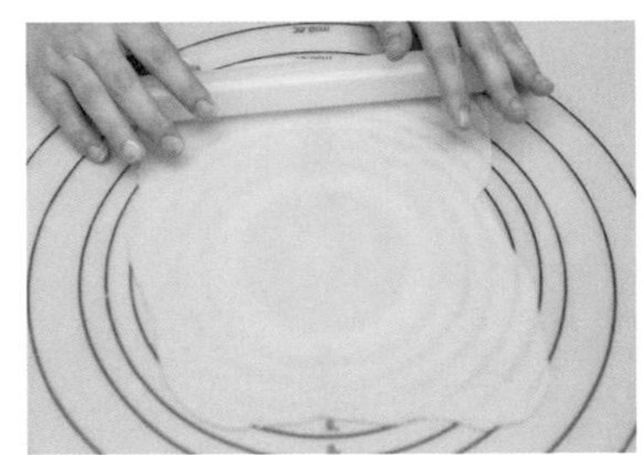

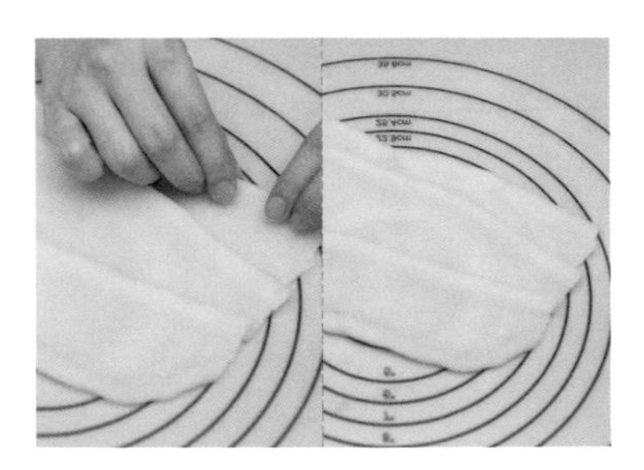

26 重複步驟 14-19，完成原色豆沙糖皮②製作。

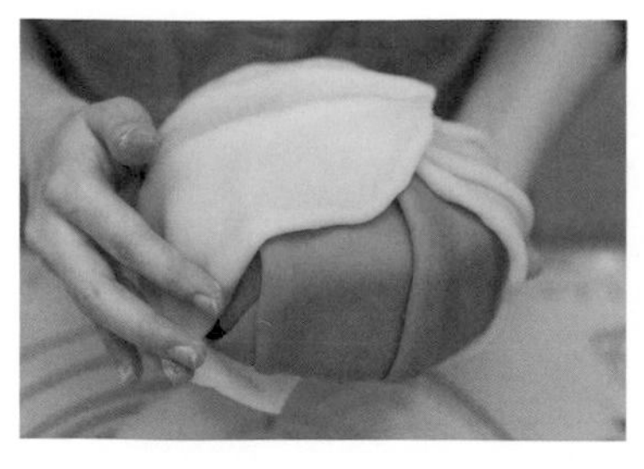
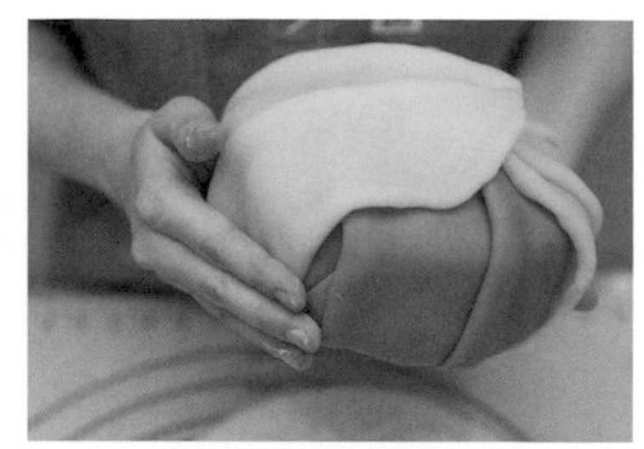

27 重複步驟 20-23，將原色豆沙糖皮②包覆蛋糕左側。

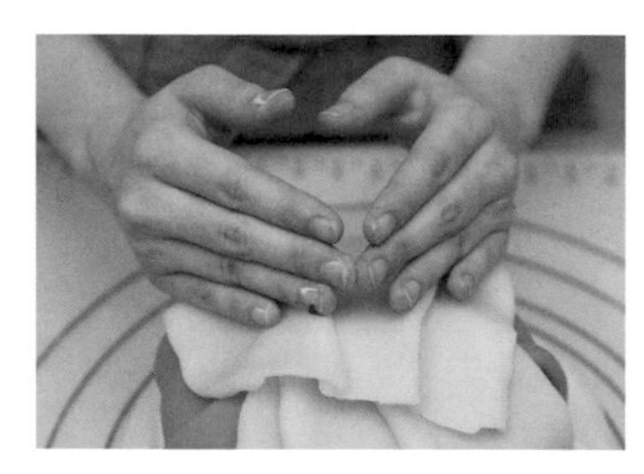
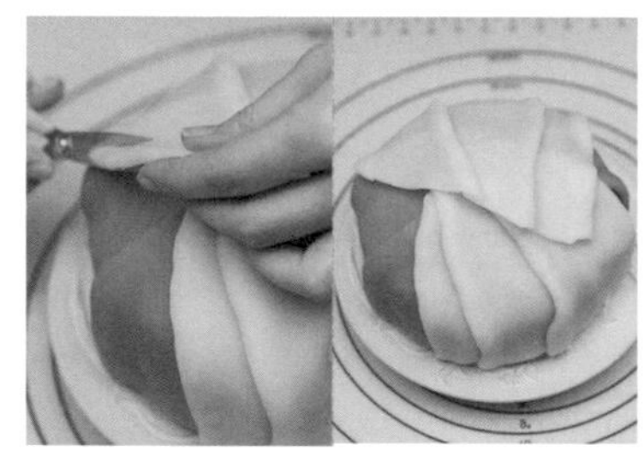
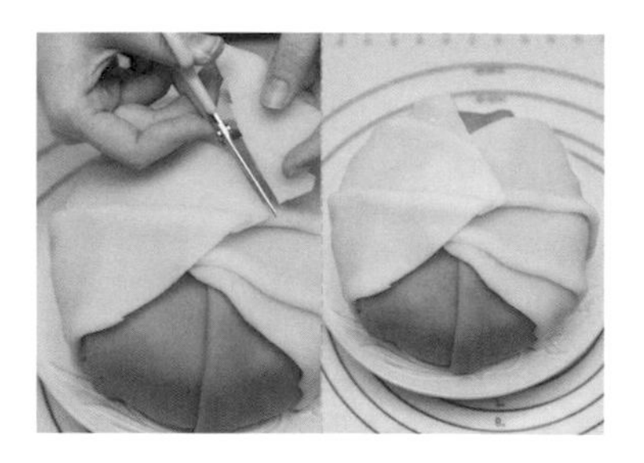

28 以剪刀剪下過長的豆沙糖皮，呈現往內收口狀。

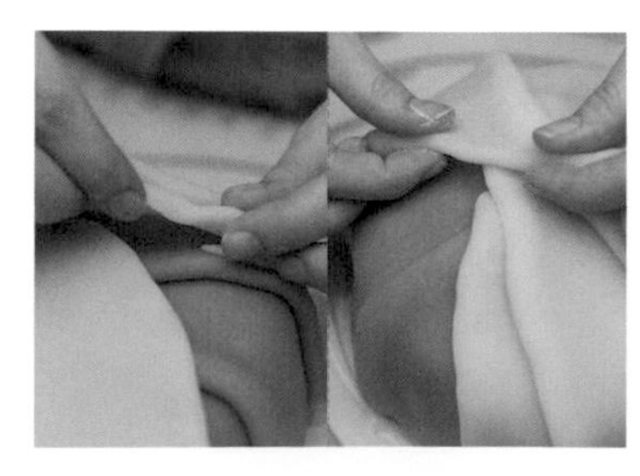
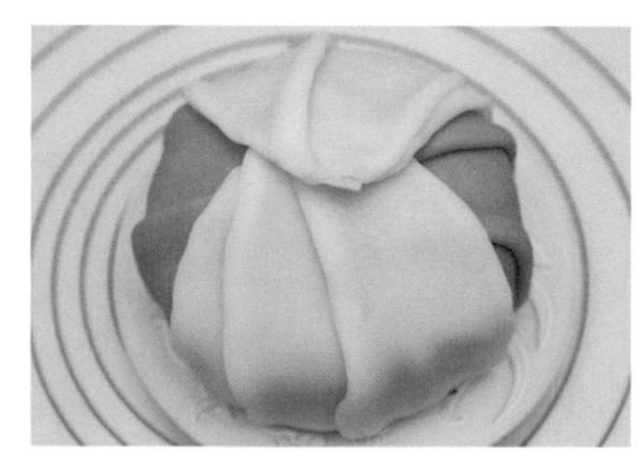

29 將原色豆沙糖皮兩側邊緣往內收摺，使之邊緣圓潤。

30 以保鮮膜包覆蛋糕，即完成福袋蛋糕主體。

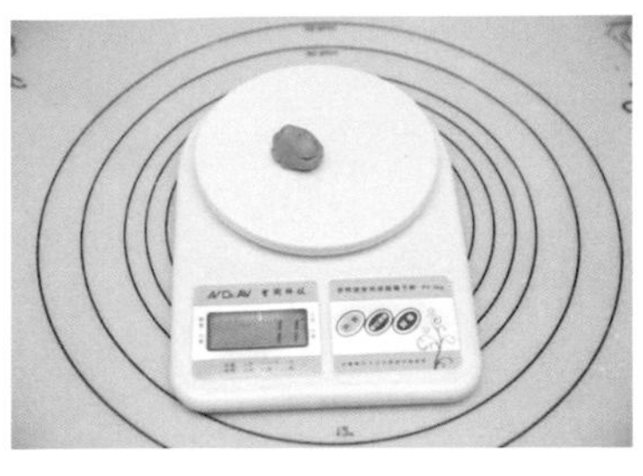

31 取 11g 粉紅色豆沙糖皮。

32 取 59g 原色豆沙糖皮。

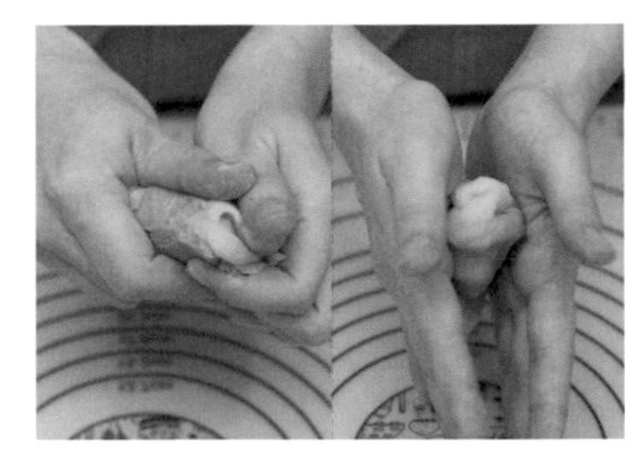

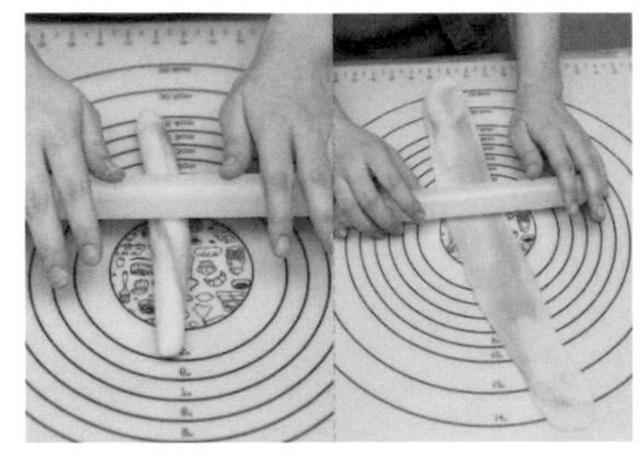

33 將原色與粉紅色豆沙糖皮揉成長條狀後，以擀麵棍擀平。

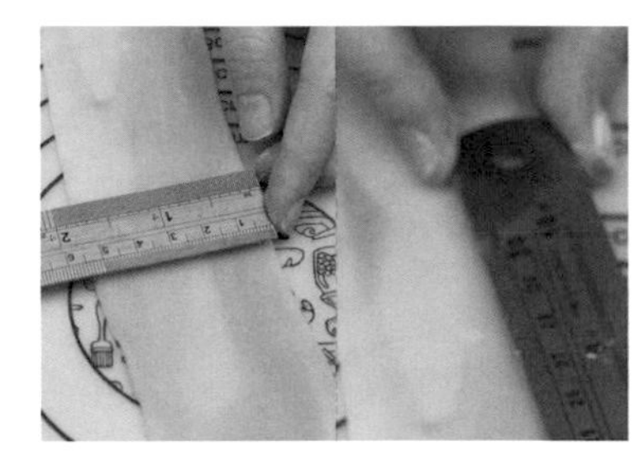

34 如圖，擀成寬 5.5 公分、長 33 公分的粉原色豆沙糖皮。

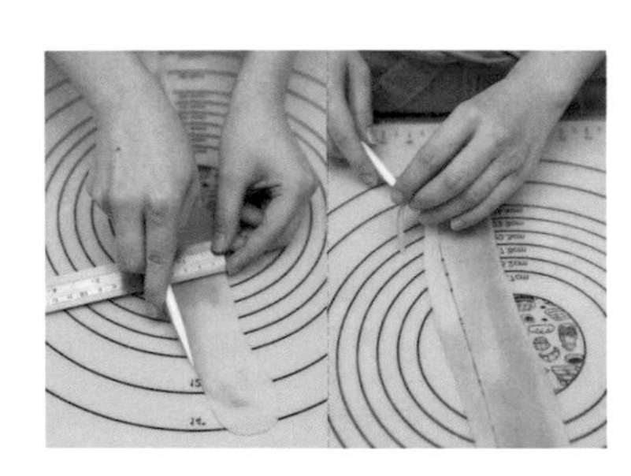

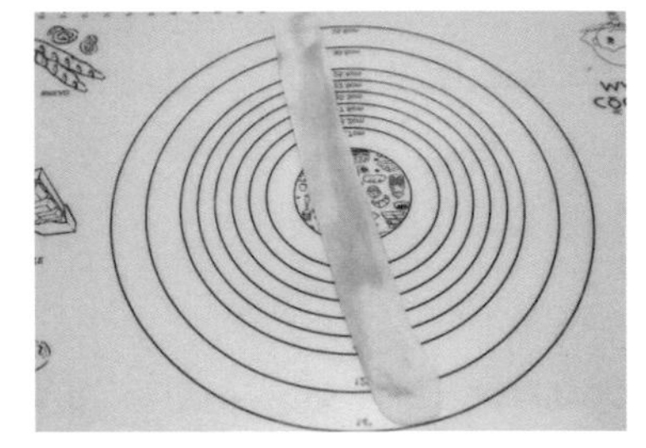

35 以切刀棒將左右寬度修剪成 4 公分左右。

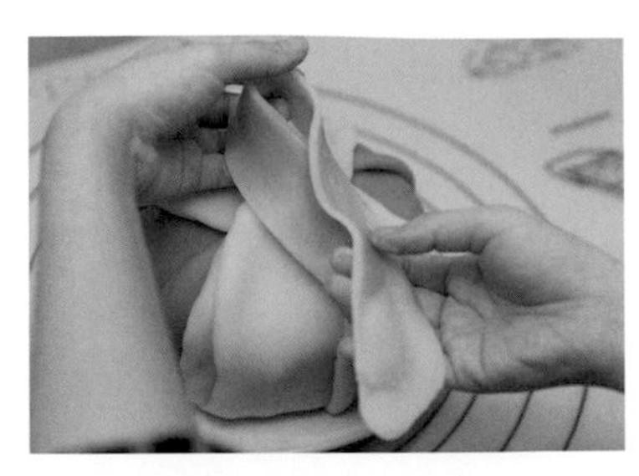

36 將粉原色豆沙糖皮交叉繞圈後，放在福袋主體上方。

TIP 此時可順勢修剪過長的糖皮。

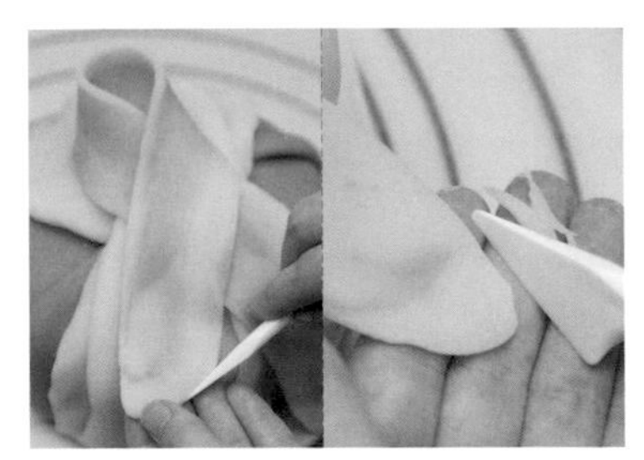

37 以切刀棒將粉原色豆沙糖邊緣修出圓弧形。

38 以保鮮膜包覆蛋糕，即完成衣領製作。

組合配置：裝飾製作

步驟說明 STEP BY STEP

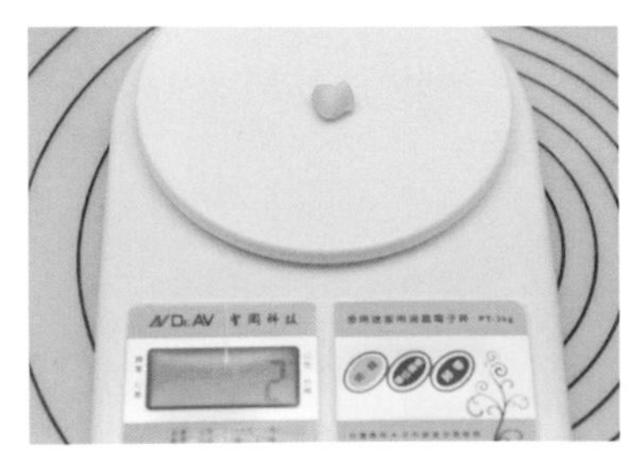

39 取 2g 藍色豆沙糖皮。

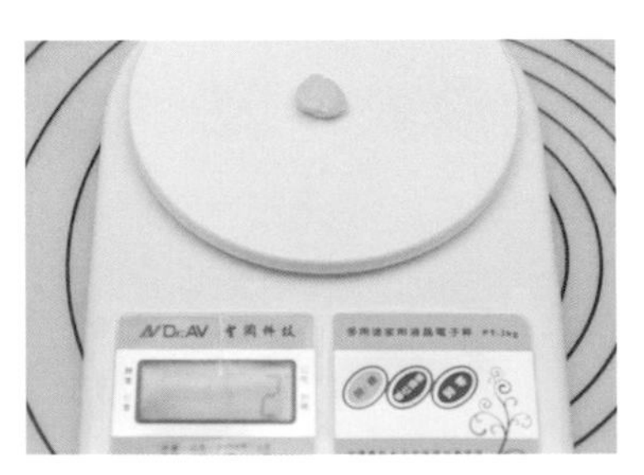

40 取 2g 白色豆沙糖皮。

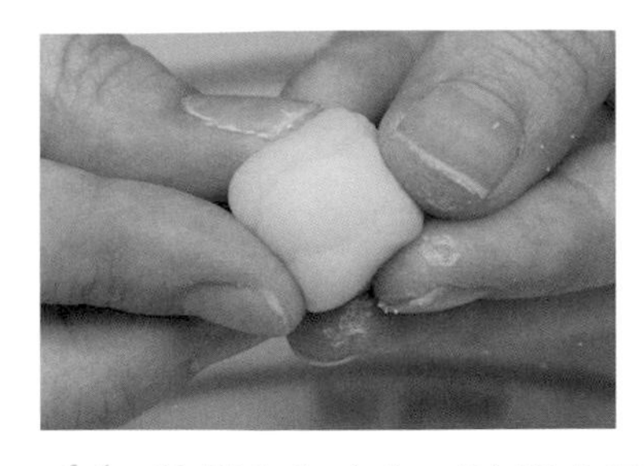
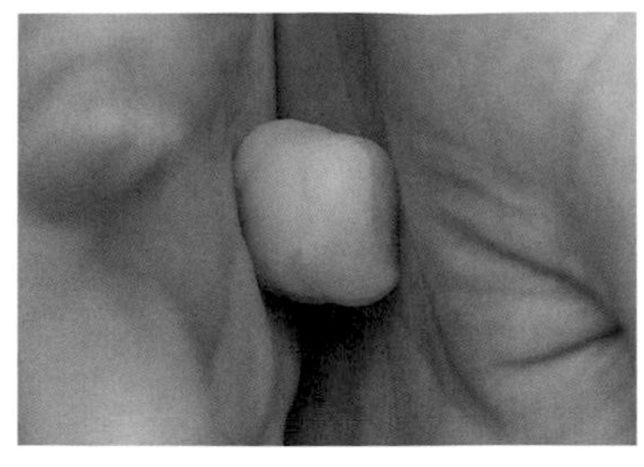

41 將藍色與白色豆沙糖皮混合並搓成圓形後，備用。

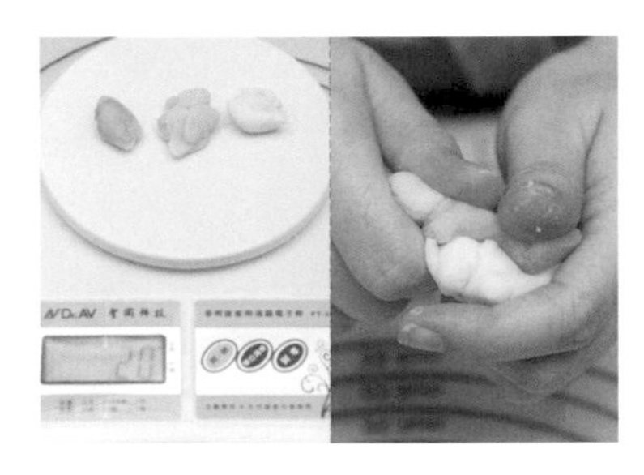
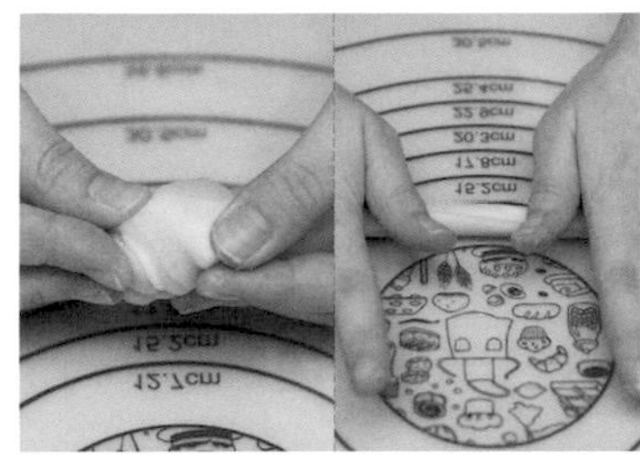

42 將白色（5g）、藍色（10g）與粉紅色（5g）豆沙糖皮混合後，搓成長條形。

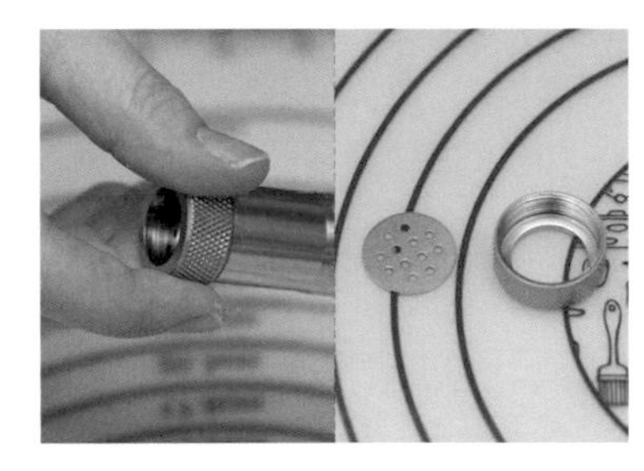

43 將擠泥器前端螺絲及造型片取下。

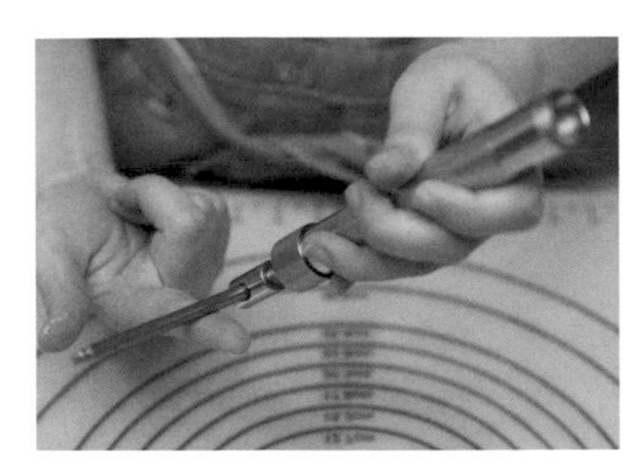

44 將擠泥器旋轉桿向後旋後，前端放入長條形豆沙糖皮。

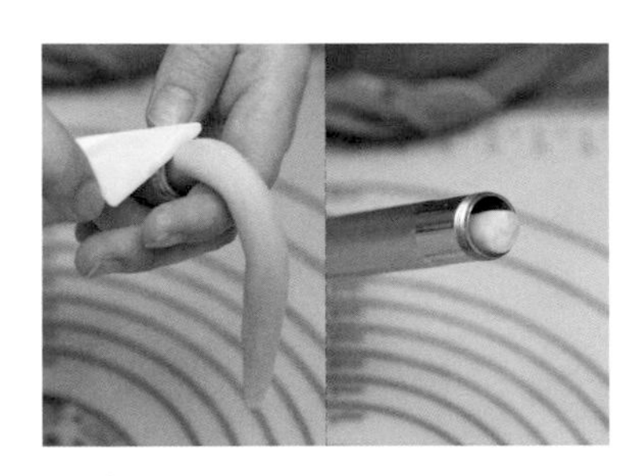

45 以切刀棒將過長的長條形豆沙糖皮切除。

46 放回前端螺絲及造型片。

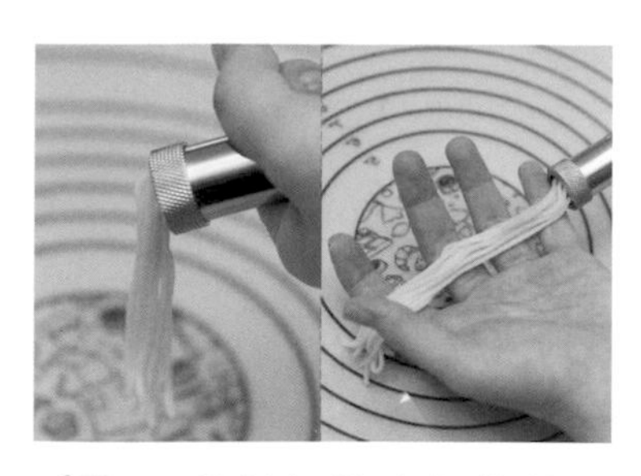

47 以旋轉桿擠出麵條狀豆沙糖皮。

48 以切刀棒將前端的麵條狀豆沙糖皮切斷。

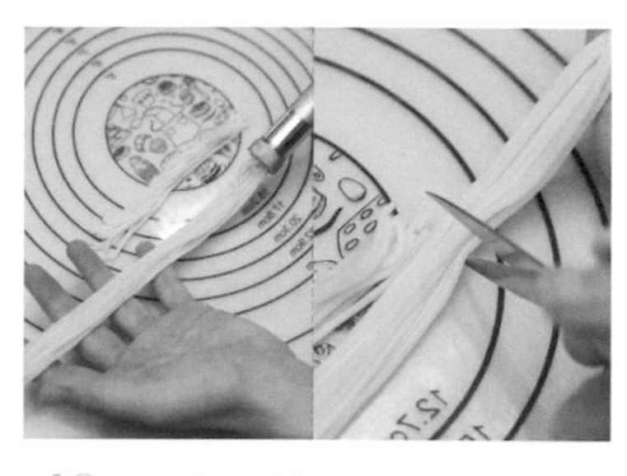

49 以剪刀修剪麵條狀豆沙糖皮形兩束。

50 將兩束麵條狀豆沙糖皮前端按壓黏合。

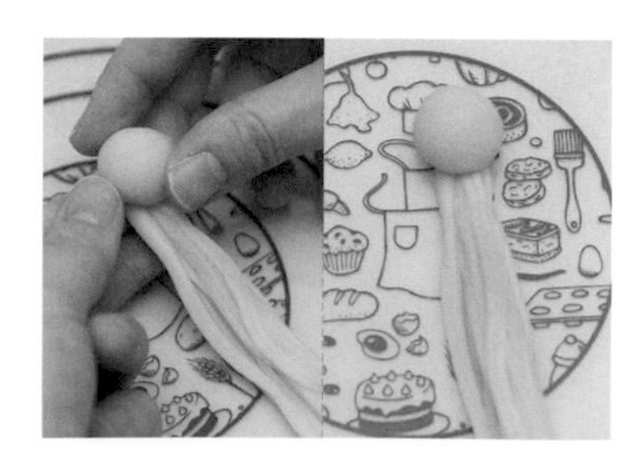

51 承步驟 50，將備用的圓形豆沙糖皮取出，在前端與麵條狀豆沙糖皮黏合。

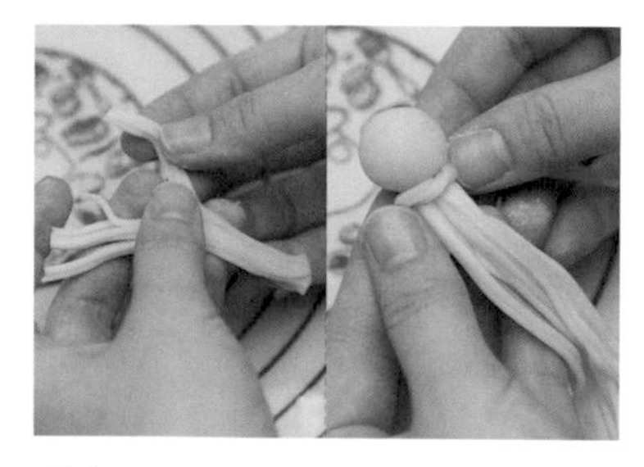

52 取被切除的剩餘麵條狀豆沙糖皮，圍在圓形豆沙糖皮下方，做為裝飾。

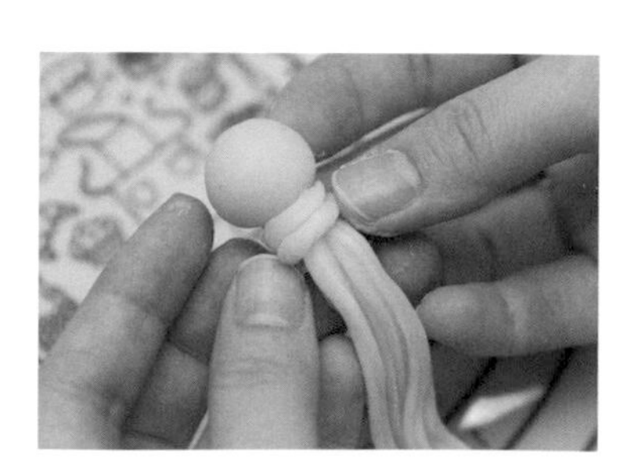

53 如圖，纏繞固定完成。

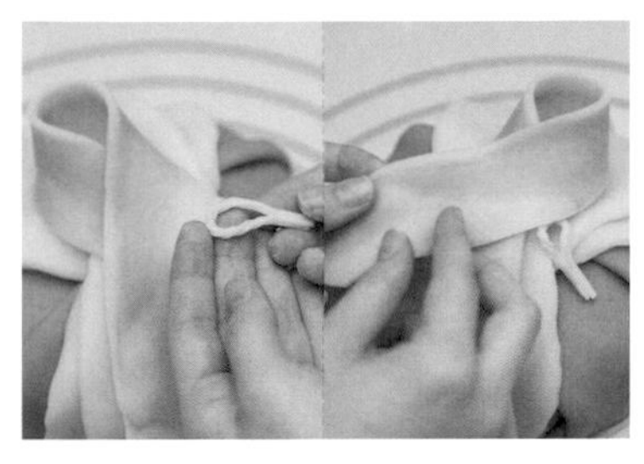

54 取剩餘細長形豆沙糖皮，以交叉繞圈的方式藏入衣領底下。

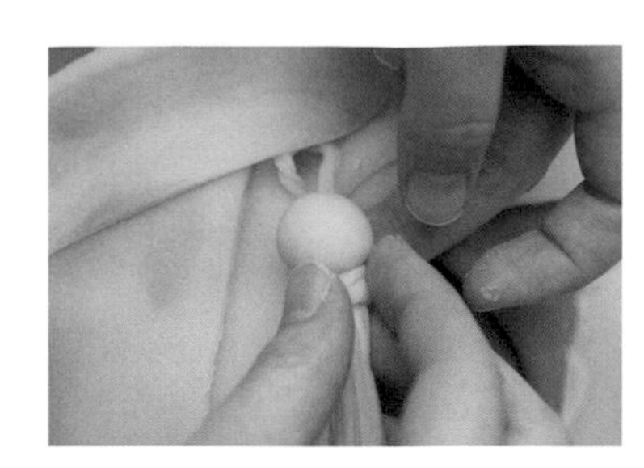

55 將吊飾與細長形豆沙糖皮按壓黏合。

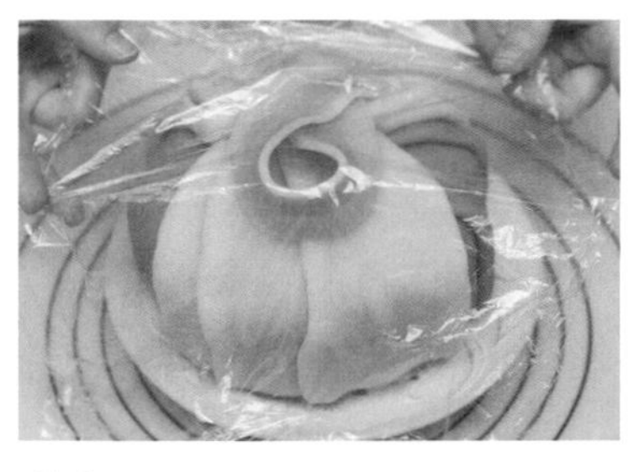

56 以保鮮膜包覆蛋糕，即完成墜飾製作。

57 將金色亮粉與酒混合。

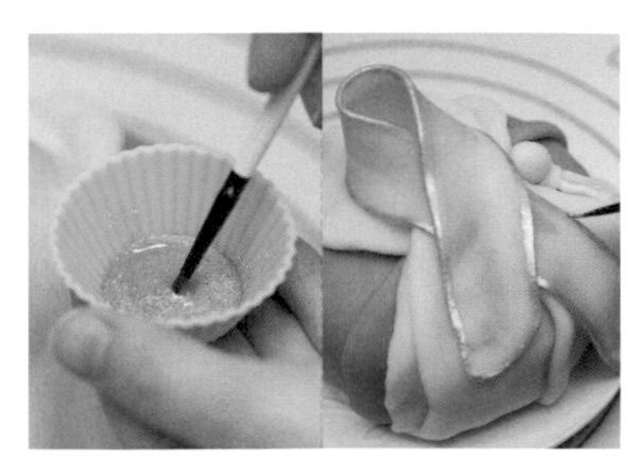

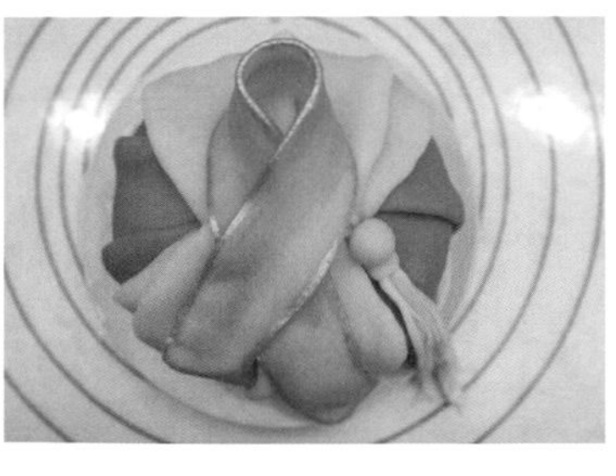

58 以畫筆沾取亮粉，將衣領邊緣勾勒亮粉。

59 以水彩筆沾取亮粉在墜飾上妝點一條橫線。

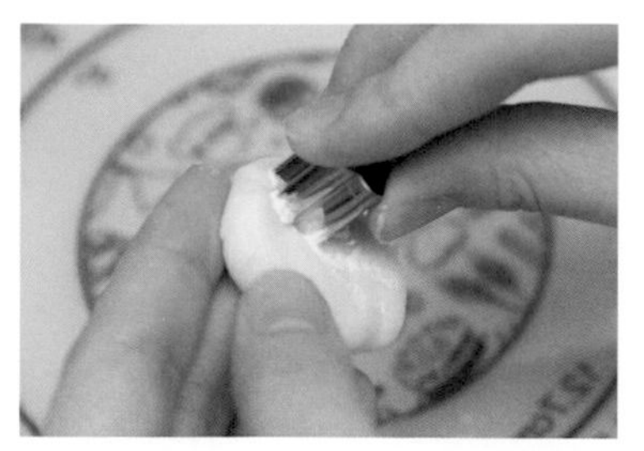
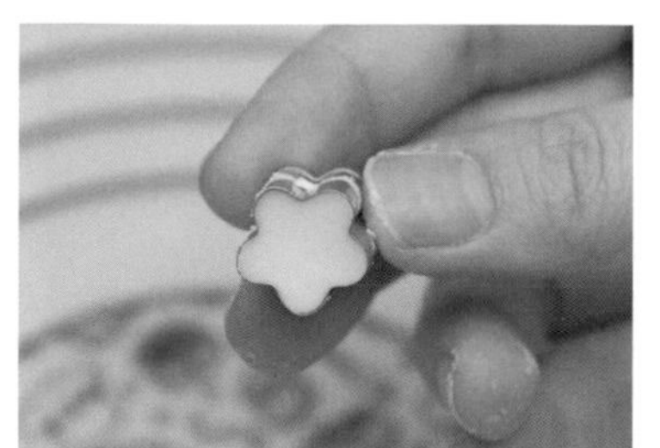

60 將花形切模沾取熟粉後，壓在白色豆沙糖皮上。

TIP 使用熟粉較好取出麵團。

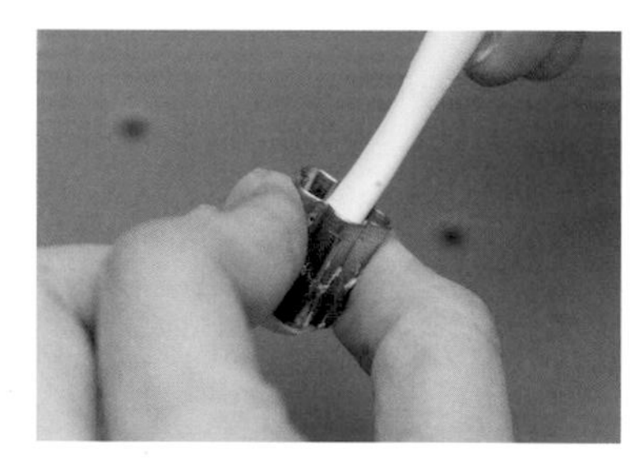
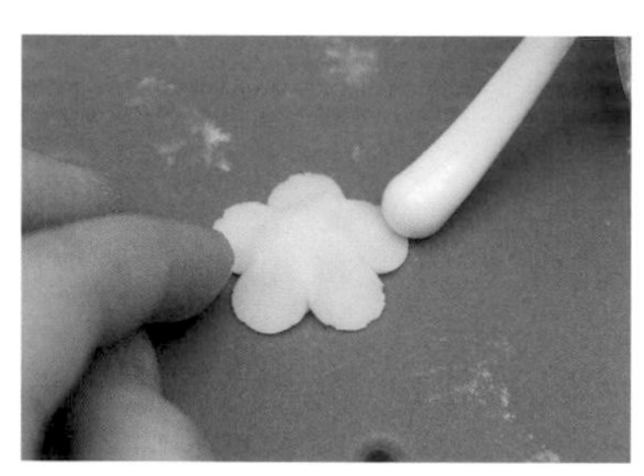

61 以推棒取下小花豆沙糖皮。

62 以尖錐棒在花瓣中心壓出花心位置。

63 以剪刀修剪花瓣邊緣形狀。

64 重複步驟 60-63，共完成四朵小花。

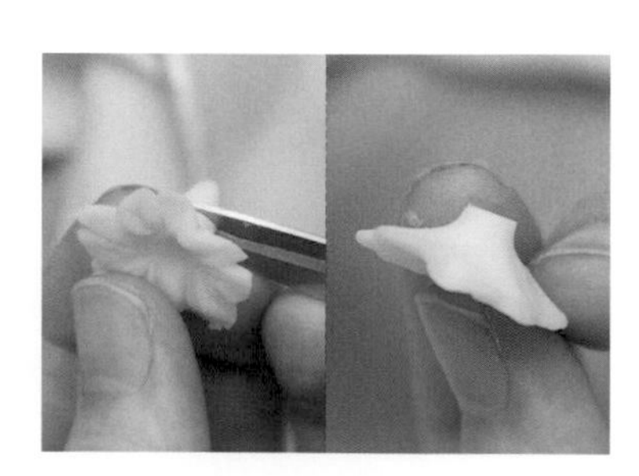

65 以剪刀將花瓣底部剪平，以方便黏著。

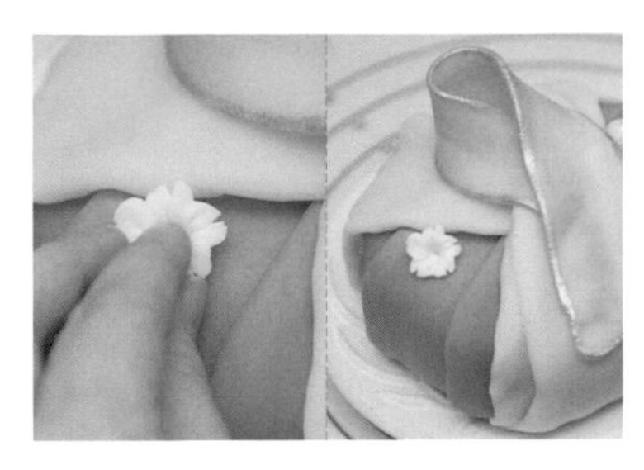

66 承步驟 65，將花瓣放在福袋蛋糕主體上按壓裝飾。

67 重複步驟 65-66，完成花瓣擺放。

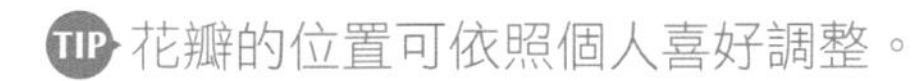
TIP 花瓣的位置可依照個人喜好調整。

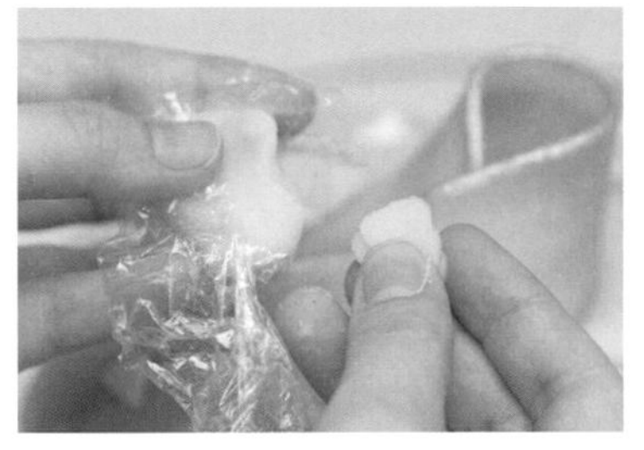

68 取黃色豆沙糖皮，將豆沙糖皮放在篩網內，並向上按壓。

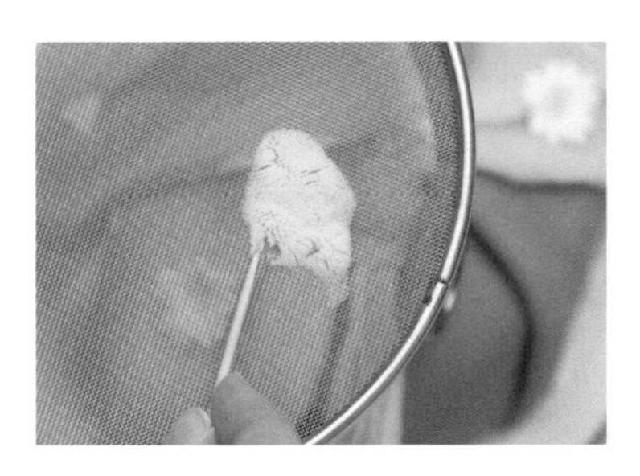

69 以牙籤沾取黃色豆沙糖皮，並放在花瓣中心，為花蕊。

70 重複步驟 69，依序完成花蕊。

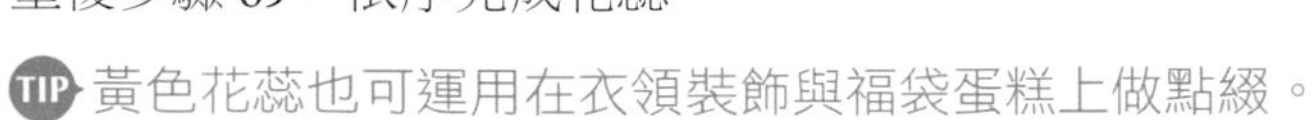
TIP 黃色花蕊也可運用在衣領裝飾與福袋蛋糕上做點綴。

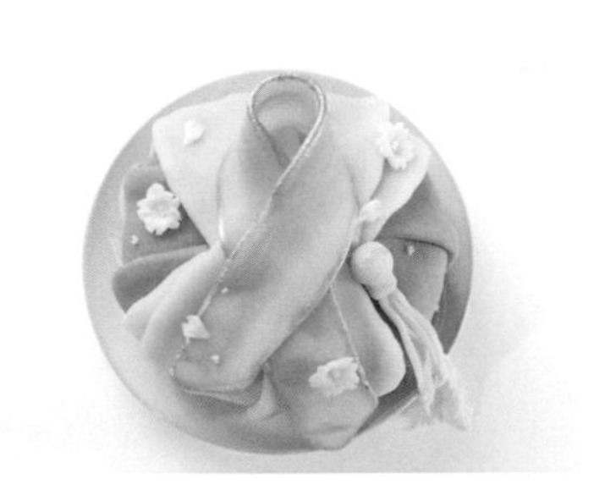

71 如圖，福袋蛋糕完成。

La Lune
Pastry Art

韓式裱花技法寶典
日常手做絕美花蛋糕

Collection of Korean Decorating Techniques:
Daily hand-made beautiful flower cake

書　　名　韓式裱花技法寶典：日常手做絕美花蛋糕
作　　者　Trinity Wu（阿吹）
發 行 人　程安琪
總 策 劃　程顯灝
總 企 劃　盧美娜
主　　編　譽緻國際美學企業社・莊旻嬑
實習編輯　譽緻國際美學企業社・陳文婷
美　　編　譽緻國際美學企業社・羅光宇
封面設計　洪瑞伯
攝 影 師　黃尹（拍）、吳曜宇（錄）

藝文空間　三友藝文複合空間
地　　址　106 台北市安和路 2 段 213 號 9 樓
電　　話（02）2377-1163

發 行 部　侯莉莉
出 版 者　橘子文化事業有限公司
總 代 理　三友圖書有限公司
地　　址　106 台北市安和路 2 段 213 號 4 樓
電　　話（02）2377-4155
傳　　真（02）2377-4355
E-mail　service @sanyau.com.tw
郵政劃撥　05844889 三友圖書有限公司

總 經 銷　大和書報圖書股份有限公司
地　　址　新北市新莊區五工五路 2 號
電　　話（02）8990-2588
傳　　真（02）2299-7900

初　版　2020 年 02 月
再　版　2021 年 05 月 一版二刷
定　價　新臺幣 680 元
ISBN　978-986-364-153-7（平裝）

國家圖書館出版品預行編目（CIP）資料

韓式裱花技法寶典:日常手做絕美花蛋糕 / 阿吹作.
-- 初版. -- 臺北市 : 橘子文化, 2020.02
面； 公分
ISBN 978-986-364-153-7(平裝). --
ISBN 978-986-364-156-8(精裝)

1.點心食譜

427.16　　108016842

三友官網

三友 Line@